CHANYE ZHUANLI FENXI BAOGAO

产业专利分析报告

（第76册）——体外诊断技术

国家知识产权局学术委员会◎组织编写

知识产权出版社
全国百佳图书出版单位
—北京—

图书在版编目(CIP)数据

产业专利分析报告．第76册，体外诊断技术／国家知识产权局学术委员会组织编写．—北京：知识产权出版社，2020.6

ISBN 978－7－5130－6950－2

Ⅰ.①产… Ⅱ.①国… Ⅲ.①专利—研究报告—世界②诊断剂—生产工艺—专利—研究报告—世界 Ⅳ.①G306.71②TQ460.6

中国版本图书馆CIP数据核字(2020)第087948号

内容提要

本书为体外诊断技术领域的产业专利分析报告。报告通过分析体外诊断技术领域国内外专利申请和公开趋势、重要申请人及其产品，阐明国内外体外诊断技术的行业发展情况，构建体外诊断技术的产品—技术体系，厘清体外诊断技术及其部分重点技术(生化诊断技术、免疫诊断技术、分子诊断技术、POCT技术)的专利布局情况和技术发展路线。本书是了解该行业技术发展现状并预测未来走向，帮助企业做好专利预警的必备工具书。

责任编辑：卢海鹰　王玉茂　　**责任校对**：潘凤越
执行编辑：崔思琪　　**责任印制**：刘译文
封面设计：博华创意·张冀

产业专利分析报告(第76册)
——体外诊断技术
国家知识产权局学术委员会　组织编写

出版发行：知识产权出版社有限责任公司　　**网　　址**：http://www.ipph.cn
社　　址：北京市海淀区气象路50号院　　**邮　　编**：100081
责编电话：010－82000860转8730　　**责编邮箱**：cuisiq@126.com
发行电话：010－82000860转8101/8102　　**发行传真**：010－82000893/82005070/82000270
印　　刷：天津嘉恒印务有限公司　　**经　　销**：各大网上书店、新华书店及相关专业书店
开　　本：787mm×1092mm　1/16　　**印　　张**：13.5
版　　次：2020年6月第1版　　**印　　次**：2020年6月第1次印刷
字　　数：300千字　　**定　　价**：68.00元
ISBN 978－7－5130－6950－2

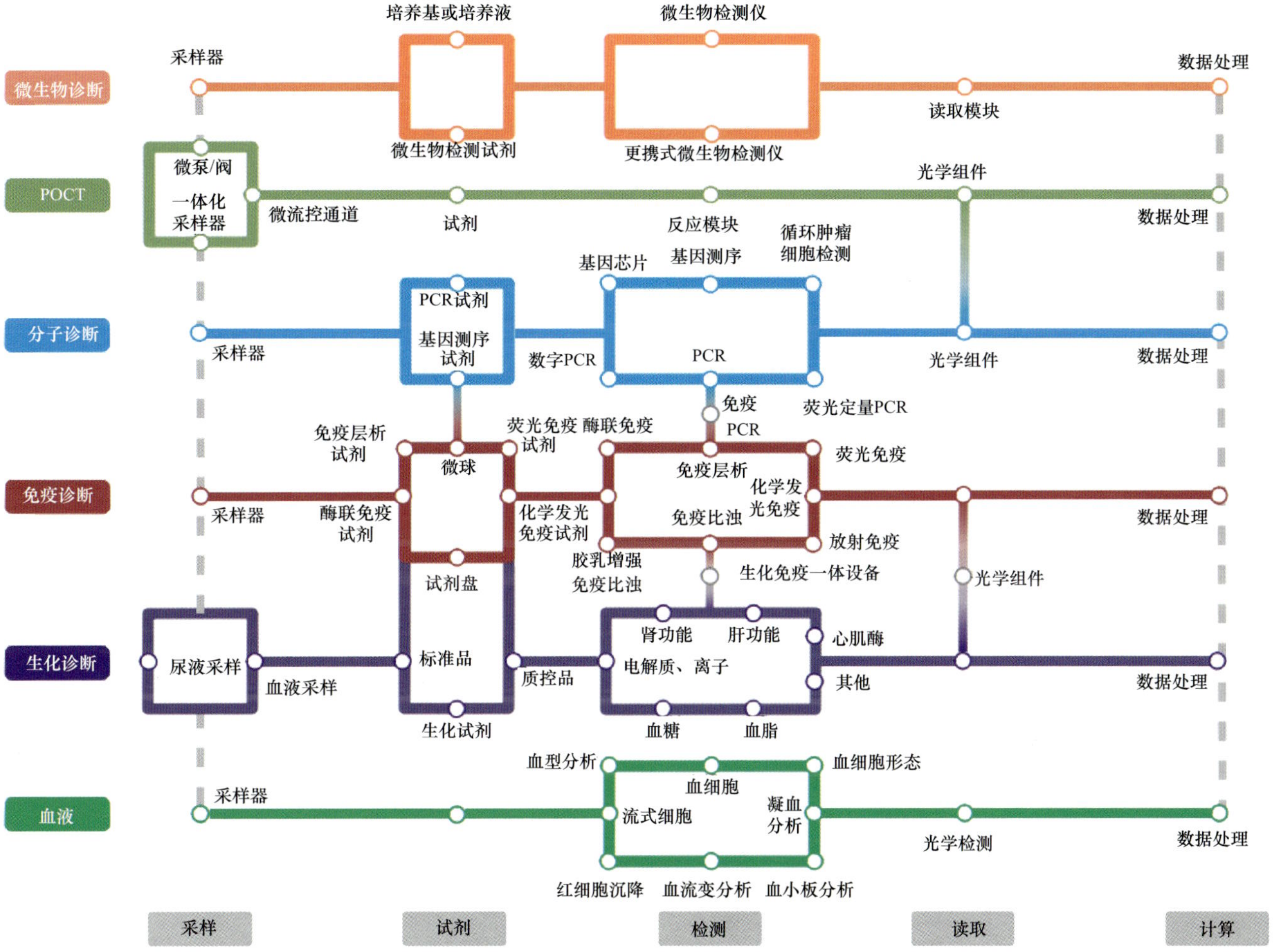

图1-3-1　体外诊断技术分解

（正文说明见第11页）

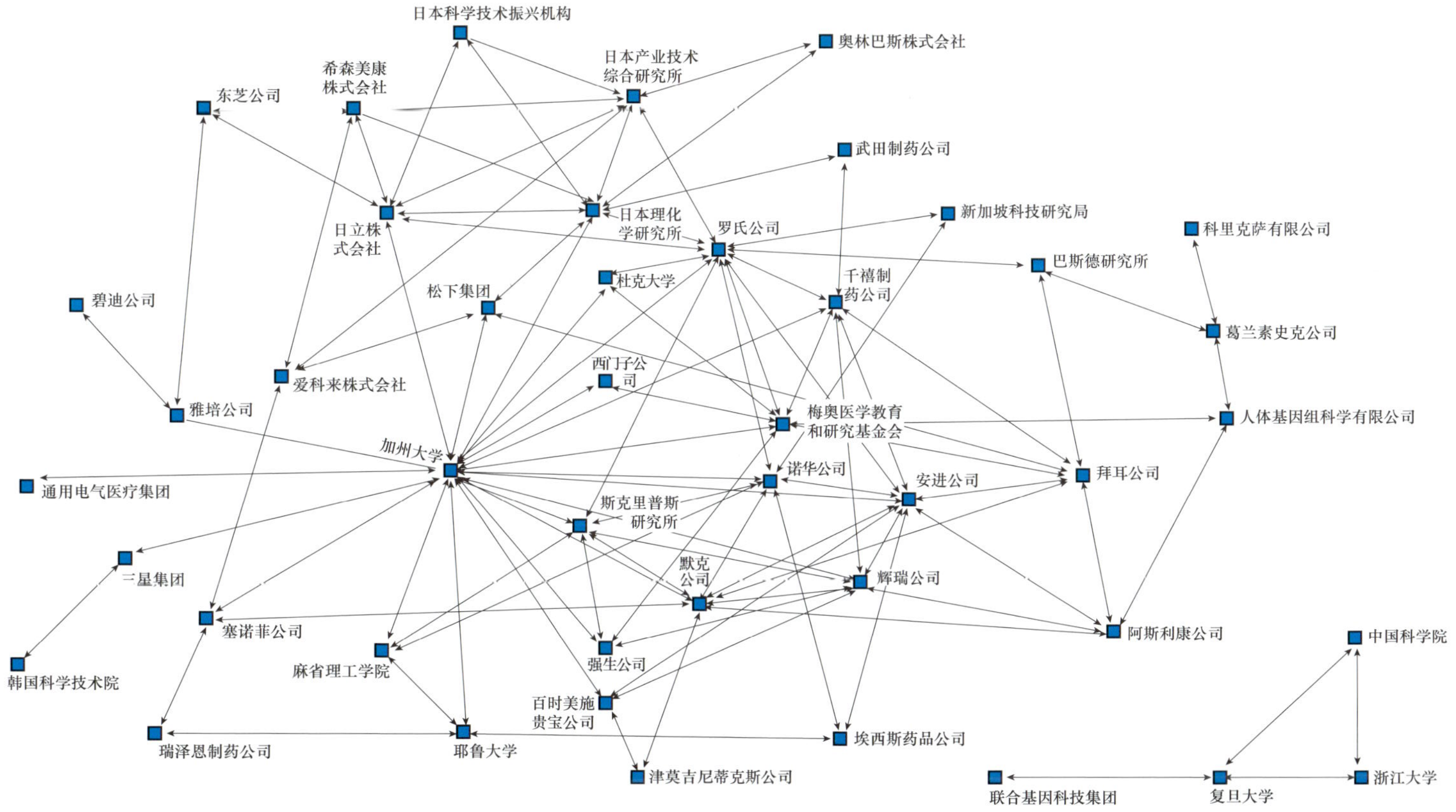

图 2-1-4　全球体外诊断专利主要申请人专利申请合作分析

（正文说明见第 27 页）

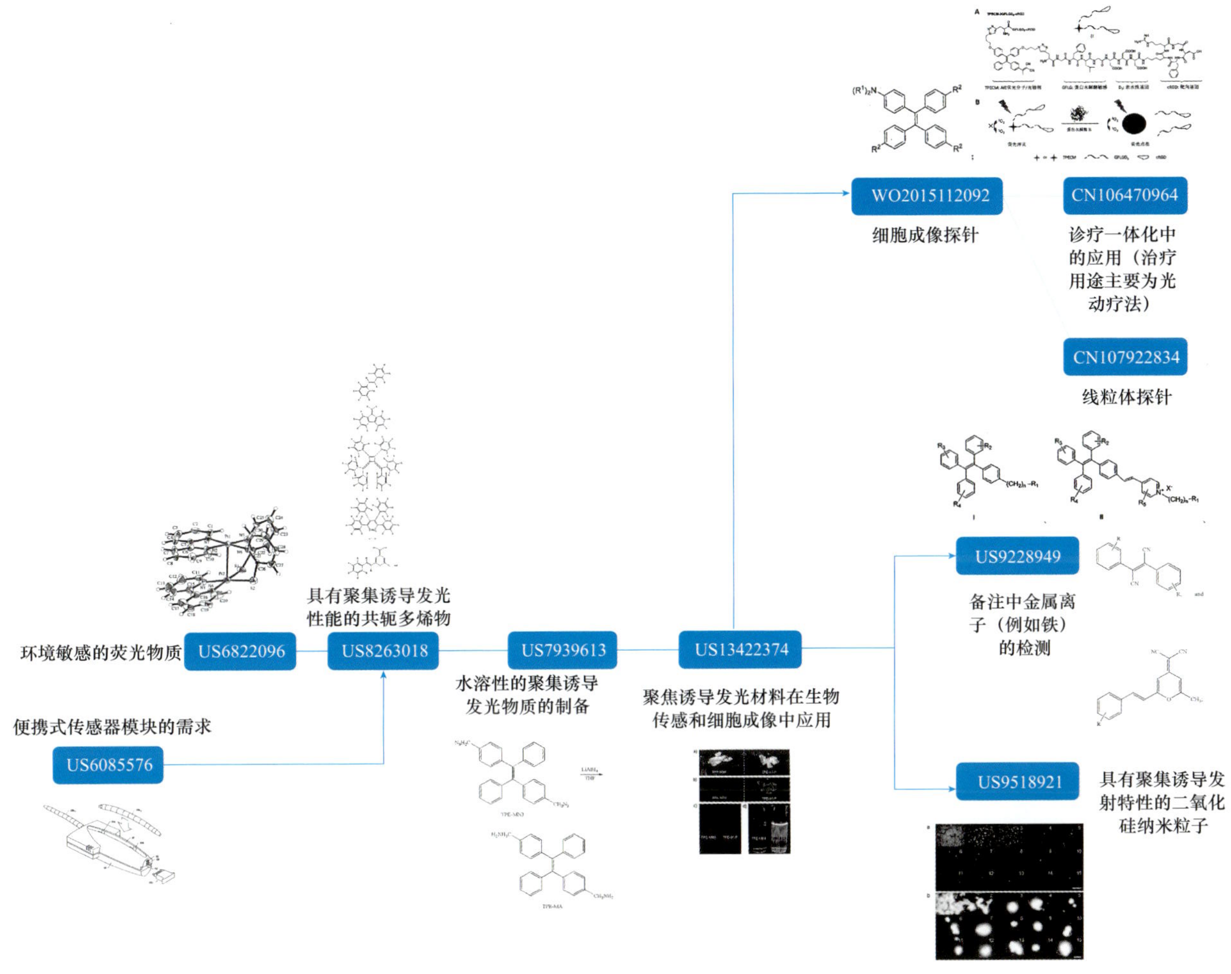

图 4-3-1 聚集诱导发光及其在体外诊断中应用的典型专利布局历程

（正文说明见第 88 页）

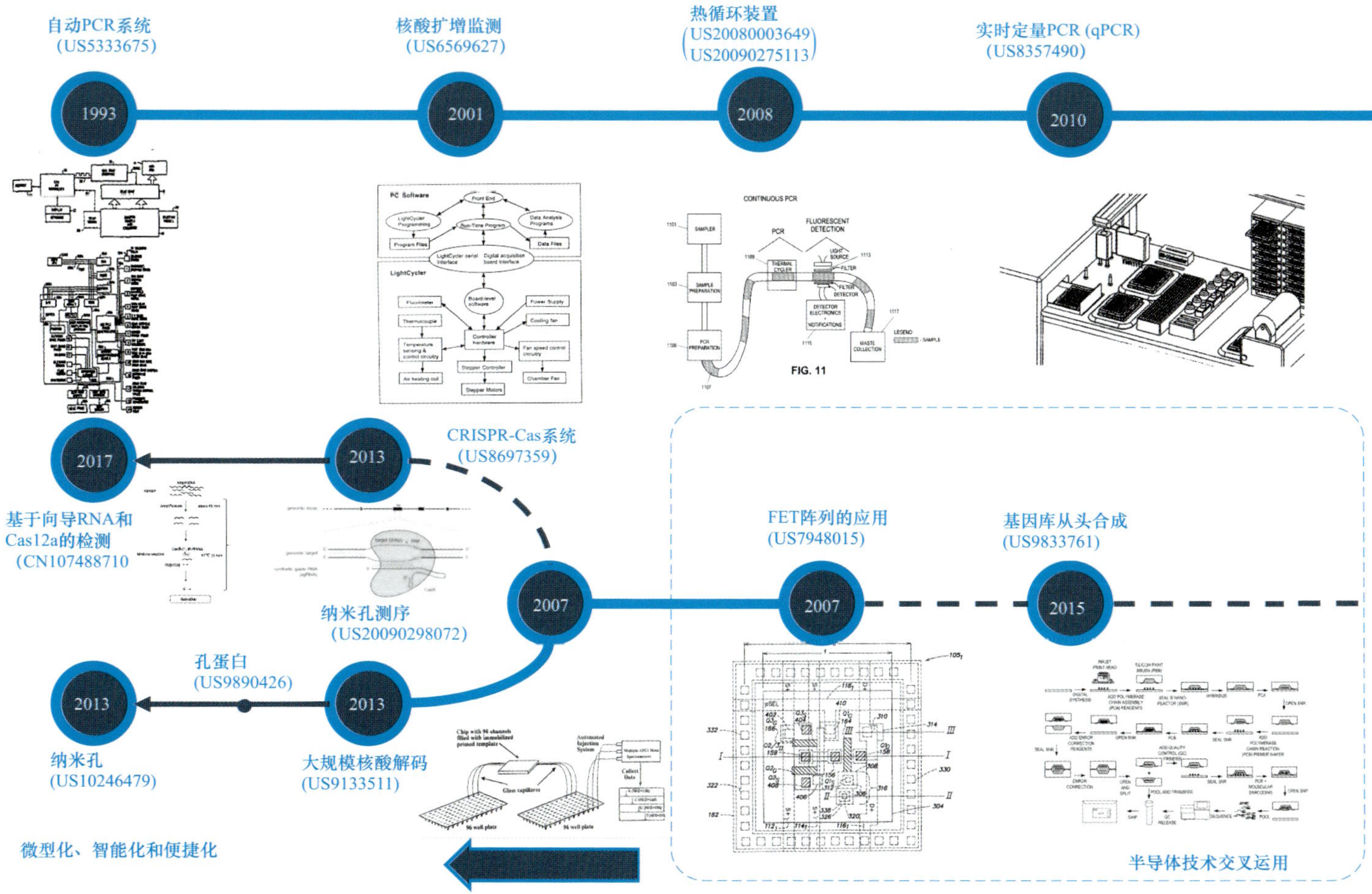

图 6－3－4　从实时 PCR 的发展历程看布局空间

（正文说明见第 140 页）

注:图中圆圈内的数字表示年份。

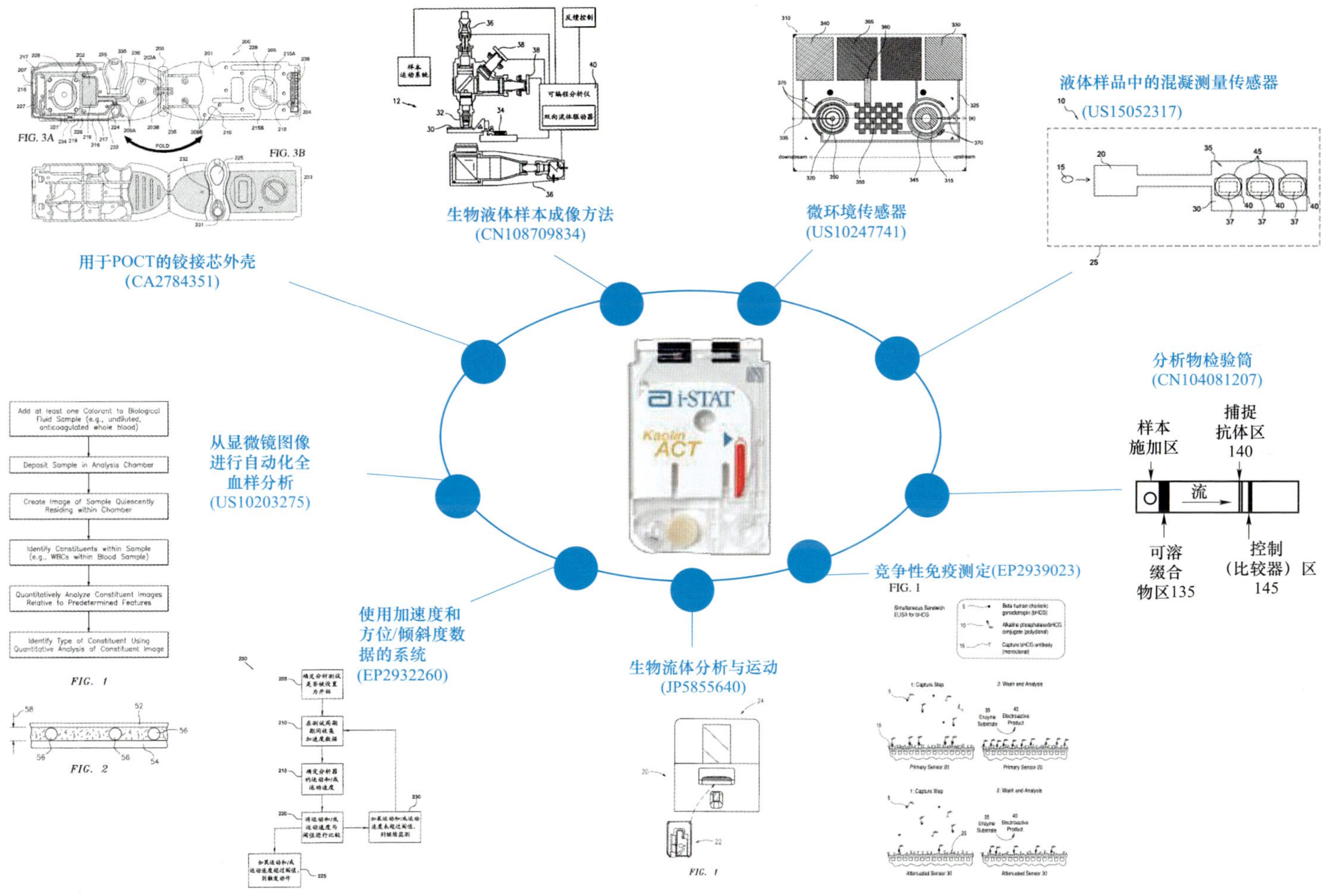

图 7-3-2　雅培公司部分具有代表性的 **POCT** 专利

（正文说明见第 168 页）

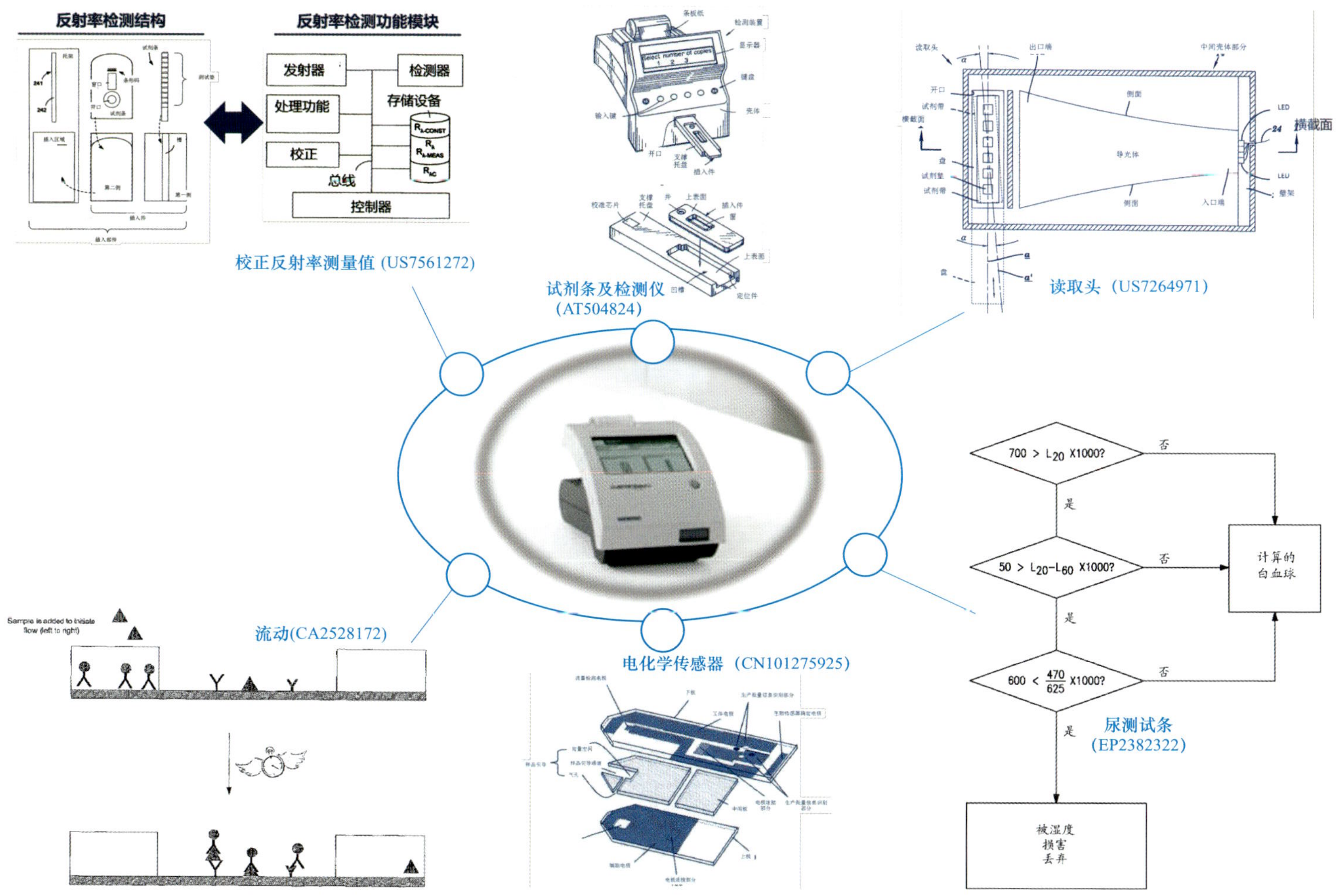

图 7－3－4　西门子公司专利中的 POCT 集成（用于尿液分析等）

（正文说明见第 168 页）

编 委 会

前　言

2019年是中华人民共和国成立70周年，是全面建成小康社会、实现第一个百年奋斗目标的关键之年。在以习近平同志为核心的党中央的坚强领导下，国家知识产权局认真贯彻落实党中央、国务院决策部署，聚焦创新驱动和改革开放两个轮子，强化知识产权创造、保护、运用。为推动产业高质量发展，围绕国家重点产业持续开展专利分析研究，深化情报分析，提供精准支撑，充分发挥知识产权在国家治理中的作用。

在国家知识产权局学术委员会的领导和指导下，专利分析普及推广项目始终坚持“源于产业、依靠产业、推动产业”核心原则，突出情报分析工作定位和功能，围绕国家100余个重点产业、重大技术和重大项目开展研究，形成一批高质量的研究成果，通过出版《产业专利分析报告》（第1~70册）推动成果落地生根，逐步形成与产业紧密联系和互动合作的良好格局。

这一年，专利分析普及推广项目在求变求新的理念引领下，锐意进取，广开渠道，持续引导和鼓励具备相应研究能力的社会力量承担研究工作，得到社会各方的热情支持和积极响应。10项课题经立项评审脱颖而出，中国科学院、北京空间科技信息研究所等科研院所，清华大学、北京大学等高校，江西省陶瓷知识产权信息中心、中国煤炭工业协会生产力促进中心等企事业单位或单独或联合承担了具体研究工作。各方主动发挥独特优势，组织近150名研究人员，历时7个月，圆满完成了各项研究任务，形成一批凸显行业特色的研究成果和方法论。同时，择优选取其中8项成果以《产业专利分析报告》（第71~78册）

系列丛书的形式出版。这8项报告所涉及的产业方向分别是混合增强智能、自主式水下滑翔机技术、新型抗丙肝药物、中药制药装备、高性能碳化物先进陶瓷材料、体外诊断技术、智能网联汽车关键技术、低轨卫星通信技术，均属于我国科技创新和经济转型的核心产业。

专利分析普及推广项目的发展离不开社会各界一如既往的支持与帮助，各级知识产权局、行业协会、科研院所等为课题的顺利开展贡献了巨大的力量，近百名行业和技术专家参与课题指导工作，《产业专利分析报告》（第71~78册）的出版凝聚着社会各界智慧。

专利分析成果的生命力在于推广和应用。在新冠肺炎疫情期间，国家知识产权局结合实际，组织力量编制并发布多份抗击新冠病毒肺炎专利信息研报，广泛推送至科研专班和相关专家，充分发挥专利信息对疫情防控科研攻关的专业支撑与引导作用，助力打赢疫情防控阻击战。希望各方能够充分吸收《产业专利分析报告》的内容，积极发挥专利信息对政策决策、技术创新等方面的智力支撑作用。

由于报告中专利文献的数据采集范围和专利分析工具的限制，加之研究人员水平有限，报告的数据、结论和建议仅供社会各界借鉴研究。

《产业专利分析报告》丛书编委会

2020年5月

项目联系人

孙　琨　010－62086193/sunkun@cnipa.gov.cn

体外诊断技术产业专利分析课题研究团队

一、项目指导

国家知识产权局： 贺　化　郑慧芬　雷春海

二、项目管理

国家知识产权局专利局： 张小凤　孙　琨　王　涛

三、课题组

承 担 单 位： 中国科学院上海生命科学研究院

课题负责人： 江洪波

课题组组长： 陈大明

统　稿　人： 陆　娇　毛开云

主要执笔人： 杨　露　毛开云　马征远　范月蕾　陈　赟　陈大明
袁银池　张爱平　王立伟　陆　娇

课题组成员（所有成员）： 江洪波　陈大明　陆　娇　毛开云　张爱平
范月蕾　王　跃　陈　赟　王立伟　袁银池
王恒哲　杨　露　马征远　刘樱霞

四、研究分工

数据检索： 陈大明　范月蕾　毛开云　王　跃　陆　娇

数据清理： 张爱平　王恒哲　袁银池

数据标引： 陈大明　毛开云　范月蕾　王　跃

图表制作： 袁银池　王恒哲　刘樱霞

报告执笔： 杨　露　毛开云　马征远　范月蕾　陈　赟　陈大明
袁银池　张爱平　王立伟　陆　娇

报告统稿： 陆　娇　毛开云

报告编辑： 张爱平

报告审校： 江洪波　张爱平

五、报告撰稿

杨　露： 主要执笔第 1 章第 1.1～1.2 节

毛开云： 主要执笔第 1 章第 1.3 节，第 8 章

马征远： 主要执笔第2章
范月蕾： 主要执笔第3章第3.1.1～3.1.3节，第3.2.1～3.2.3节，第3.3.1～3.3.3节，第3.4.1～3.4.3节，第3.1.5节，第3.2.5节，第3.3.5节，第3.4.5节
陈　赟： 主要执笔第3章第3.1.4节，第3.2.4节，第3.3.4节，第3.4.4节
陈大明： 主要执笔第4章第4.3～4.4节，第5章第5.3～5.4节，第6章第6.3～6.6节，第7章第7.3节
袁银池： 主要执笔第4章第4.1～4.2节
张爱平： 主要执笔第5章第5.1～5.2节
王立伟： 主要执笔第6章第6.1～6.2节
陆　娇： 主要执笔第7章第7.1～7.2节

六、指导专家

行业专家（按姓氏音序排序）

郭春梅　上海奥普生物医药有限公司
凌　洁　蓝怡科技集团公司
刘玉麟　上海市静安区中心医院
刘朝旭　上海市华山医院
孙华平　上海市华山医院
孙卫兵　上海复星长征医学科学有限公司
谢永华　上海太阳生物技术有限公司
袁新旺　苏州英泽生物医药科技有限公司
朱　凤　上海透景生命科技股份有限公司

技术专家（按姓氏音序排序）

李　卡　复旦大学附属中山医院
宓现强　中国科学院上海高等研究院

专利分析专家（按姓氏音序排序）

褚战星　北京华创智道知识产权咨询服务有限公司
肖沪卫　上海图书馆（上海科学技术情报研究所）
张静洁　上海元好知识产权代理有限公司
周乃鑫　上海元好知识产权代理有限公司

目　录

第1章 研究概况

1.1 立题背景及研究目的

体外诊断（In vitro diagnostic，IVD），是指在人体之外，通过对人体样本（血液、体液、组织等）进行检测而获取临床诊断信息，进而判断疾病或机体功能的产品和服务。体外诊断产品主要由诊断设备（仪器）和诊断试剂构成。

1.1.1 立题背景

目前，全球医疗决策中约有2/3是依据诊断结果作出的，而80%以上的诊断属于体外诊断范畴。早在2014年，体外诊断以13.3%的占比位列全球医疗器械子行业第一，且其规模呈快速扩张趋势。

从技术研发看，体外诊断技术汇集了临床医学众多高新技术甚至研究领域前沿，开发难度大；产品开发往往需要3~5年甚至更久，开发周期长。基于不同的检测原理，体外诊断技术可主要分为生化诊断、免疫诊断、分子诊断等类别：

生化诊断是指利用Lamber-Beer定律，通过各种生物化学反应在体外测定各种无机元素、蛋白和非蛋白氮以及酶、糖、脂等生化指标的体外诊断方法，当前该方法技术成熟，封闭技术是其未来发展方向。

免疫诊断是利用抗原抗体之间的特异性免疫反应来测定免疫状态、检测各种疾病的诊断方法。化学发光免疫诊断是免疫诊断领域的最新技术，也是其主要发展趋势。在发达国家，化学发光技术的市场占比已经达到了90%以上，而我国化学发光技术也已经基本在高端市场普及，在中低端市场，酶联免疫等方法依然有一定市场，化学发光技术未来进口替代空间巨大。

分子诊断是指应用分子生物学方法检测患者体内遗传物质的结构或表达水平的变化而做出诊断的技术。作为生命科学最前沿的技术，分子诊断已经广泛应用于产前筛查、传染病、肿瘤等领域。其中，聚合酶链式反应（PCR）、基因测序和基因芯片技术作为新兴技术被广泛采用。由于各技术的不同优势，上述三种技术在不同领域发挥着重要作用。

我国的体外诊断产业经过35年来的发展，已形成了一定的规模并且与临床的需求基本相适应，企业间的差距进一步拉大，初步培育了一批免疫和临床化学领域的领军企业，但从研发与创新能力来看，与国外发达国家的差距仍在进一步拉大。

从国内体外诊断行业规模看，目前我国的体外诊断行业规模均相对较小：我国人口约占全球的1/5，体外诊断市场规模却仅为全球的3%；我国体外诊断产品人均年消费额仅为1.5美元，而发达国家达到25~30美元；全球体外诊断市场约占全部药品市场的5%；而我国仅为1%~1.5%。

从国内的市场竞争情况看，国内企业市场占有率较低。2015年，占据市场超过5%份额的5家国外巨头组成了第一梯队，总共占据国内市场36.8%的份额。国内如上海科华生物工程股份有限公司（以下简称“科华生物”）、迈克生物科技股份有限公司（以下简称“迈克生物”）、郑州安图生物工程股份有限公司（以下简称“安图生物”）、北京利德曼生化股份有限公司（以下简称“利德曼”）等优秀企业组成了第二梯队。最后国内一大批中小企业组成第三梯队，它们的市场占有率较低，600家左右的企业共占据约40%的市场，整体规模效益不高。

国家高度重视体外诊断技术的发展，将体外诊断产品列入《“十三五”健康产业科技创新专项规划》重点发展任务之中。

综上，从国内的研究现状看，一方面，体外诊断行业作为技术密集型和技术驱动型的行业，对体外诊断行业的专利开展分析极富意义；另一方面，国内体外诊断公司在早期专利的储备上明显不足，而海外公司早已设置专利壁垒，国内公司与其存在不小的差距。

1.1.2 研究目的

因此，本课题将阐明国内外体外诊断技术的行业发展情况，构建体外诊断技术的产品－技术体系；厘清体外诊断技术［包括生化诊断、免疫诊断、分子诊断技术、即时检验（POCT）技术］的专利布局情况和部分重点技术的发展路线，以期为我国体外诊断技术领域的持续发展提供有效支撑。

1.2 体外诊断行业发展现状

1.2.1 全球体外诊断市场情况

体外诊断已成为全球医疗器械最大细分市场。在医疗器械领域的众多子行业中，体外诊断行业早在2014年就已成为全球医疗器械中的第一大子行业，占比13.3%。根据EvaluateMedTech的最新统计数据，2017年全球医疗器械市场容量最大的10个领域分别是体外诊断、心脏病、影像诊断、骨科、眼科、普通整形外科、内窥镜、药物传输系统、牙科和创伤处理。其中，体外诊断依旧是全球医疗器械规模最大的细分市场。2017年市场规模达到526.22亿美元，市场份额占比12.99%，据EvaluateMedTech预测，到2024年体外诊断领域的全球市场销售额将达到795.61亿美元，市场份额将扩大至13.4%，2017~2024年的年复合平均增长率约为6.1%（见图1－2－1和图1－2－2），继续保持医疗器械子行业第一的市场份额，但增速减缓，位列第七。随着人们健康需求的日益增加，除了临床诊断以外，居民对于疾病的风险预测、健康管理、慢病管理等需求亦不断增长，体外诊断的市场依然有较大的发展空间，尤其是医疗水平不发达的区域和国家和地区。

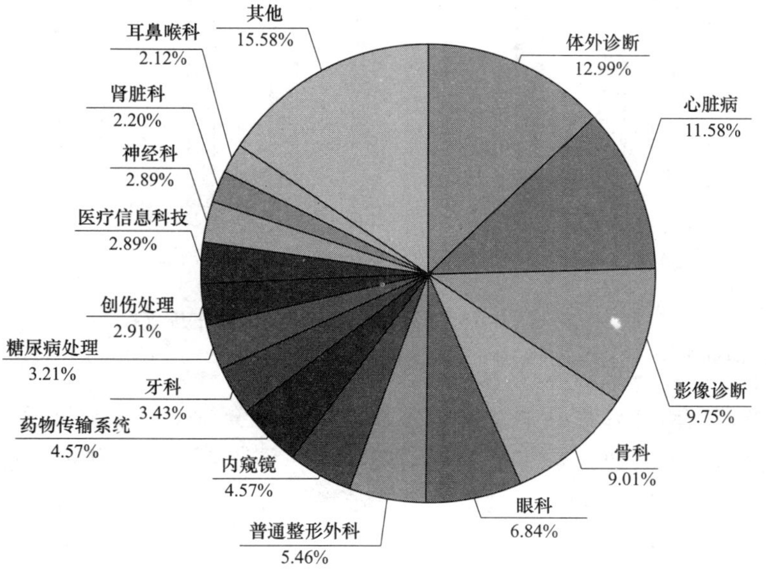

图1－2－1　2017年全球医疗器械领域各细分行业占比

资料来源：EvaluateMedTech World Preview 2018。

注：图中数据由四舍五入而来，饼图数据之和可能不为100%。

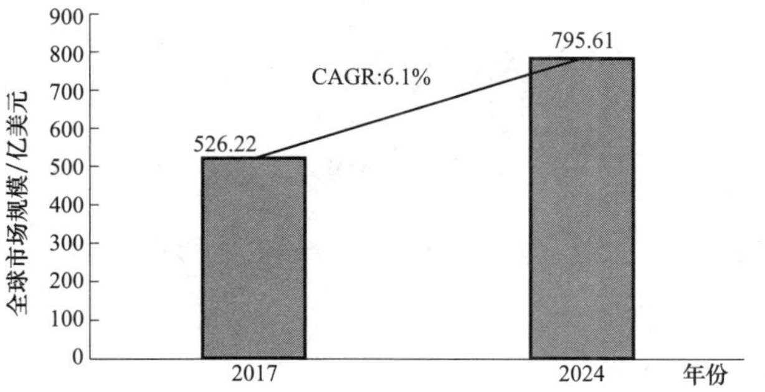

图1－2－2　2017～2024年全球体外诊断市场规模（含预测）及增速情况

资料来源：EvaluateMedTech World Preview 2018。

全球体外诊断行业容量稳健增长。据Global Point-of-Care Diagnostics统计数据（见图1－2－3）显示，2014年全球体外诊断市场规模已达590亿美元，截至2018年，全球体外诊断市场规模达793亿美元。慢性病、传染病发病人数的不断增长以及体外诊断检测技术的不断发展都是驱动体外诊断市场不断发展的主要因素。

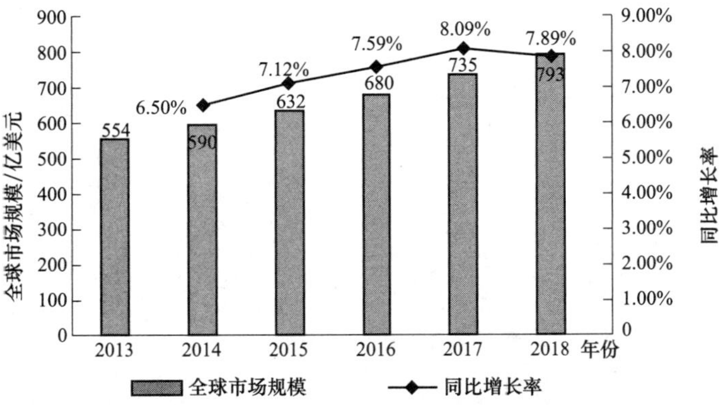

图1－2－3　2013～2018年全球体外诊断市场规模

资料来源：Global Point－of－Care Diagnostics Market Outlook 2018。

欧美市场占全球体外诊断消费市场主导地位。在全球体外诊断市场中，北美、欧洲、日本等发达国家和地区是传统主流消费市场。具体来看，目前体外诊断规模最大的为北美市场，占比约为40%；其次为西欧市场，占比约为30%；日本市场占比约为10%（见图1－2－4）。

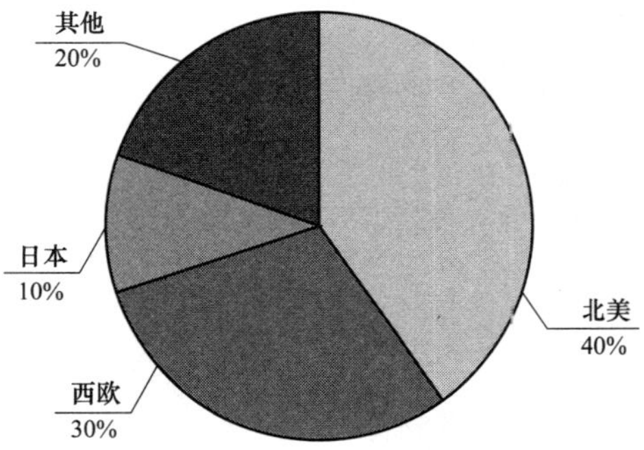

图1－2－4　2017年体外诊断领域全球主要市场份额占比情况

资料来源：前瞻产业研究院。

近年来，随着新兴经济体的高速发展及各国国内医疗支出的不断提高，中国、印度、巴西等国家体外诊断市场快速发展。从产业基础来看，中国、印度等新兴经济体在全球市场中占比依然较低，但由于其人口基数大、经济增速高，近几年医疗保障投入和人均医疗消费支出持续增长，体外诊断行业正处于快速增长期。其中，根据Kalorama Information《全球体外诊断市场（第10版）》报告预计，中国市场预计增速最快，2016～2021年预计复合年均增长率将达到15%，其次是印度，预计将达到11%（见图1－2－5）。

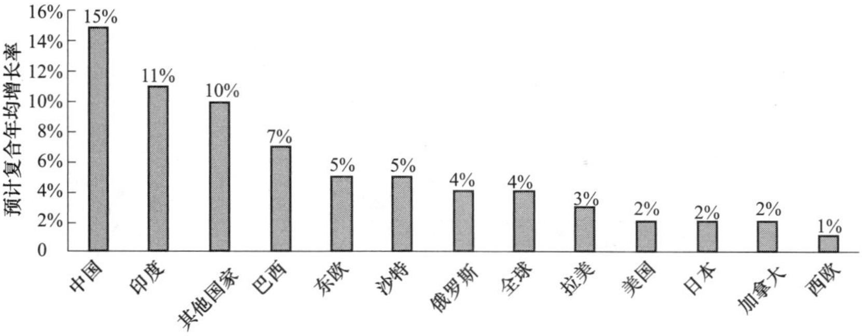

图1-2-5 全球各地区体外诊断市场2016~2021年预计复合年均增长率

资料来源：Kalorama Information《全球体外诊断市场（第10版）》。

全球体外诊断市场集中度持续提升。据全球著名咨询公司EvaluateMedTech的统计（见图1-2-6），2017年全球体外诊断市场中，罗氏公司、丹纳赫公司、雅培公司、西门子公司及赛默飞公司五大巨头总计占据了56.4%的市场份额。这些国际巨头产品丰富，研发能力极强，其生产的诊断仪器及试剂在性能上有绝对的优势，同时具有广阔的营销渠道，因此拥有强大的竞争力。

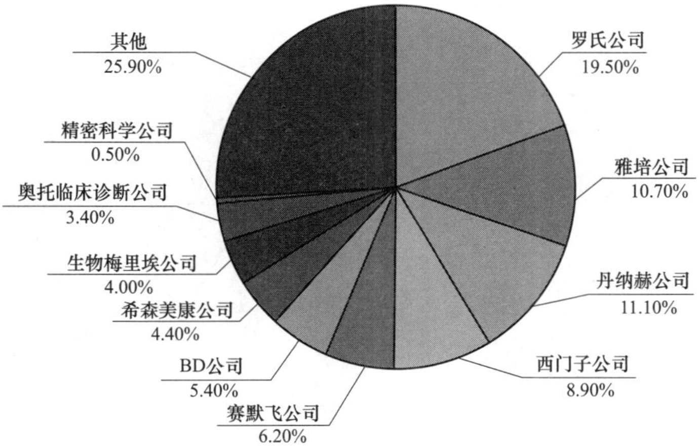

图1-2-6 2017年全球体外诊断器械企业市场份额

资料来源：EvaluateMedTech World Preview 2018。

1.2.2 中国体外诊断市场情况

与发达国家相比，我国体外诊断行业仍处在发展前期。我国人口约占全球的1/5，但体外诊断市场规模仅为全球的3%，规模仍然较小。根据中国产业信息网的统计（见图1-2-7），目前我国体外诊断产品人均年消费支出为4.6美元，仅为全球平均消费水平的近一半（约8.5美元），更是远低于发达国家的人均水平，如美国人均体外诊断消费支出高达62.8美元，日本为38.3美元。全球体外诊断市场约占全部药品市场的

5%；而我国仅为1%～1.5%。因此，未来我国在体外诊断行业还有很大的提升空间。

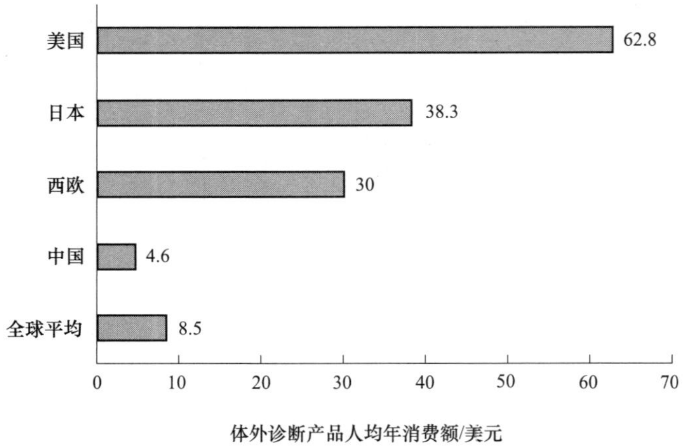

图1－2－7　2016年全球与我国体外诊断产品人均年消费额（美元）情况对比

资料来源：中国产业信息网。

2017年我国体外诊断市场规模达到了159.6亿元，2018年我国体外诊断市场规模达183.6亿元，2019年我国体外诊断市场规模达211.1亿元。预计2016～2021年我国体外诊断市场将保持约15%的年均增速，到2021年我国体外诊断市场规模将约为279.1亿元（见图1－2－8）。

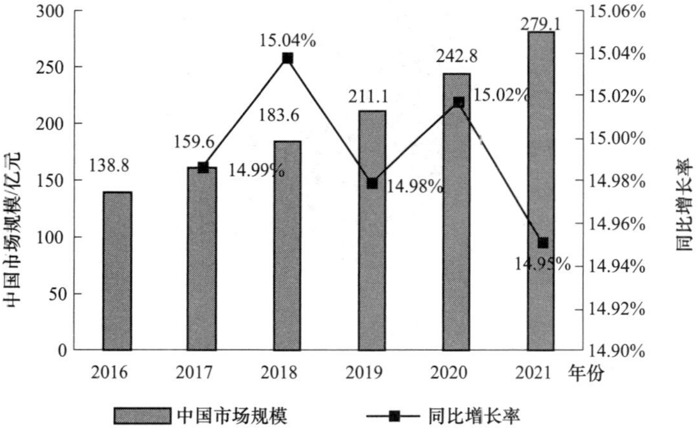

图1－2－8　2016～2021年中国体外诊断市场规模统计情况及预测

资料来源：前瞻产业研究院。

人口老龄化等因素助推国内体外诊断行业发展。由于计划生育政策的影响以及经济发展水平提高后生育率的下滑，我国人口结构正逐步进入老龄化社会。从老龄人口总量来看，根据国家统计局公布的数据（见图1－2－9），截至2018年底，我国60岁及以上老年人口为2.49亿人，占总人口的17.9%，与2017年相比新增老年人口859

万人。人口统计数据显示，我国从 1999 年进入人口老龄化社会到 2018 年的 20 年间，老年人口净增 1.18 亿人，预计到 2050 年前后，我国老年人口数将达到峰值 4.83 亿人，占总人口的 34.1%。

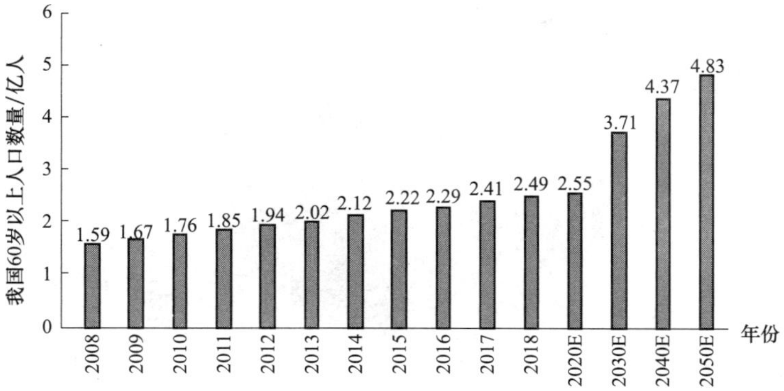

图 1-2-9　2008~2050 年中国 60 岁以上人口数量及预测趋势

资料来源：国家统计局、智研咨询。

45 岁以后人类即进入了慢性病高发阶段，而众多慢性病的诊断均需要体外诊断技术。2017 年我国 45 岁以上人口数量已达 4.6 亿人，占比达 40.21%，并且占比仍在提升，据联合国预测，我国 45 岁以上人口占比在 2040 年前都将处于持续快速提升之中。人口老龄化叠加经济发展水平的提升，带来人均卫生费用支出的稳步快速增长，为体外诊断行业的发展打下了良好的基础。世界卫生组织（WHO）预测，中国的疾病谱已经开始从传染病转向非传染性疾病。到 2030 年，慢性非传染性疾病的患病率将至少增加 40%，且男性和女性的情况有所不同，因为男性的慢性病危险因素持有率更高；到 2030 年，与现在相比，患有一种及以上慢性病的人数将增加 3 倍以上，包括男性和女性。

国内体外诊断行业集中度较低。从全球范围来看，市场集中度较高，据有关数据显示，在 2017 年全球体外诊断行业市场中，罗氏公司、丹纳赫公司、西门子公司、雅培公司及赛默飞公司五大巨头总计占据了 56.4% 的市场份额。相比之下，国内市场的集中度偏低。就国内体外诊断市场的竞争格局来看，2017 年占据市场超过 5% 的 5 家海外巨头组成了体外诊断行业的第一梯队，共占据国内市场 35.8% 的市场份额（见图 1-2-10）。其产品性能好、检测精密度高，占据了国内三级医院等高端市场的主流地位。同时，国内优质的体外诊断公司，如深圳迈瑞生物医疗电子股份有限公司（以下简称“迈瑞生物”）、科华生物、中山大学达安基因股份有限公司（以下简称“达安基因”）、新产业等组成了第二梯队，虽然在经营规模和产品种类方面稍逊于海外巨头，但随着我国体外诊断行业的快速发展，国内体外诊断龙头也在飞速成长当中。最后，国内一大批中小型企业组成了第三梯队，600 多家企业共占据 50% 的市场，市场占有率较低，规模效益不明显。

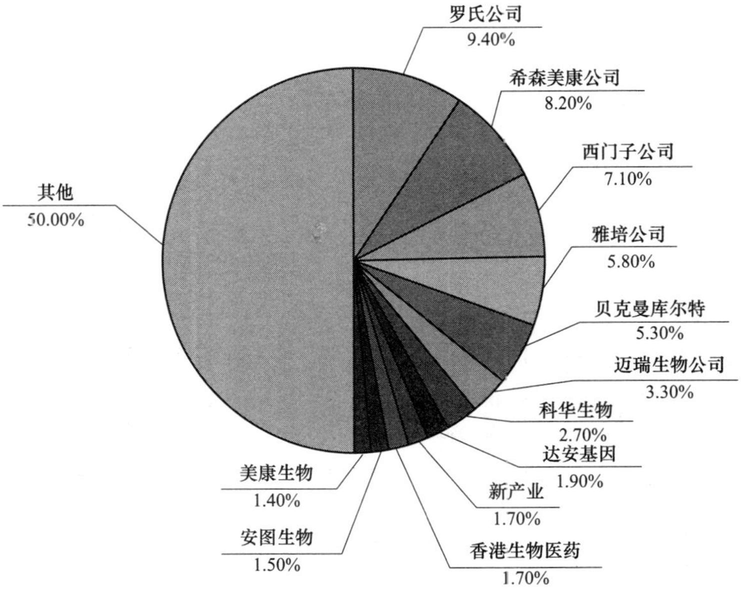

图 1-2-10　2017 年国内体外诊断市场竞争格局

资料来源：前瞻产业研究院。

1.3　研究对象和方法

1.3.1　技术分解

在前期调研中，课题组广泛了解了企业的需求并和行业内专家进入了深入讨论，从技术层面上对当前体外诊断产品进行了系统梳理，并且确定了研究重点。在前期工作的基础上，综合考量了国家食品药品监督管理总局 2018 年发布的《医疗器械分类目录》中有关体外诊断仪器产品的分类、《6840 体外诊断试剂分类子目录（2013 版）》中有关体外诊断试剂产品的分类，并结合体外诊断技术专利检索的特点，从研究可行性的角度，最终确立了体外诊断的领域分类及使用流程两个维度（共计 30 个子领域），以此对体外诊断技术进行拆解，具体技术分解如表 1-3-1 所示。

通过产业调研和初步的专利检索分析，本书以聚焦诱导发光技术、生化分析仪器的共性模块、酶联免疫吸附测定技术、化学发光免疫分析技术、实时 PCR 技术、基因测序技术、基因多态性检测与伴随诊断、循环肿瘤细胞检测技术、POCT 等作为重点技术分支，进行体外诊断技术的具体解读。

表 1－3－1　体外诊断技术分解

项目名称	一级技术分支	二级技术分支	三级技术分支
体外诊断	生化诊断	采样	尿液采样
			血液采样
		试剂	—
		检测	肾功能
			肝功能
			心肌酶
			血糖
			血脂
			电解质、离子
		读取	光学组件
			其他
		计算	数据处理
	免疫诊断	采样	采样器
		试剂	化学发光免疫试剂
			荧光免疫试剂
			免疫层析试剂
			酶联免疫试剂
		检测	化学发光
			荧光免疫
			免疫层析
			酶联免疫
			乳胶增强免疫比浊
		读取	光学组件
			其他
		计算	数据处理
	分子诊断	采样	采样器
		试剂	PCR 试剂
			基因测序试剂

续表

项目名称	一级技术分支	二级技术分支	三级技术分支
体外诊断	分子诊断	检测	PCR
			数字 PCR
			荧光定量 PCR
			基因测序
			基因芯片
		读取	光学组件
		计算	数据处理
	血液诊断	采样	采样器
		试剂	—
		检测	血细胞
			凝血分析
			血流变分析
			血小板分析
			流式细胞分析
			其他
		读取	光学检测
		计算	数据处理
	微生物诊断	采样	采样器
		试剂	培养基或培养液
			微生物检测试剂
		检测	微生物检测仪
		读取	读取模块
		计算	数据处理
	POCT	采样	微泵/阀
			一体化采样器
			微流控通道
		试剂	—
		检测	反应模块
		读取	光学组件
		计算	数据处理

由于上述技术之间存在较多的交叉，因此绘制体外诊断技术分解流程如图 1－3－1

所示（见文前彩色插图第1页）。

1.3.2 数据检索

本报告选用IncoPat数据库进行全球体外诊断专利数据检索（国家知识产权局专利数据库数据作为参考），以体外诊断相关技术、检测样本、检测指标等为核心词汇，辅以生物和医药等词语，将范围限制在生命科学和医学领域，再用体内、内窥镜等体内诊断相关词汇，将部分体内诊断的相关专利排除。然后结合IPC分类进行筛查，进一步去除与体外诊断不相关的IPC类别，最终得到准确度相对较高的体外诊断专利数据集。

主要的检索要素汇总如表1-3-2所示。

表1-3-2 体外诊断技术领域检索要素汇总

检索要素	关键词	IPC分类号
体外诊断	体外诊断，in vitro diagnos *	A61B 5/145，A61B 5/15，A61K 35，A61K 38，A61K 39，A61K 395，C12Q 1，C12M 1，G01N 21，G01N 33
检测对象	唾液，尿液，血液，血清，毛发，头发，体液，脑脊液，粪便，脂肪组织，saliva，urine，blood，serum，hair，body fluid，cerebrospinal fluid，stool	
诊断	诊断，检测，检验，测定，分析，diagnos *，analy *，assay，test *，detect *，measur *，determin *	
设备	设备，仪，装置，系统，平台，单元，机构，模块，模组，system，apparatus，instrument，equipment，device，analyzer，meter，detector，tester，determinator，unit，platform，mechanism，module，assay	
试剂	试剂，reagent，kit，assay	

例如，免疫诊断技术的检索策略，通过前述方法调整得到检索式：

#1 IPC=（A61K39/00 OR A61K39/39 OR A61K39/395 OR A61K47/68） AND TIABC=（诊断 or 检测 or 检验 or 测定 or 分析 or diagnos * or analy * or assay or test * or detect * or measur * or determin * or 试剂 or reagent or kit or assay）

#2 IPC=（C07K14/155 OR C07K14/78 OR C07K16/00 OR C07K16/42 OR C07K16/46 OR C07K19/00 OR C12N15/117 OR C12N15/13 OR C12N15/49 OR C12Q1/6804 OR C12Q1/6886） AND TIABC=（诊断 or 检测 or 检验 or 测定 or 分析 or diagnos * or analy * or assay or test * or detect * or measur * or determin * or 试剂 or reagent or kit or assay）

#3 IPC=（G01N33/53 OR G01N33/54 OR G01N33/55 OR G01N33/56 OR G01N33/571

OR G01N33/573 OR G01N33/574 OR G01N33/575 OR G01N33/576 OR G01N33/577）

#4 TIABC =（（immuno *（4n）diagnos *）OR（免疫（2w）诊断））

合并上述检索式，得到免疫诊断技术的检索式。

但是在阅读中发现，大量专利为涉及动植物的免疫检测，因此去除涉及动植物免疫检测的 IPC 分类号及相关词语：

NOT IPC =（A01 OR A61D OR C12N5/04 OR C12N5/04）NOT FULL =（水稻 OR 植物 OR 马铃薯 OR 西瓜 OR 牛 OR 鱼 OR 螃蟹）NOT AP =（农业 OR 种业 OR 渔业 OR 动物）

1.3.3 数据处理

数据处理主要包括数据合并、数据检索结果的验证以及数据标引。

数据的合并主要包括申请号的合并和同族专利的合并。

在进行数据检索结果验证时：

（1）数据中间检索结果的验证，主要采取抽样验证的策略。浏览检索结果，如果检索结果中有大量不属于检索技术主题的文献，或者发现数据库中有相当数量的相关文献没有包含在检索结果中，则重新确定技术领域，或者对限定概念、其表达方式以及它们构造的检索式重新进行调整。在验证的基础上，根据验证过程中发现的偏差，进一步优化检索策略。

（2）综合检索的验证。在前述抽样验证的基础上，进一步将子领域进行聚类组合，并通过三种方式进行验证：①利用主要专利权人（申请人）进行验证；②不同数据库之间的相互验证；③利用分析工具进行验证。

基于初步检索结果，查找新的检索要素或引起噪声的检索要素，采用补充检索要素、替换检索要素或去除检索要素等方式修正检索式，得到最终检索表达式。

由于本领域专利检索得到的数据量较大，因此本课题组主要对于重点研究的几个技术分支进行数据标引，例如，化学发光免疫方法等，在相关上位分支的数据集合中限定关键词进行再次检索。此外，筛选重点专利权人的重点专利，主要依据产品相关的专利、引证频次较高的专利等进行筛选，同时采用了全文浏览的方式，重点阅读题目、摘要、权利要求、实施例以及相应的附图，并选择重要的关键词进行标引。

1.3.4 相关事项和约定

由于我国发明专利自申请日（有优先权日的自优先权日起）18 个月公布，PCT 专利申请可能自申请日起 30 个月甚至更长时间才进入国家阶段，其进入指定国后进行的国家公布时间就更晚，因此，检索结果包括的 2017 年之后的专利申请量比真实的申请量要少，反映到各技术分支申请量年度变化中的趋势中，将出现申请量曲线在 2017 年之后突然下滑的现象。

本书的全球专利数据主要是在 Incopat 数据库中检索得到。本书中所分析的申请量均为合并专利申请号后的专利申请，称为一项专利申请。

第2章　体外诊断技术专利概览

2.1　全球专利布局概况

2.1.1　发展趋势分析

全球体外诊断市场发展于20世纪70年代，随着人们对疾病预防控制的关注度的提高，对健康筛查与体检、重大疾病预警与诊断的需求不断上升，这种需求从体外诊断技术的专利数量可以看出，截至2019年10月15日，全球涉及体外诊断技术的专利申请共计98万项。其中，1999～2018年，全球涉及体外诊断技术的专利申请共计74.6万项。全球体外诊断技术相关专利的申请量与公开量总体呈现平稳增长态势（见图2-1-1）。

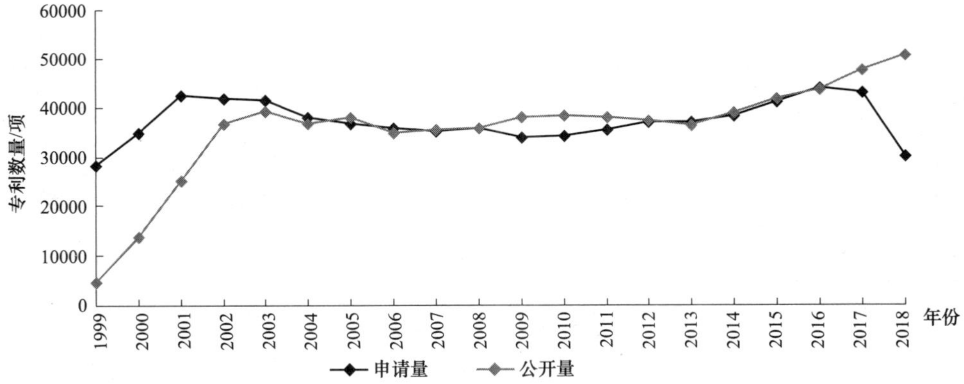

图2-1-1　1999～2018年全球体外诊断行业相关专利申请和公开数量趋势

21世纪以来，体外诊断行业专利申请数量的发展整体呈现波动起伏的趋势，在2001年左右专利申请数量达到顶峰，专利申请数量超过了4.3万项，随后进入了缓慢下降阶段，并在2009年降至谷底，随后又进入了缓慢增长的阶段。2016年，体外诊断行业相关专利的申请数量达到新高，共有44049项，显示出近年来体外诊断行业良好的发展速度和趋势。

经过30多年的发展，体外诊断也先后经历了化学、酶、免疫测定和探针技术4次技术革命，每次革命，都使临床诊断的技术跨上了一个新台阶，也带动了检验医学、基础医学等学科的快速发展。体外诊断设备作为诊断技术的核心部分目前正在向两极发展：一是高度集成、自动化的仪器诊断，以高效率的仪器设备、模块式的组合和流水线式的自动控制大大提高诊断实验室的工作效率，例如，基因检测仪器等；二是简单、快速、便于普及的快速诊断，要求实验仪器小型化、操作简便化、结果报告及时准确化，例如，小型气血仪等。

作为已拥有数百亿美元市场容量的朝阳行业，体外诊断行业目前正面临着前所未有的发展机遇。

从近20年的全球生化诊断各分领域专利的相关专利申请量趋势（见表2-1-1）来看，该领域的专利申请量整体呈现平稳增长的态势，其中计算技术方面的申请量增速较快，而读取技术方面的增速较为缓慢。

表2-1-1　全球生化诊断各分领域专利的相关专利申请量趋势　单位：项

年份	采样技术	试剂技术	检测技术	读取技术	计算技术
1999	897	866	646	191	171
2000	902	850	689	237	145
2001	1223	1086	771	319	285
2002	1147	1047	765	340	330
2003	1171	1209	890	295	403
2004	1240	1227	899	320	311
2005	1257	1193	871	278	309
2006	1257	1225	854	306	239
2007	1435	1380	1013	294	251
2008	1557	1533	1154	301	304
2009	1318	1402	799	276	309
2010	1244	1644	1235	283	340
2011	1479	1683	1092	292	366
2012	1598	1653	1216	322	385
2013	1671	1761	1226	355	430
2014	1722	1817	1228	309	496
2015	1740	2074	1359	306	599
2016	1873	2182	1408	367	613
2017	1959	2272	1393	322	735

续表

年份	采样技术	试剂技术	检测技术	读取技术	计算技术
2018	1492	1876	1139	252	653
专利申请量变化趋势					

从近20年的全球免疫诊断各分领域专利的相关专利申请量趋势（见表2－1－2）来看，该领域的专利申请量整体增长态势不明显，其中采样和试剂技术方面的专利保持较为平稳的申请量态势，检测和读取技术方面则呈现出略微下降的申请量趋势，而计算技术方面在早期经历过一次申请量的高峰后，近几年又开始呈现出增长的态势。

表2－1－2　全球免疫诊断各分领域专利的相关专利申请量趋势　　单位：项

年份	采样技术	试剂技术	检测技术	读取技术	计算技术
1999	2313	2200	2138	470	68
2000	2870	2814	2158	546	105
2001	3446	3342	2836	763	87
2002	3471	2996	2683	797	153
2003	3279	3381	2513	740	163
2004	3145	3161	2318	729	67
2005	3049	2724	2194	561	84
2006	2856	2723	1923	432	63
2007	2781	2836	1852	423	69
2008	2674	2493	1724	401	80
2009	2621	2389	1578	381	71
2010	2593	2492	1566	310	73
2011	2588	2665	1545	320	78
2012	2788	2569	1544	364	69
2013	2786	2556	1556	433	84
2014	2421	2265	1275	385	74

续表

年份	采样技术	试剂技术	检测技术	读取技术	计算技术
2015	2550	2474	1388	377	84
2016	3199	2728	1499	351	129
2017	2769	3155	1585	357	121
2018	2004	2332	1223	327	141
专利申请量变化趋势				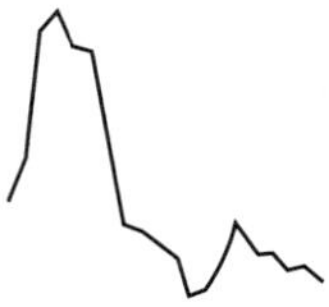	

从近20年的全球分子诊断各分领域专利的相关专利申请量趋势（见表2－1－3）来看，该领域的专利申请量整体增长态势不明显，其中采样、试剂和检测技术方面的专利均保持较为平稳的申请态势，读取和计算技术方面均在21世纪初期出现过一次申请量的高峰，近几年的申请量趋势变动幅度不大。

表2－1－3　全球分子诊断各分领域专利的相关专利申请量趋势　　单位：项

年份	采样技术	试剂技术	检测技术	读取技术	计算技术
1999	1699	1510	1663	278	310
2000	2466	1880	1911	474	426
2001	2781	2376	2370	566	691
2002	2814	2275	2300	599	774
2003	2932	2713	2406	567	769
2004	2779	2674	2289	487	569
2005	2853	2703	2188	453	510
2006	2618	2550	1989	406	523
2007	2682	2328	1744	327	365
2008	2805	2184	1818	323	339
2009	2514	2246	1804	274	443
2010	2688	2150	1750	271	397
2011	2806	2492	2053	356	356

续表

年份	采样技术	试剂技术	检测技术	读取技术	计算技术
2012	3194	2636	2263	341	422
2013	3161	2484	2243	427	448
2014	3082	2744	2129	437	460
2015	2931	2876	2173	419	447
2016	2990	2828	2244	424	590
2017	3288	3213	2284	426	679
2018	2237	2423	1670	305	494
专利申请量变化趋势					

从近 20 年的全球 POCT 各分领域专利的相关专利申请量趋势（见表 2－1－4）来看，该领域的研究相对较新，并在五个技术分支上均呈现出上升的增长态势，其中采样技术方面的专利数量最多。

表 2－1－4 全球 POCT 各分领域专利的相关专利申请量趋势 单位：项

年份	采样技术	试剂技术	检测技术	读取技术	计算技术
1999	75	45	34	42	51
2000	110	63	57	35	43
2001	190	87	82	66	105
2002	422	103	125	79	88
2003	247	125	99	76	109
2004	375	135	135	114	168
2005	431	203	223	153	128
2006	569	260	203	167	168
2007	506	237	213	154	131
2008	621	257	230	216	184
2009	645	266	248	166	152
2010	742	314	284	210	182

续表

年份	采样技术	试剂技术	检测技术	读取技术	计算技术
2011	1057	454	393	219	258
2012	909	375	350	235	225
2013	1053	463	428	277	306
2014	1051	430	416	296	334
2015	1312	550	489	303	368
2016	1263	490	481	334	352
2017	1330	617	546	379	385
2018	1030	487	416	268	275
专利申请量变化趋势					

从近20年的全球微生物诊断各分领域专利的相关专利申请量趋势（见表2－1－5）来看，该领域的专利申请各年度略有波动，但整体呈现增长态势。

表2－1－5　全球微生物诊断各分领域专利的相关专利申请量趋势　　单位：项

年份	采样技术	试剂技术	检测技术	读取技术	计算技术
1999	646	558	436	91	68
2000	907	858	500	154	105
2001	885	929	618	183	87
2002	1174	891	580	173	153
2003	926	970	531	163	163
2004	830	728	414	85	67
2005	709	631	418	106	84
2006	762	701	377	78	63
2007	725	632	398	89	69
2008	975	692	486	110	80
2009	910	705	511	126	71
2010	955	703	638	98	73
2011	1105	892	734	99	78

续表

年份	采样技术	试剂技术	检测技术	读取技术	计算技术
2012	951	786	716	81	69
2013	966	859	825	109	84
2014	990	954	758	69	74
2015	1122	1046	899	102	84
2016	1169	1142	912	103	129
2017	1116	1174	912	111	121
2018	1097	1197	903	85	141
专利申请量变化趋势					

从近20年的全球血液诊断各分领域专利的相关专利申请量趋势（见表2-1-6）来看，该领域的专利申请量整体增长态势不明显，整体的专利数量仍保持在相对较少的数量级上，并尚未呈现出明显的增长态势。

表2-1-6　全球血液诊断各分领域专利的相关专利申请量趋势　　单位：项

年份	采样技术	试剂技术	检测技术	读取技术	计算技术
1999	84	36	60	78	39
2000	92	53	47	76	49
2001	127	47	56	123	93
2002	91	54	67	98	66
2003	116	46	66	79	45
2004	116	68	48	81	79
2005	89	37	64	64	56
2006	114	21	50	72	69
2007	83	33	51	64	75
2008	49	12	32	59	71
2009	87	26	45	62	79

续表

年份	采样技术	试剂技术	检测技术	读取技术	计算技术
2010	96	34	74	58	74
2011	123	38	44	66	79
2012	99	32	60	87	72
2013	114	19	69	69	106
2014	148	29	58	82	107
2015	115	26	65	60	119
2016	138	27	43	81	131
2017	109	38	48	75	122
2018	78	24	30	54	90
专利申请量变化趋势					

2.1.2 专利技术领域分布

在体外诊断技术研究方面，全球的目光多集中于生化、免疫与分子体外诊断技术的研发，对这三个主要的技术领域进行分析。目前，生化诊断技术领域共有专利93016项，占体外诊断专利总数的12%；免疫诊断技术领域共有专利255140项，占体外诊断专利总数的34%；分子诊断技术领域共有专利219711项，占体外诊断专利总数的29%（见图2-1-2）。随着技术融合趋势的演变，生化、免疫、分子与其他新兴诊断技术的融合成为体外诊断器械研发的新趋势。

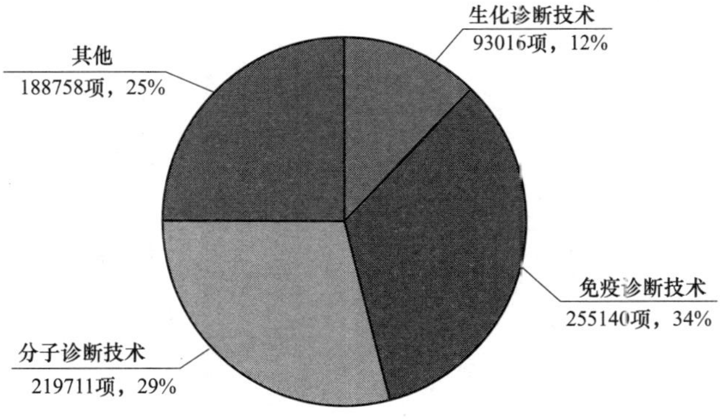

图2-1-2 全球体外诊断各技术领域专利申请量分布情况

2.1.3 国家/地区分布

从体外诊断行业领域的专利申请国家/地区分布（见表2－1－7）来看，无论是生化诊断领域、免疫诊断领域还是分子诊断领域，美国、欧洲、中国、日本是最为热门的布局地。其中，在生化诊断领域，中国成为全球专利布局最多的国家，共布局专利27056项。目前，在我国，生化诊断也是国内企业布局最多的领域，技术壁垒较低，而免疫诊断和分子诊断技术，尤其是分子诊断领域，往往被国外的医疗器械公司垄断。

表2－1－7 体外诊断及其三个分领域专利申请量国家/地区分布 单位：项

排名	体外诊断技术		生化诊断技术		免疫诊断技术		分子诊断技术	
	国家/地区	专利量	国家/地区	专利量	国家/地区	专利量	国家/地区	专利量
1	美国	160114	中国	27056	日本	44530	美国	40085
2	中国	130585	美国	18582	美国	44244	欧洲专利局	28664
3	世界知识产权组织	94182	世界知识产权组织	11148	欧洲专利局	34253	日本	28245
4	日本	91582	日本	7138	世界知识产权组织	27418	世界知识产权组织	27195
5	欧洲专利局	73001	韩国	5708	澳大利亚	20637	中国	26041
6	澳大利亚	38468	欧洲专利局	5303	中国	18546	澳大利亚	19625
7	加拿大	30903	俄罗斯	3096	加拿大	17236	加拿大	14764
8	韩国	28993	澳大利亚	2271	德国	5602	韩国	4830
9	俄罗斯	15226	德国	2148	奥地利	4587	德国	4629
10	德国	14361	加拿大	2016	韩国	3979	奥地利	3528

在全球生化诊断领域，中国、美国和日本是该领域专利数量最多的国家，除了在读取技术领域，美国拥有最多的专利申请量外，在采样、试剂、检测和计算这四个技术领域，中国均排在第一位，美国和日本均位列第二、第三（见表2－1－8）。

表2-1-8　全球生化诊断各分领域专利申请量国家/地区分布　单位：项

排名	采样技术		试剂技术		检测技术		读取技术		计算技术	
	国家/地区	专利量	国家/地区	专利量	国家/地区	专利量	国家/地区	专利量	国家/地区	专利量
1	中国	8555	中国	12965	中国	8677	美国	1917	中国	2907
2	美国	7364	美国	6047	美国	4897	中国	1357	美国	1734
3	日本	4789	日本	4100	日本	3797	日本	1122	日本	885
4	世界知识产权组织	3954	世界知识产权组织	3545	世界知识产权组织	2329	世界知识产权组织	851	世界知识产权组织	780
5	欧洲专利局	2528	欧洲专利局	2548	韩国	1576	欧洲专利局	581	韩国	518
6	韩国	1886	韩国	2399	欧洲专利局	1552	德国	515	欧洲专利局	466
7	德国	1609	德国	1374	德国	1501	韩国	406	俄罗斯	275
8	俄罗斯	1214	加拿大	1116	俄罗斯	908	俄罗斯	301	德国	249
9	加拿大	1101	澳大利亚	1109	加拿大	849	加拿大	269	澳大利亚	209
10	澳大利亚	1013	英国	481	英国	742	澳大利亚	266	加拿大	179

在全球免疫诊断领域，日本专利申请量在该领域各技术分支中均排在首位，而欧洲专利局和美国均排在第二或第三位，中国在免疫诊断领域的专利申请量稍落后于上述国家/地区（见表2-1-9）。

表2-1-9　全球免疫诊断各分领域专利申请量国家/地区分布　单位：项

排名	采样技术		试剂技术		检测技术		读取技术		计算技术	
	国家/地区	专利量	国家/地区	专利量	国家/地区	专利量	国家/地区	专利量	国家/地区	专利量
1	日本	15200	日本	13660	日本	15110	日本	2709	日本	1927
2	欧洲专利局	11086	欧洲专利局	10434	欧洲专利局	8330	美国	2128	美国	1090

续表

排名	采样技术		试剂技术		检测技术		读取技术		计算技术	
	国家/地区	专利量	国家/地区	专利量	国家/地区	专利量	国家/地区	专利量	国家/地区	专利量
3	美国	10542	美国	10368	美国	7485	欧洲专利局	1882	欧洲专利局	907
4	世界知识产权组织	7304	中国	6940	世界知识产权组织	4605	世界知识产权组织	1368	澳大利亚	858
5	中国	6858	世界知识产权组织	6374	加拿大	4554	中国	1165	中国	799
6	加拿大	5529	澳大利亚	6090	中国	4503	澳大利亚	909	世界知识产权组织	692
7	澳大利亚	5482	加拿大	5787	澳大利亚	4127	加拿大	827	加拿大	413
8	德国	3377	德国	3311	德国	3183	德国	699	新加坡	314
9	奥地利	1966	奥地利	1864	奥地利	1602	奥地利	329	德国	268
10	韩国	1386	韩国	1405	韩国	1395	韩国	306	韩国	206

在全球分子诊断领域，美国在采样、读取和计算这三个技术分支的专利申请量均排在首位；而日本的相关专利申请量均仅次于美国，排在第二位。在试剂和检测技术分支，中国的相关专利申请量最多，高于美国、日本、欧洲专利局等国家/地区（见表2－1－10）。

表2－1－10　全球分子诊断各分领域专利申请量国家/地区分布　　单位：项

排名	采样技术		试剂技术		检测技术		读取技术		计算技术	
	国家/地区	专利量	国家/地区	专利量	国家/地区	专利量	国家/地区	专利量	国家/地区	专利量
1	美国	10802	中国	11540	中国	9217	美国	1981	美国	2040
2	日本	9446	美国	8683	美国	7782	日本	1593	日本	1575

续表

排名	采样技术		试剂技术		检测技术		读取技术		计算技术	
	国家/地区	专利量	国家/地区	专利量	国家/地区	专利量	国家/地区	专利量	国家/地区	专利量
3	欧洲专利局	9112	欧洲专利局	7633	日本	7433	欧洲专利局	1268	中国	1399
4	中国	8324	日本	6740	欧洲专利局	6344	世界知识产权组织	1101	欧洲专利局	1334
5	世界知识产权组织	7349	世界知识产权组织	5999	世界知识产权组织	4872	中国	1063	世界知识产权组织	1305
6	澳大利亚	4734	澳大利亚	4138	澳大利亚	3305	澳大利亚	686	澳大利亚	1067
7	加拿大	4421	加拿大	3686	加拿大	3184	加拿大	590	加拿大	703
8	德国	2126	德国	1898	德国	1973	德国	368	韩国	378
9	韩国	1550	韩国	1658	韩国	1407	韩国	303	德国	285
10	奥地利	1289	奥地利	1138	奥地利	1083	奥地利	166	新加坡	171

在全球 POCT 领域，美国专利申请量在各技术分支领域中均排在首位，并且在读取和计算技术方面，具有较明显的优势，中国在 POCT 领域的专利申请量与美国相比具有较大的差距，但与其他国家/地区相比则具有一定的优势（见表 2－1－11）。

表 2－1－11　全球 POCT 各分领域专利申请量国家/地区分布　　单位：项

排名	采样技术		试剂技术		检测技术		读取技术		计算技术	
	国家/地区	专利量	国家/地区	专利量	国家/地区	专利量	国家/地区	专利量	国家/地区	专利量
1	美国	4919	美国	2002	美国	1858	美国	1507	美国	1855
2	世界知识产权组织	3282	世界知识产权组织	1374	世界知识产权组织	1116	世界知识产权组织	836	世界知识产权组织	808
3	中国	1920	中国	978	中国	976	中国	487	中国	537
4	日本	1354	日本	599	日本	614	日本	366	日本	329

续表

排名	采样技术		试剂技术		检测技术		读取技术		计算技术	
	国家/地区	专利量	国家/地区	专利量	国家/地区	专利量	国家/地区	专利量	国家/地区	专利量
5	欧洲专利局	1274	欧洲专利局	575	欧洲专利局	436	欧洲专利局	278	欧洲专利局	225
6	印度	576	印度	257	韩国	269	韩国	156	韩国	162
7	韩国	450	韩国	204	印度	160	印度	153	印度	138
8	德国	135	德国	50	德国	75	德国	64	德国	41
9	加拿大	118	澳大利亚	31	中国台湾	61	英国	45	英国	35
10	澳大利亚	114	英国	30	英国	46	中国台湾	30	加拿大	24

在全球微生物诊断领域，中国、美国和日本是该领域专利数量最多的国家/地区，美国在读取技术方面拥有最多的专利申请量，而中国专利申请量在采样、试剂、检测和计算这四个技术领域均排在首位（见表2-1-12）。

表2-1-12 全球微生物诊断各分领域专利申请量国家/地区分布 单位：项

排名	采样技术		试剂技术		检测技术		读取技术		计算技术	
	国家/地区	专利量	国家/地区	专利量	国家/地区	专利量	国家/地区	专利量	国家/地区	专利量
1	中国	5516	中国	6745	中国	6357	美国	685	中国	566
2	美国	4957	美国	3977	美国	2417	日本	511	美国	374
3	日本	3262	日本	2333	日本	1838	中国	395	日本	372
4	世界知识产权组织	2595	世界知识产权组织	1909	世界知识产权组织	1238	世界知识产权组织	274	世界知识产权组织	187
5	欧洲专利局	2248	欧洲专利局	1791	欧洲专利局	1179	欧洲专利局	272	欧洲专利局	179
6	加拿大	1361	加拿大	1062	加拿大	797	加拿大	170	澳大利亚	153

续表

排名	采样技术		试剂技术		检测技术		读取技术		计算技术	
	国家/地区	专利量	国家/地区	专利量	国家/地区	专利量	国家/地区	专利量	国家/地区	专利量
7	澳大利亚	1188	澳大利亚	978	澳大利亚	646	澳大利亚	159	加拿大	102
8	德国	938	德国	818	德国	604	德国	159	韩国	87
9	韩国	731	韩国	605	韩国	513	韩国	110	德国	84
10	奥地利	396	奥地利	340	俄罗斯	255	俄罗斯	62	奥地利	31

在全球血液诊断领域，美国专利申请量在各技术分支中均排在首位，并且具有较明显的优势，中国计算技术方面的专利申请量紧随美国其后，但在试剂、检测和读取这三个技术方面均落后于日本（见表2－1－13）。

表2－1－13　全球血液诊断各分领域专利申请量国家/地区分布　单位：项

排名	采样技术		试剂技术		检测技术		读取技术		计算技术	
	国家/地区	专利量	国家/地区	专利量	国家/地区	专利量	国家/地区	专利量	国家/地区	专利量
1	美国	718	美国	287	美国	389	美国	646	美国	603
2	世界知识产权组织	403	世界知识产权组织	158	日本	185	世界知识产权组织	274	中国	281
3	中国	326	日本	76	世界知识产权组织	169	日本	257	世界知识产权组织	222
4	日本	313	欧洲专利局	63	中国	127	中国	185	日本	209
5	欧洲专利局	233	中国	58	俄罗斯	115	德国	139	韩国	121
6	德国	154	德国	44	欧洲专利局	102	欧洲专利局	138	欧洲专利局	99
7	韩国	130	韩国	41	德国	87	韩国	90	俄罗斯	95
8	澳大利亚	98	法国	32	韩国	74	俄罗斯	66	德国	64

续表

排名	采样技术		试剂技术		检测技术		读取技术		计算技术	
	国家/地区	专利量	国家/地区	专利量	国家/地区	专利量	国家/地区	专利量	国家/地区	专利量
9	加拿大	97	澳大利亚	29	乌克兰	53	澳大利亚	62	澳大利亚	46
10	法国	86	加拿大	20	法国	48	加拿大	51	印度	20

2.1.4　专利申请人分布

从体外诊断技术专利的专利权人（申请人）的分布（见图 2－1－3）来看，企业是体外诊断领域专利申请的主体。1999～2018 年，从全球专利申请数量来看，罗氏公司申请了 14418 项专利，稳居排行榜第一位；第二为加州大学，共申请了 5983 项专利；第三为申请了 4405 项专利的强生公司。此外，诺华公司、辉瑞公司、拜耳公司和赛诺菲公司等企业也进入全球该领域专利申请量前 20 位的专利申请人行列。

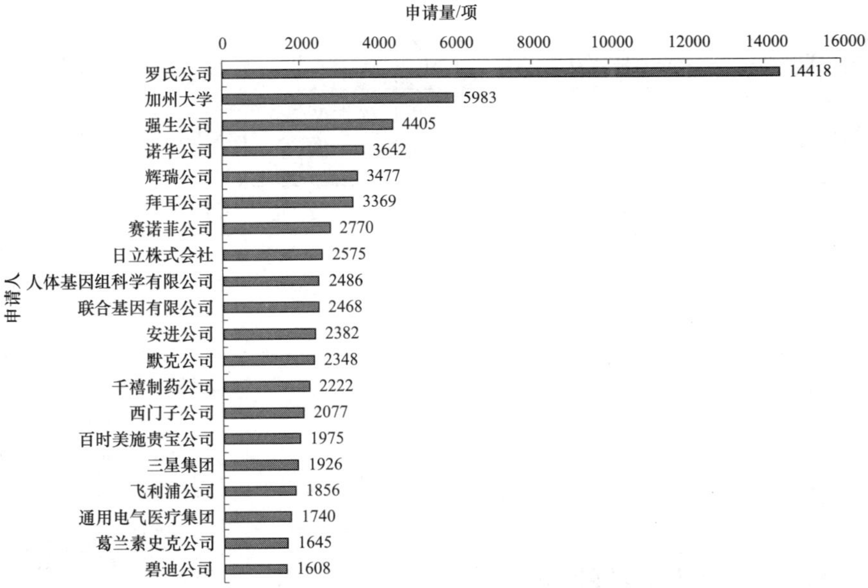

图 2－1－3　全球体外诊断技术前 20 位申请人专利申请量排名

从体外诊断技术专利权人（申请人）的社交网络分析来看（见图 2－1－4，见文前彩色插图第 2 页），罗氏公司与加州大学、诺华公司、日立株式会社及巴斯德研究所等机构进行了广泛的合作，西门子公司与加州大学等机构进行了广泛的合作，雅培公司与加州大学、东芝公司等机构进行了广泛的合作。

相较国外的密切合作而言，国内的合作则显得相对较少，复旦大学、浙江大学和中国科学院与联合基因有限公司有合作关系。

从不同领域来看，全球体外诊断各专利申请人的侧重点不同。在生化诊断领域，强生公司、罗氏公司和拜耳公司是该领域申请量排名前三位的机构。在免疫诊断领域，罗氏公司、加州大学、诺华公司是该领域前三位的机构。在分子诊断领域，罗氏公司、加州大学、千禧制药公司是该领域的前三位机构（见表2－1－14）。

表2－1－14　体外诊断及其三个分领域全球前20位申请人专利申请量排名　单位：项

排名	体外诊断技术		生化诊断技术		免疫诊断技术		分子诊断技术	
	申请人	专利数量	申请人	专利数量	申请人	专利数量	申请人	专利数量
1	罗氏公司	14418	罗氏公司	2195	罗氏公司	9104	罗氏公司	5334
2	加州大学	5983	强生公司	1343	加州大学	3432	加州大学	2883
3	强生公司	4405	拜耳公司	985	诺华公司	3027	诺华公司	1800
4	诺华公司	3642	加州大学	704	强生公司	2444	人体基因组科学有限公司	1598
5	辉瑞公司	3477	雅培公司	653	辉瑞公司	2394	葛兰素史克公司	1526
6	拜耳公司	3369	日立株式会社	639	赛诺菲公司	2337	赛诺菲公司	1505
7	赛诺菲公司	2770	辉瑞公司	533	葛兰素史克公司	2190	日立株式会社	1365
8	日立株式会社	2575	赛诺菲公司	488	拜耳公司	2122	辉瑞公司	1326
9	人体基因组科学有限公司	2486	陶氏杜邦公司	415	默克公司	2113	巴斯德研究所	1298
10	联合基因有限公司	2468	爱科来株式会社	384	雅培公司	1820	千禧制药公司	1265
11	安进公司	2382	松下集团	383	巴斯德研究所	1806	埃西斯药品公司	1209
12	默克公司	2348	西门子公司	367	安进公司	1780	阿普里拉股份有限公司	1168
13	千禧制药公司	2222	通用电气医疗集团	354	人体基因组科学有限公司	1588	拜耳公司	1088
14	西门子公司	2077	碧迪公司	322	柏林魏克	1444	强生公司	1073
15	百时美施贵宝公司	1975	中国科学院	321	碧迪公司	1424	默克公司	1025
16	三星集团	1926	三星集团	302	日立株式会社	1412	碧迪公司	926

续表

排名	体外诊断技术		生化诊断技术		免疫诊断技术		分子诊断技术	
	申请人	专利数量	申请人	专利数量	申请人	专利数量	申请人	专利数量
17	飞利浦公司	1856	柯达公司	285	百时美施贵宝公司	1404	科里克萨有限公司	807
18	通用电气医疗集团	1740	默克公司	278	千年医药有限公司	1281	阿菲梅特里克斯公司	794
19	葛兰素史克公司	1645	岛津公司	273	阿克苏诺贝尔公司	1094	武田制药公司	747
20	碧迪公司	1608	诺华公司	261	科里克萨公司	1040	三星集团	740

在全球生化诊断领域，罗氏公司占据了采样、试剂、检测和读取这四个技术领域专利申请量第一的位置，此外，强生公司和拜耳公司也在上述四个技术方面分列第二、第三位。而在计算技术领域，雅培公司具有最多的专利申请量（见表2－1－15）。

表2－1－15　生化诊断各分领域全球前十位申请人专利申请量排名　　单位：项

排名	采样技术		试剂技术		检测技术		读取技术		计算技术	
	申请人	专利数量	申请人	专利数量	申请人	专利数量	申请人	专利数量	申请人	专利数量
1	罗氏公司	760	罗氏公司	1045	罗氏公司	601	罗氏公司	218	雅培公司	127
2	强生公司	669	强生公司	588	强生公司	343	强生公司	194	罗氏公司	119
3	拜耳公司	381	拜耳公司	366	拜耳公司	216	拜耳公司	111	日立株式会社	104
4	日立株式会社	295	雅培公司	192	日立株式会社	201	雅培公司	68	强生公司	97
5	雅培公司	237	辉瑞公司	150	陶氏杜邦公司	152	加州大学	68	拜耳公司	84
6	爱科来株式会社	233	阿克苏诺贝尔	146	爱科来株式会社	147	日立株式会社	57	泰尔茂株式会社	52
7	岛津公司	206	爱科来株式会社	145	松下集团	142	陶氏杜邦公司	48	辉瑞公司	42
8	松下集团	158	中国农业科学院	145	岛津公司	141	碧迪公司	46	爱科来株式会社	39

续表

排名	采样技术		试剂技术		检测技术		读取技术		计算技术	
	申请人	专利数量	申请人	专利数量	申请人	专利数量	申请人	专利数量	申请人	专利数量
9	加州大学	146	赛诺菲公司	133	中国科学院	136	松下集团	45	埃葛梅崔克斯	35
10	碧迪公司	141	巴斯德研究所	132	雅培公司	114	太平洋生物科学公司	41	岛津公司	33

在全球免疫诊断领域，除了罗氏公司在采样、试剂、检测、读取和计算这五个技术领域均排名第一外，雅培公司在采样、试剂、检测技术方面也具有较多的专利申请量，而强生公司在读取技术方面专利量较多，诺华公司在计算技术方面的专利量较多（见表2－1－16）。

表2－1－16　全球免疫诊断各分领域前十位申请人专利申请量排名　　单位：项

排名	采样技术		试剂技术		检测技术		读取技术		计算技术	
	申请人	专利数量	申请人	专利数量	申请人	专利数量	申请人	专利数量	申请人	专利数量
1	罗氏公司	1785	罗氏公司	1863	罗氏公司	1486	罗氏公司	155	罗氏公司	97
2	雅培公司	777	雅培公司	860	雅培公司	664	强生公司	143	诺华公司	86
3	碧迪公司	625	诺华公司	687	强生公司	548	雅培公司	124	日立株式会社	70
4	强生公司	617	加州大学	624	柏林魏克	456	加州大学	114	强生公司	61
5	加州大学	491	强生公司	581	阿克苏诺贝尔	453	日立株式会社	98	加州大学	58
6	日立株式会社	438	拜耳公司	566	诺华公司	439	金佰利公司	97	通用电气医疗集团	52
7	安进公司	388	阿克苏诺贝尔	471	日立株式会社	397	拜耳公司	95	雅培公司	49
8	松下集团	337	辉瑞公司	460	加州大学	389	碧迪公司	92	碧迪公司	48
9	诺华公司	326	碧迪公司	452	辉瑞公司	341	奥林巴斯	88	阿菲梅特公司	42
10	科里克萨有限公司	301	赛诺菲公司	414	奥林巴斯	326	伯斯坦技术公司	88	拜耳公司	42

在全球分子诊断领域，罗氏公司依然占据了采样、试剂和检测这三个技术方面的专利申请量第一的位置，但在读取技术方面，加州大学的相关专利申请量最多，在计算技术方面，阿普里拉股份有限公司和日立株式会社的相关专利申请量并列第一（见表2-1-17）。

表2-1-17 全球分子诊断各分领域前十位申请人专利申请量排名 单位：项

排名	采样技术		试剂技术		检测技术		读取技术		计算技术	
	申请人	专利数量	申请人	专利数量	申请人	专利数量	申请人	专利数量	申请人	专利数量
1	罗氏公司	1051	罗氏公司	916	罗氏公司	986	加州大学	126	阿普里拉股份有限公司	128
2	日立株式会社	562	阿普里拉股份有限公司	451	日立株式会社	464	日立株式会社	125	日立株式会社	128
3	加州大学	504	加州大学	443	阿普里拉股份有限公司	397	罗氏公司	100	阿菲梅特公司	97
4	香港中文大学	450	拜耳公司	361	加州大学	305	阿普里拉股份有限公司	91	罗氏公司	97
5	碧迪公司	449	巴斯德研究所	326	诺华公司	280	太平洋生物科学公司	80	加州大学	72
6	阿普里拉股份有限公司	377	诺华公司	317	碧迪公司	273	奥林巴斯	57	犹他大学	61
7	科里克萨有限公司	277	强生公司	275	雅培公司	213	诺华公司	49	三星集团	58
8	巴斯德研究所	274	阿克苏诺贝尔	263	三星集团	208	默克公司	48	强生公司	48
9	阿菲梅特公司	245	武田制药公司	220	巴斯德研究所	175	三星集团	48	诺华公司	44
10	三星集团	229	复旦大学	214	太平洋生物科学公司	169	加州理工学院	47	日本产业技术综合研究所	36

在全球POCT领域，碧迪公司在采样和检测技术领域专利申请量最多，松下集团在试剂技术领域具有一定优势，而在读取和计算技术领域，飞利浦公司和西门子公司分别为该两个技术领域的专利申请量第一位（见表2-1-18）。

表2-1-18　全球POCT各分领域前十位申请人专利申请量排名　单位：项

排名	采样技术		试剂技术		检测技术		读取技术		计算技术	
	申请人	专利数量	申请人	专利数量	申请人	专利数量	申请人	专利数量	申请人	专利数量
1	碧迪公司	284	松下集团	79	碧迪公司	99	飞利浦公司	118	西门子公司	76
2	飞利浦公司	255	加州大学	69	松下集团	69	加州大学	64	飞利浦公司	66
3	赛拉诺斯知识产权有限责任公司	231	西门子公司	56	加州大学	64	赛拉诺斯知识产权有限责任公司	43	通用电气医疗集团	50
4	加州大学	203	碧迪公司	51	西门子公司	47	西门子公司	31	加州大学	33
5	强生公司	167	罗氏公司	41	飞利浦公司	41	优志旺电机株式会社	30	康尔福盛	32
6	西门子	114	麻省理工学院	36	三星集团	36	松下集团	29	赛拉诺斯知识产权有限责任公司	32
7	松下集团	109	强生公司	34	加州理工学院	33	碧迪公司	24	碧迪公司	29
8	罗氏公司	96	新加坡科技研究局	31	赛拉诺斯知识产权有限责任公司	32	加州理工学院	24	FIO公司	21
9	加州理工学院	79	西北大学	29	三菱公司	25	通用电气医疗集团	22	爱科来株式会社	21
10	通用电气医疗集团	70	通用电气医疗集团	28	日立株式会社	22	三星集团	20	罗氏公司	21

在全球微生物诊断领域，碧迪公司在采样技术领域的专利申请量最多，巴斯德研究所在试剂技术领域的专利申请量最多，罗氏公司在检测技术领域具有较大优势，而波音公司和辉瑞公司分别占据了读取和计算技术领域的申请量排名第一的位置（见表2－1－19）。

表2－1－19 全球微生物诊断各分领域前十位申请人专利申请量排名 单位：项

排名	采样技术		试剂技术		检测技术		读取技术		计算技术	
	申请人	专利数量	申请人	专利数量	申请人	专利数量	申请人	专利数量	申请人	专利数量
1	碧迪公司	401	巴斯德研究所	298	罗氏公司	212	波音公司	60	辉瑞公司	25
2	罗氏公司	263	罗氏公司	224	生物梅里埃	160	碧迪公司	58	碧迪公司	24
3	巴斯德研究所	257	阿克苏诺贝尔	171	阿克苏诺贝尔	137	诺华公司	45	诺华公司	18
4	加州大学	168	碧迪公司	157	碧迪公司	127	美国政府	28	默克公司	15
5	生物梅里埃	168	中国农业科学院	167	巴斯德研究所	131	麻省理工学院	41	罗氏公司	18
6	阿克苏诺贝尔	146	加州大学	153	诺华公司	113	默克公司	26	蒙纳什大学	15
7	诺华公司	134	诺华公司	135	中国农科院	107	赛诺菲公司	24	巴斯德研究所	15
8	美国政府	129	雅培公司	132	美国政府	98	加州大学	24	埃西斯药品公司	15
9	3M公司	123	辉瑞公司	120	雅培公司	87	生物梅里埃	23	路德维哥癌症研究院	12
10	雅培公司	110	生物梅里埃	96	强生公司	86	强生公司	23	浙江大学	12

在全球血液诊断领域，强生公司和碧迪公司是该技术领域专利申请量最多的申请人，其中强生公司在试剂、检测和读取这三个技术领域的专利申请量均多于其他申请人，而碧迪公司在采样技术领域具有最多的专利申请量，在计算技术领域，东芝公司的申请量略多于强生公司和罗氏公司（见表2－1－20）。

表 2-1-20　全球血液诊断各分领域前十位申请人专利申请量排名　单位：项

排名	采样技术		试剂技术		检测技术		读取技术		计算技术	
	申请人	专利数量	申请人	专利数量	申请人	专利数量	申请人	专利数量	申请人	专利数量
1	碧迪公司	176	强生公司	61	强生公司	57	强生公司	51	东芝公司	29
2	强生公司	111	碧迪公司	36	碧迪公司	55	柯惠公司	26	强生公司	26
3	拜耳公司	42	积水公司	9	百特公司	35	飞利浦公司	22	罗氏公司	23
4	赛拉诺斯知识产权有限责任公司	28	富士胶片	8	爱尔博公司	22	费森尤斯	22	三星集团	19
5	罗氏公司	24	希森美康	7	泰尔茂株式会社	22	罗氏公司	17	通用电气医疗集团	16
6	泰尔茂株式会社	23	克里夫兰诊所基金会	7	罗氏公司	12	森西斯医药有限公司	16	奥森斯有限公司	15
7	森西斯医药有限公司	16	拜耳公司	6	积水公司	12	三星集团	15	西门子公司	14
8	雅培公司	16	贝克曼库尔特	6	奥林巴斯	11	奥林巴斯	15	费森尤斯	12
9	积水公司	15	因福皮亚有限公司	6	因福皮亚有限公司	10	奥森斯有限公司	13	雅培公司	12
10	通用电气医疗集团	15	加州大学	5	化学及血清疗法研究所	7	美敦力	13	因福皮亚有限公司	11

2.2 国内专利布局概况

2.2.1 发展趋势分析

我国体外诊断行业起步于20世纪80年代，近年来随着下游需求的高速增长得到快速的发展。从产业链来看，体外诊断的诊断试剂上游原材料主要是抗原、抗体、酶、微球等，诊断仪器的上游原材料主要是电子元器件；下游则是体外诊断流通市场，通过医院检验科、体检中心、防疫站等最终服务消费者。从上下游供需端来看，诊断行业的上下游议价能力均较弱。在新医改背景下，特别是在国家医疗保障局控费政策的持续推进下，检验价格下降，推动医疗机构基于成本压力的外包动力进一步提升，或通过医联体实现规模效应；生产商、经销商、第三方医检机构均以不同方式介入检验科，以协助医疗机构控费降本，同时在这个过程中寻找自身商业模式（共建参与、特检参与、打包采购、实验室质量体系建设）。几家头部的独立医学实验室企业经过前期大范围的跑马圈地，已经初步建立覆盖全国的实验室网络，规模化效应在这个过程中体现得更加明显。

目前，国内体外诊断市场处于快速发展红利期，随着方法学的不断迭代和诊断需求的持续扩张，进口替代水平低/创新类体外诊断产品将持续放量，其中免疫诊断、分子诊断和 POCT 细分领域将保持快速增长。

2018 年中国体外诊断市场中，免疫诊断、分子诊断和 POCT 所占的份额分别为 35%、23% 和 12%，三者累计占比达到 70%。具体来看，免疫诊断是目前最为主流的检测方式，也是体外诊断行业中占比最大的细分领域。高增长（平均增速 20%，安图生物等头部企业增速接近 50%）、进口替代空间大（80% 以上的化学发光市场由罗氏公司、丹纳赫公司、雅培公司和西门子公司占领，以三级医院为主）的磁微粒化学发光试剂的主流地位仍将保持较长时间。从分子诊断领域来看，国内分子诊断起步较晚但增速迅猛，未来有赶超之势。此外，产前诊断、肿瘤基因检测、个体化用药等应用场景将成为未来主流趋势，需求将快速释放。

截至 2019 年 10 月 15 日，我国涉及体外诊断技术的专利申请共计 13.4 万项。其中，1999～2018 年，我国涉及体外诊断技术的专利申请共计 12.5 万项。我国体外诊断技术相关专利的申请量与公开量总体呈现平稳增长态势（见图 2－2－1）。

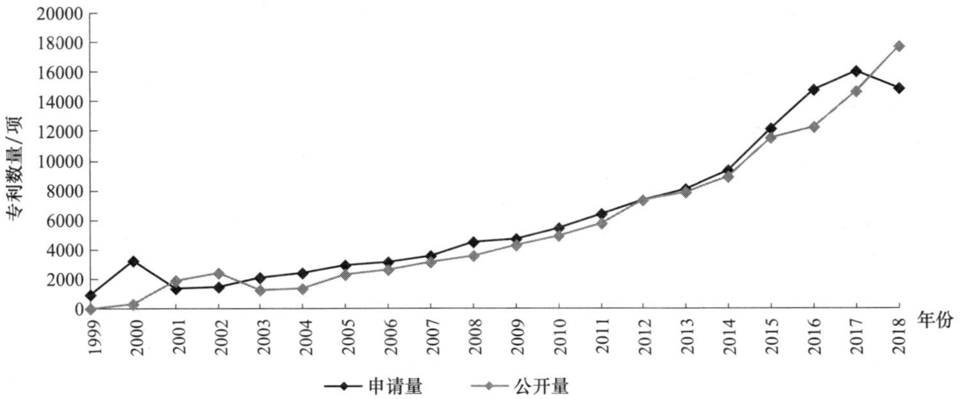

图 2－2－1　1999～2018 年我国体外诊断技术专利申请量及公开量趋势

与国外趋势不同的是，21 世纪以来，我国体外诊断行业专利申请数量呈现快速增长的态势，2017 年，体外诊断行业相关专利的申请量数量达到新高，共有 16024 项，显示出近两年来体外诊断行业良好的发展速度和趋势。

2.2.2 专利技术领域分布

对生化诊断、免疫诊断与分子诊断三个主要的技术领域进行分析，目前，我国生化诊断技术领域共有专利27056项，占体外诊断专利总数的21%；免疫诊断技术领域共有专利18546项，占体外诊断专利总数的14%；分子诊断技术领域共有专利26041项，占体外诊断专利总数的20%（见图2－2－2）。

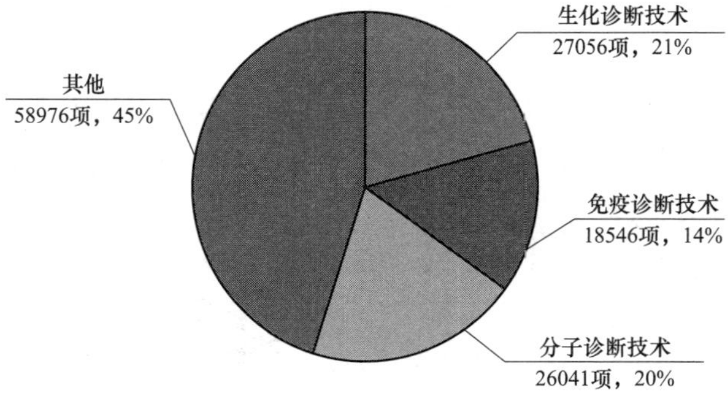

图2－2－2　1999～2018年我国体外诊断各技术领域专利申请量分布

2.2.3 区域分布

从表2－2－1来看，无论是生化诊断领域、免疫诊断领域还是分子诊断领域，广东省、江苏省、上海市、北京市均是最为热门的布局地。在生化诊断领域，江苏省、北京市与广东省是我国专利申请量排名前三位省（直辖市）；在免疫诊断领域，江苏省、北京市与广东省是我国专利申请量排名前三位省（直辖市）；在分子诊断领域，北京市、广东省与上海市是我国专利申请量排名前三位省（直辖市）。

表2－2－1　体外诊断及其三个分领域我国专利申请量前十位省份排名　单位：项

排名	体外诊断技术		生化诊断技术		免疫诊断技术		分子诊断技术	
	申请人省份	专利数量	申请人省份	专利数量	申请人省份	专利数量	申请人省份	专利数量
1	广东	13532	江苏	3783	江苏	2185	北京	3538
2	江苏	12984	北京	3069	北京	2126	广东	3480
3	上海	12457	广东	2920	广东	2116	上海	3358
4	北京	12298	上海	2104	上海	1669	江苏	2837
5	山东	9235	浙江	1668	浙江	1364	浙江	1615
6	浙江	7042	山东	1446	山东	734	山东	1114
7	湖北	3341	湖北	820	福建	626	湖北	736

续表

排名	体外诊断技术		生化诊断技术		免疫诊断技术		分子诊断技术	
	申请人省份	专利数量	申请人省份	专利数量	申请人省份	专利数量	申请人省份	专利数量
8	天津	3283	四川	771	天津	619	湖南	677
9	四川	3089	天津	751	湖北	531	天津	673
10	河南	2604	湖南	546	河南	424	福建	651

2.2.4　专利申请人分布

从体外诊断技术专利的专利申请人来看，企业与机构各占据半壁江山。1999～2018 年，从我国专利申请数量来看，联合基因有限公司申请了 2498 项专利，居排行榜第一位；第二为中国科学院，共申请了 1107 项专利，第三为申请了 960 项专利的复旦大学。此外，浙江大学、清华大学、中山大学等高校也进入我国该领域专利申请量排名前 15 位专利申请人行列。此外，强生公司、罗氏公司、飞利浦公司等企业也纷纷在我国布局（见图 2－2－3 和表 2－2－2）。

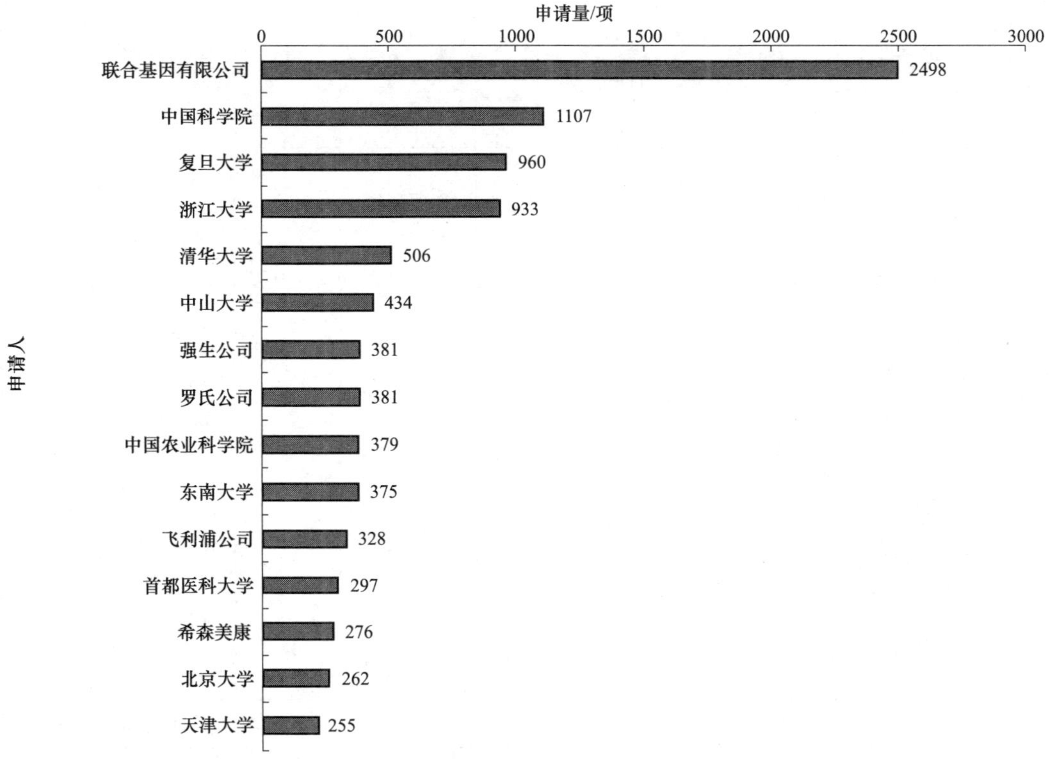

图 2－2－3　我国体外诊断领域前 15 位申请人专利申请量排名

表 2-2-2　我国体外诊断及其三个分领域前 15 位申请人专利申请量排名　单位：项

排名	体外诊断技术		生化诊断技术		免疫诊断技术		分子诊断技术	
	申请人	专利数量	申请人	专利数量	申请人	专利数量	申请人	专利数量
1	联合基因有限公司	2498	中国科学院	285	中国科学院	255	上海交通大学	404
2	中国科学院	1107	浙江大学	227	上海交通大学	211	复旦大学	376
3	复旦大学	960	强生公司	148	复旦大学	188	浙江大学	373
4	浙江大学	933	复旦大学	144	浙江大学	167	中国科学院	293
5	清华大学	506	清华大学	125	飞利浦公司	151	中山大学	194
6	中山大学	434	中山大学	95	东南大学	117	清华大学	192
7	强生公司	381	中国人民解放军总医院	82	中山大学	114	首都医科大学	164
8	罗氏公司	381	上海复星医药（集团）股份有限公司	81	清华大学	113	东南大学	153
9	中国农业科学院	379	爱科来株式会社	69	希森美康	90	南开大学	117
10	东南大学	375	拜耳公司	67	强生公司	71	达安基因	113
11	飞利浦公司	328	希森美康	62	北京大学	69	上海复星医药（集团）股份有限公司	108
12	首都医科大学	297	南开大学	59	松下集团	61	北京大学	95
13	希森美康	276	江苏大学	59	通用电气医疗集团	58	上海交通大学	404
14	北京大学	262	达安基因	57	索尼公司	53	复旦大学	376
15	天津大学	255	天津大学	55	南开大学	50	浙江大学	373

第3章　重点企业分析

本书基于前期对体外诊断行业的调研以及在体外诊断技术专利概览中对专利申请人的分析，课题组选择市场占有率最高的四大巨头：罗氏公司、雅培公司、丹纳赫公司和西门子公司作为分析对象，分析其在体外诊断领域的专利申请趋势和国家/地区分布。

此外，还分析了其主要产品的技术发展情况，并依据每五年的专利申请聚类分析，概要地描绘了该企业在近20年技术布局发展的重点。

3.1　罗氏公司

3.1.1　概述

罗氏公司是全球制药和诊断领域的领导者，于1896年成立，总部位于瑞士巴塞尔，业务遍及全球100多个国家和地区。集团的核心业务包括制药和诊断两个部分，诊断业务占比23%。而罗氏公司诊断业务板块中，中心实验室和POCT（原专业诊断）占比58%，糖尿病占比18%，分子诊断占比16%，组织诊断占比8%。其中，增长最稳定的是生化免疫业务（体量最大），增长最快的是分子诊断业务。

罗氏公司诊断的产品主要用于检测血液、组织和其他液体等，为专业医护人员提供诊疗所需要的信息。2016年，罗氏公司诊断业务营收达到115亿瑞士法郎（约115亿美元），在全球体外诊断市场排名第一。

2000年，罗氏公司诊断业务正式进入中国，并将总部设在上海。这些年来，罗氏公司在北京、广州、沈阳、西安、武汉、成都、南京及杭州均设立了分公司或办事处，罗氏公司诊断业务在中国的员工超过2000名。现在，中国已成为罗氏公司诊断业务全球第二大市场，仅次于美国。罗氏公司诊断业务在中国市场年平均增长率基本维持在25%左右。

3.1.2　公开趋势分析

1999～2019年，罗氏公司涉及体外诊断技术的专利公开量共计1.4万项。从专利公开量趋势来看，1999～2003年罗氏公司体外诊断专利公开数量呈现快速增长趋势，2003年达到峰值，为1682项，在此后，罗氏公司体外诊断技术领域的专利数量开始回落（见图3-1-1）。

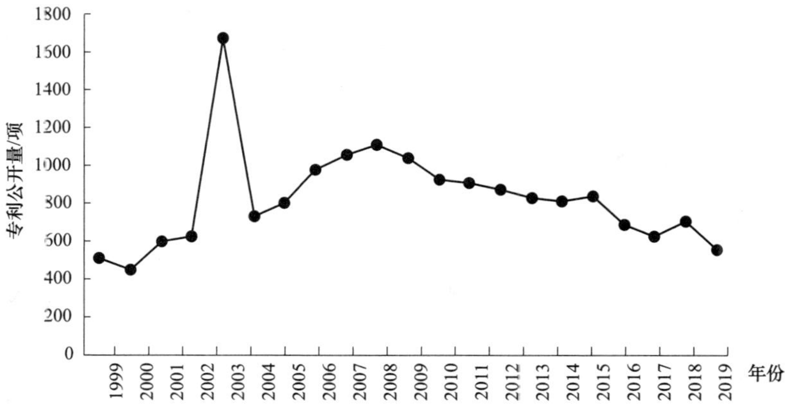

图3-1-1　1999~2019年罗氏公司体外诊断领域专利公开量趋势

从细分领域来看，罗氏公司在免疫诊断技术领域公开的专利最多，其次是分子诊断技术，生化诊断技术的专利数量最少。从年度变化趋势来看，2006年之前，罗氏公司的免疫诊断和分子诊断呈上升趋势，2006年达到峰值，分别是534项和349项，2006年之后呈现下降趋势（见图3-1-2）。

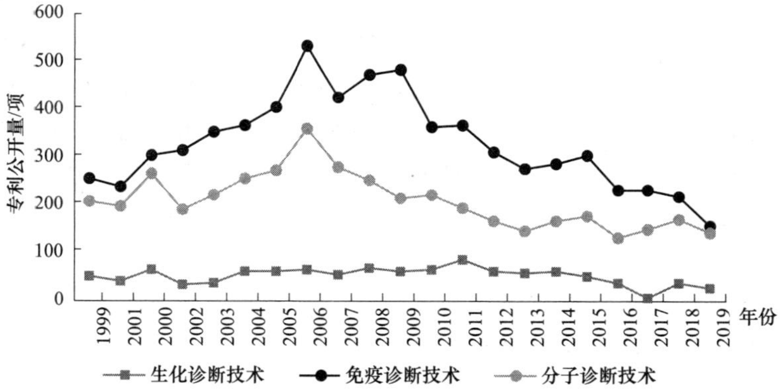

图3-1-2　1999~2019年罗氏公司体外诊断三个分领域的专利公开量趋势

3.1.3　国家/地区分析

从罗氏公司体外诊断行业领域的专利公开国家/地区分布来看，无论是生化诊断领域、免疫诊断领域还是分子诊断领域，美国、欧洲、日本均是其最主要的布局地。其中，罗氏公司在美国共申请专利4154项，在日本申请专利1458项，在加拿大申请专利930项（见图3-1-3和表3-1-1）。

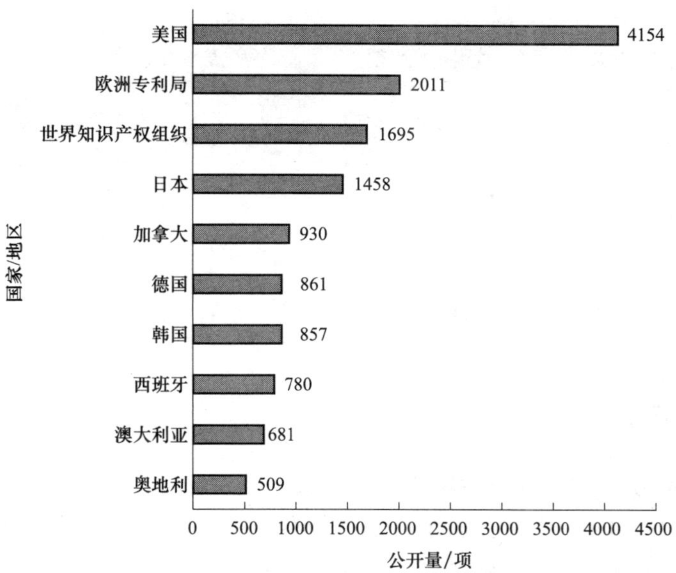

图3-1-3　1999~2019年罗氏公司体外诊断专利公开量国家/地区分布

表3-1-1　1999~2019年罗氏公司体外诊断及其三个细分领域专利公开量国家/地区分布

单位：项

排名	体外诊断技术		生化诊断技术		免疫诊断技术		分子诊断技术	
	国家/地区	专利数量	国家/地区	专利数量	国家/地区	专利数量	国家/地区	专利数量
1	美国	4154	世界知识产权组织	215	日本	915	欧洲专利局	667
2	欧洲专利局	2011	欧洲专利局	214	欧洲专利局	801	美国	552
3	世界知识产权组织	1695	德国	115	美国	673	日本	510
4	日本	1458	美国	90	加拿大	620	加拿大	421
5	加拿大	930	西班牙	67	澳大利亚	504	世界知识产权组织	355
6	德国	861	韩国	65	德国	431	德国	302
7	韩国	857	日本	61	西班牙	423	西班牙	287
8	西班牙	780	加拿大	47	世界知识产权组织	404	澳大利亚	284

续表

排名	体外诊断技术		生化诊断技术		免疫诊断技术		分子诊断技术	
	国家/地区	专利数量	国家/地区	专利数量	国家/地区	专利数量	国家/地区	专利数量
9	澳大利亚	681	奥地利	42	奥地利	298	奥地利	212
10	奥地利	509	墨西哥	24	墨西哥	254	墨西哥	120

3.1.4 主要产品技术发展分析

3.1.4.1 罗氏公司 CoaguChek XS 凝血检测仪

图3－1－4显示的是罗氏公司全凝血检测仪对应产品相关专利发展脉络及引证专利。其中实线框图为产品所涉及的主要专利的发展脉络，虚线框图为重点引证专利。

罗氏公司 CoaguChek XS 凝血检测仪系列产品主要是基于电化学原理，与配套的检测卡共同使用，在临床上用于对来源于人体的指端毛细血管血或未经处理的静脉全血样本中的凝血酶原时间（PT）进行定量检测，用于医院快速凝血酶原时间检测和口服抗凝治疗患者自我凝血功能监测，产品主要包括：凝血检测仪主机、采血笔（CoaguChek XS Softclix）、系统便携盒、凝血检测仪数据连接器（CoaguChek XS Connect）等。

从图中可以看出，经过对产品相关专利检索后，凝血类产品的主要产品申请集中在2000～2006年，专利主要涉及的技术则集中在试剂条、电化学的测量的缺陷检测等方面，解决的主要技术问题是减少误差以提高测量的准确性和便捷性。引证专利解决的主要技术问题则集中在提高电化学检测便捷性上。

3.1.4.2 罗氏公司实时荧光定量 PCR 仪和 cobas 系列产品

图3－1－5显示的是罗氏公司实时荧光定量 PCR 仪和 cobas 系列产品相关专利发展脉络及引证专利。其中实线框图为产品所涉及的主要专利的发展脉络，虚线框图为重点引证专利。

目前 DNA 定量检测方法主要有两类，一类以 PCR 为基础，如实时荧光定量 PCR（FQ－PCR）等。另一类以核酸杂交为基础，如斑点杂交和液相杂交等。罗氏公司的 cobas Amplicor 等 DNA 定量检测方法，必须采用罗氏公司专用 PCR 仪。Cobas Amplicor 就是根据 PCR 技术的原理，但敏感度更高的一种检测方法。

由于 cobas 产品基于 PCR 技术的原理，因此和图3－1－5相关专利的发展脉络也是相一致的。由图3－1－5可知，实时荧光定量 PCR 仪和 cobas 系列产品所涉及的重点专利的申请年份集中在2000年左右，专利的主要技术范围则涉及通过热通量来对蛋白质进行分类和测量的装置；具体涉及仪器结构的专利则主要关于对样品处理装置的设计。重点引证专利则主要集中在核酸的分离装置和并联反应装置等多个方面。

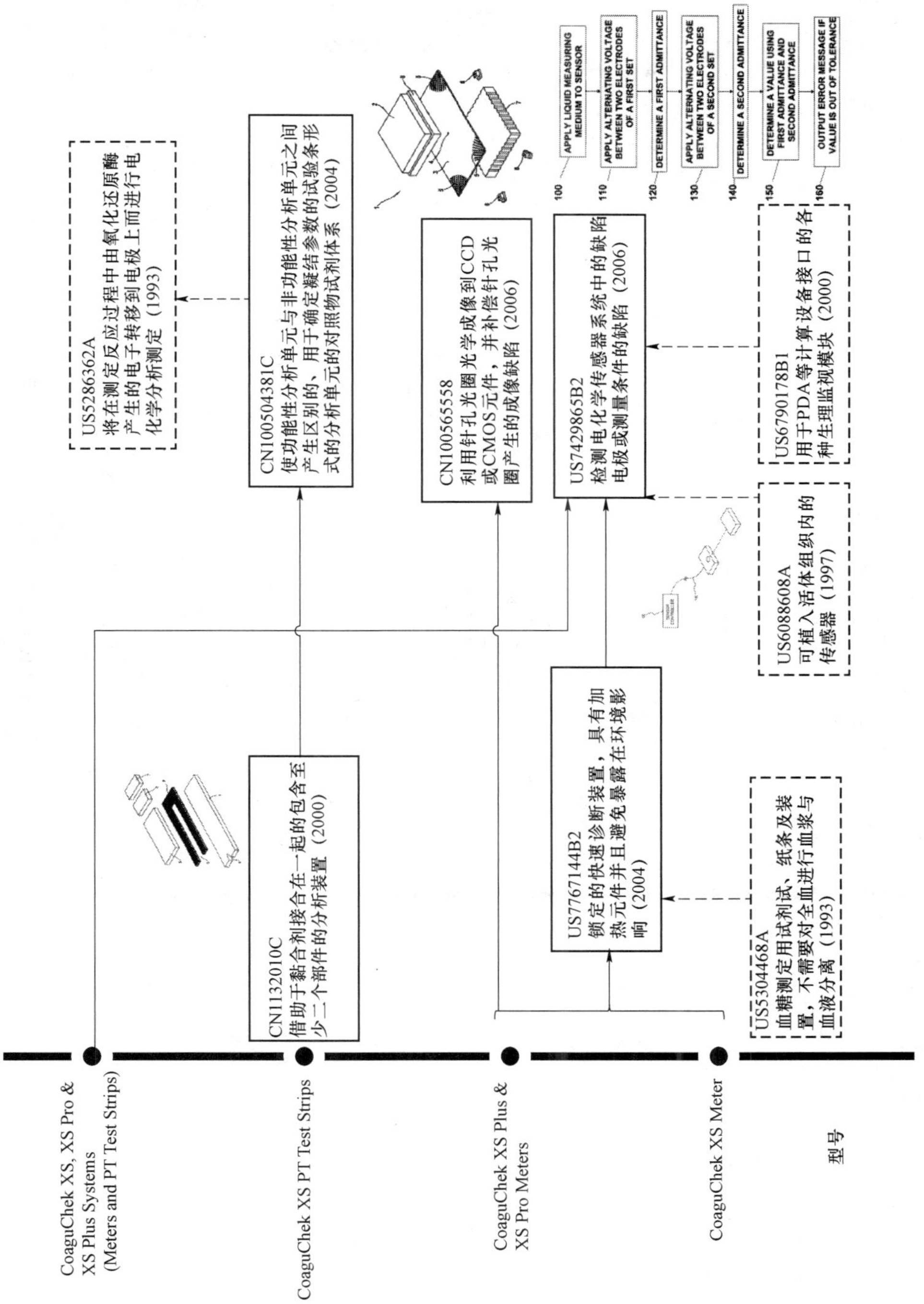

图3-1-4 罗氏公司全凝血检测仪对应产品相关专利发展脉络及引证

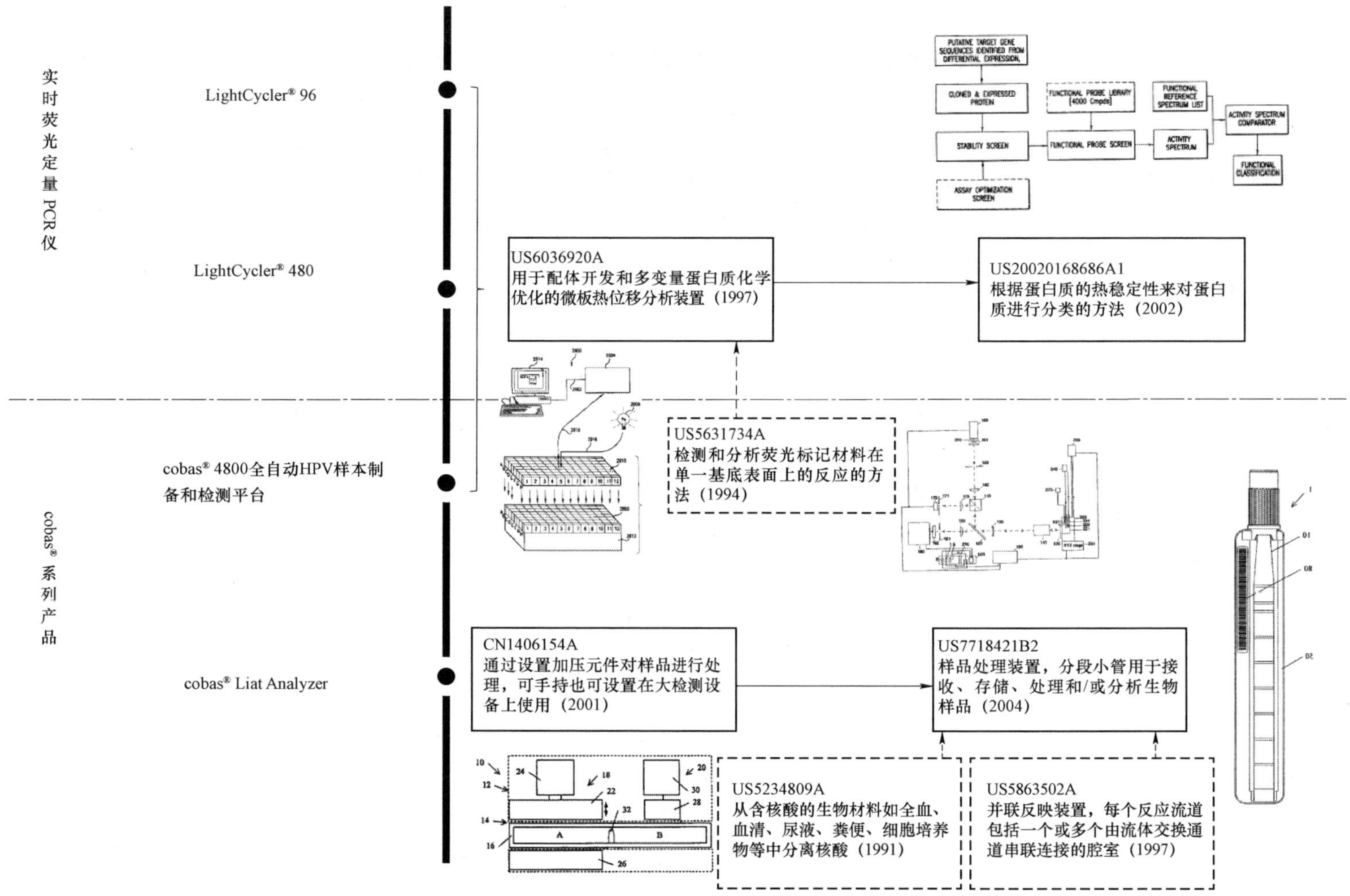

图3－1－5　罗氏公司实时荧光定量PCR仪和cobas系列产品相关专利发展脉络及引证

（1）实时荧光定量 PCR 仪

其中，前文所示的罗氏公司的实时荧光定量 PCR 仪对应专利如表 3－1－2 所示。

表 3－1－2 罗氏公司的实时荧光定量 PCR 仪对应专利

产品型号	产品描述	产品对应专利
LightCycler® 480	• 高精密度：区分 1.5 倍浓度差异，置信度≥99.8% • 高灵敏度：可检测单拷贝基因 • 动力学范围广：可同时检测到 1～1010 个拷贝 DNA • 高重复性：重复性高，$CV<0.15\%$ • 高速：40 分钟完成 40 个 PCR 循环（384 孔板） • 技术特点： ① 采用 Therma－BaseTM 热循环技术（专利号 US Patent No. 5161609）、导热性能好的银质热循环模块和光学检测系统，消除边缘效应，保持稳定优质的检测结果，且整个过程中无须使用 ROX 等内参染料，有效节约成本 ② 全能：分析模式多样，绝对定量、相对定量、基因分型（熔解曲线法及终点法）、高分辨率熔解曲线分析，同时适用市面上主流的检测模式［染料检测、水解探针（TaqMan®探针）、杂交探针、简单探针等］ ③ 开放式平台：可使用市面上绝大多数常见荧光染料以及第三方提供的 8 联管、96 孔板和 384 孔板 灵活：可互换的 96 孔、384 孔加热模块，用户可自行更换，无须工程师到场 自动化平台：配以 LIMS 系统及自动进样机械臂，可实现远程操作及全自动化运行	US7122321B2， US20020168686A1， US20020114734A1， US6849458B2， US6303322B1， US6291192B1， US6268158B1， US6268218B1， US6232085B1， US6214293B1， US6036920A， US6020141A
LightCycler® 96	• 新研发的光路系统 • 支持高分辨率熔解曲线（HRM）分析 • 支持梯度 PCR 功能，便于小量样本的实验条件探索 • 多样化的试剂及耗材配置，可灵活选择，配合个性化需求 • 高性价比的试剂及耗材 • 开放式设计，兼容 96 孔板或普通 8 联管 • 友好的操作界面 • 直观的触屏操作系统，强大的数据分析功能 • 拥有多种灵活的数据读取方法——网络、USB 盘或远程邮件 • 可使用自动备份功能通过网络分享平台转移获得的实验数据	US7122321B2， US20020168686A1， US20020114734A1， US6849458B2， US6303322B1， US6291192B1， US6268158B1， US6268218B1， US6232085B1， US6214293B1， US6036920A， US6020141A

（2）罗氏公司 cobas® 4800

罗氏公司的 cobas® 4800 全自动 HPV 样本制备和检测平台能提供风险分层的 HPV 检测：一次检测，即可为临床提供重要的风险分层信息，无须再通过一次检测进行高风险病变的分流。cobas® HPV 检测的设计能够有效减少漏诊和误诊。

该产品所涉及的重点专利主要是从多个样品中感测和处理荧光数据的相关方法。专利解决的技术问题是接收紫外光和可见光的荧光发射装置，此外设置有温度调节装置，用于同时加热多个样品；以及接收装置，用于在加热样品的同时接收来自样品的光谱发射。

（3）cobas® Liat 分析仪

cobas® Liat 分析仪可自动执行所有核酸测试过程，包括试剂制备、靶标富集、抑制剂去除、核酸提取、扩增和实时检测。

该产品所涉及的重点专利主要是提供样品处理装置和处理方法。装置设置成为一个手持系统以适用于处理单个样品，或是设置成为一个大型的台式装置以适于同时对多个样品进行处理。其中，样品材料包括血液、尿液、唾液、细胞悬浮液、生物流体、组织碎片或其他样品。

3.1.5 布局重点

对生化诊断、免疫诊断与分子诊断三个主要的技术领域进行分析，免疫诊断是罗氏公司体外诊断专利最主要的布局领域（见图3－1－6）。目前，罗氏公司生化诊断技术领域共有专利2195项，占体外诊断专利总数的13%；免疫诊断技术领域共有专利9104项，占体外诊断专利总数的55%；分子诊断技术领域共有专利5334项，占体外诊断专利总数的32%。

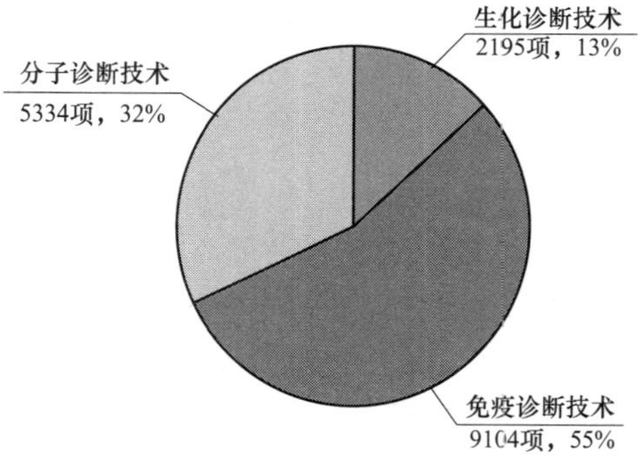

图3－1－6　1999～2019年罗氏公司体外诊断各分领域专利数量分布

对罗氏公司体外诊断技术细分领域进行年度布局分析后发现，生化诊断技术的研究热点大致经历了化学发光、Wnt 信号通路、脑钠肽（BNP）及耐药金黄色葡萄球菌4个阶段，免疫诊断技术的研究热点大致经历了表面糖蛋白、肿瘤细胞生长、表面糖蛋白及免疫偶联物4个阶段，分子诊断技术研究热点大致经历了细胞循环、遗传变异、表皮生长因子受体（EGFR）及细胞表面标记4个阶段（见表3－1－3）。

表 3-1-3 2000~2019 年罗氏公司体外诊断各细分领域开发热点分布

领域	2000~2004 年	2005~2009 年	2010~2014 年	2015~2019 年
生化诊断技术	化学发光 人干扰素 脑膜炎奈瑟氏球菌 促红细胞生成素 铁代谢	Wnt 信号通路 心脏功能障碍 单克隆抗体 荧光光谱法 血红蛋白	脑钠肽（BNP） 激酶抑制剂 生物传感器 单克隆抗体 HIV 检测	耐药金黄色葡萄球菌 磷脂酰肌醇 风险预测 表皮生长因子受体（EGFR） 手持式
免疫诊断技术	表面糖蛋白 酪氨酸激酶受体（erbb） 血红蛋白 前列腺干细胞抗原 锇络合物	肿瘤细胞生长 诊断治疗 血管生成素 癌抗原 125（CA125） 磁性颜料 免疫原	表面糖蛋白 酪氨酸激酶受体 2（erbb2） 血管内皮生长因子（vegf） 特发性肺纤维化 梅毒螺旋体抗原	免疫偶联物 生物标志物 胃肠道炎性病症 电致化学发光 色氨酸衍生物
分子诊断技术	细胞循环 人肿瘤细胞 酮戊二酸 遗传多态性 免疫抑制剂	遗传变异 肿瘤细胞生长 急性髓系白血病（AML） 酪氨酸激酶受体（erbb） 自身免疫性疾病	表皮生长因子受体（EGFR） 特发性肺纤维化 生物标志物 自身免疫性疾病 等位基因特异性扩增	细胞表面标记 黑色素瘤 生物标志物 单核苷酸多态性 表皮生长因子受体 核酸扩增反应

3.2 雅培公司

3.2.1 概述

雅培是一家全球性、多元化医疗保健公司，于 1888 年成立，总部位于美国伊利诺伊州。2017 年，雅培公司在全球约有 9.4 万名员工，业务遍及 150 多个国家和地区。

雅培公司的医疗医药业务主要分为制药（占 28%）、医疗设备业务（包含心血管、眼科、糖尿病，占 38%）、体外诊断业务（占 34%）。雅培公司诊断业务专注于疾病的早期发现、诊断、治疗检测全过程，为实验室提供前处理、自动化、生化、免疫、血液和信息化产品等完整解决方案。2016 年雅培公司诊断业务销售额约 46.5 亿美元，在全球体外诊断市场排名第四。2017 年雅培公司曾收购了美国艾利尔，成为 POCT 领域霸主。

3.2.2 公开趋势分析

1999～2019年，雅培公司涉及体外诊断技术的专利申请量共计1936项。从专利公开量趋势来看，2007年之前雅培公司体外诊断专利公开数量呈现较大波动，2008～2012年呈现直线上升趋势，2012年达到峰值，为188项，2012年之后雅培公司体外诊断专利公开数量又呈现大幅回落（见图3-2-1）。

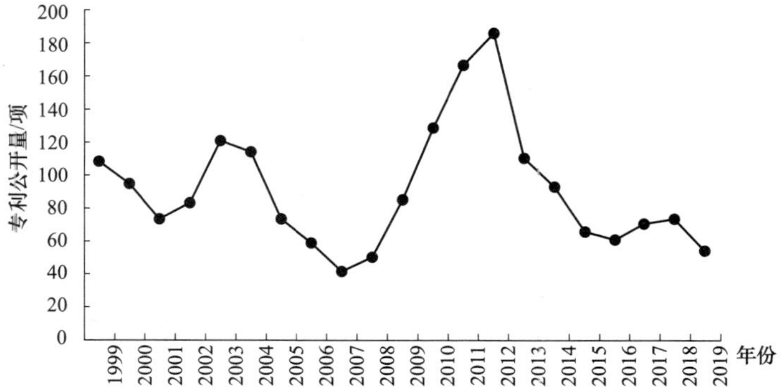

图3-2-1 1999～2019年雅培公司体外诊断的专利公开量趋势

从细分领域来看，雅培公司在免疫诊断技术领域公开专利最多，其次是生化诊断技术，分子诊断技术的专利数量最少。从年度变化趋势来看，2003年之前雅培公司的免疫诊断技术呈上升趋势，2003年达到峰值，为92项。而后，生化诊断技术在2012年到达高峰，公开量为53项；与此同时，免疫诊断技术达到第二个高峰，公开量为71项。2012年之后两个技术领域公开量呈现下降趋势（见图3-2-2）。

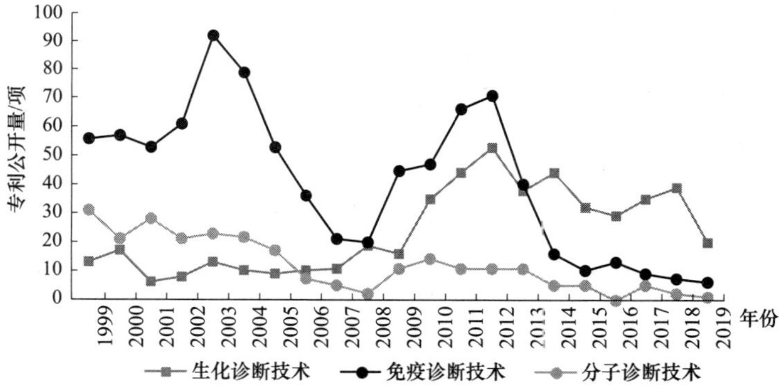

图3-2-2 1999～2019年雅培公司体外诊断三个分领域的专利公开量趋势

3.2.3 国家/地区分析

从雅培公司体外诊断行业领域的专利公开量国家/地区分布来看，美国、日本、欧洲是其重要的布局地，申请量分别为476项、145项及138项。其中，在生化诊断领域，美国成为全球专利布局最多的国家，共布局专利291项。在免疫诊断及分子诊断领域，其在德国及西班牙的专利布局数量排名前列（见图3－2－3和表3－2－1）。

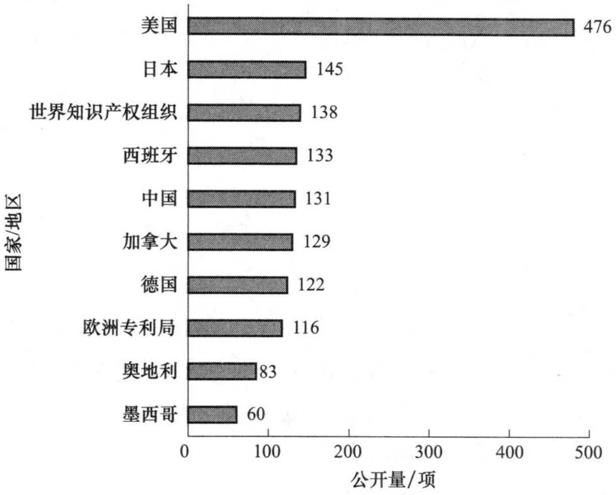

图3－2－3　1999～2019年雅培公司体外诊断领域专利公开量国家/地区分布

表3－2－1　1999～2019年雅培公司体外诊断及其三个细分领域专利公开量国家/地区分布

单位：项

排名	体外诊断技术		生化诊断技术		免疫诊断技术		分子诊断技术	
	国家/地区	专利数量	国家/地区	专利数量	国家/地区	专利数量	国家/地区	专利数量
1	美国	476	美国	291	德国	94	西班牙	35
2	日本	145	世界知识产权组织	50	西班牙	90	德国	34
3	世界知识产权组织	138	欧洲专利局	29	日本	87	加拿大	29
4	西班牙	133	日本	25	加拿大	76	世界知识产权组织	27
5	中国	131	加拿大	24	奥地利	61	欧洲专利局	22
6	加拿大	129	中国	24	欧洲专利局	47	奥地利	21
7	德国	122	德国	13	墨西哥	45	日本	21
8	欧洲专利局	116	澳大利亚	10	阿根廷	34	墨西哥	14

续表

排名	体外诊断技术		生化诊断技术		免疫诊断技术		分子诊断技术	
	国家/地区	专利数量	国家/地区	专利数量	国家/地区	专利数量	国家/地区	专利数量
9	奥地利	83	西班牙	10	美国	33	巴西	6
10	墨西哥	60	奥地利	9	世界知识产权组织	33	美国	5

3.2.4 主要产品技术发展分析

图3-2-4是雅培公司在体外诊断领域三个主要产品的发展脉络及引证专利分析。其中实线框图为产品所涉及的主要专利的发展脉络，虚线框图为重点引证专利，加粗字体显示的专利为多次被引证的专利。

从图中可以看出三个产品主要是不同用途的小型便携式测试盒，从其对应的关键专利发展脉络来看，雅培公司从20世纪90年代便开始进行相关专利布局（图中并未列出所有产品相对应的专利，仅对重点专利进行了列举），发展过程中从测试的准确性、测试的便捷性以及传感的灵敏性等多角度对设备进行不断的改进，直至近两年还在对设备进行不断的完善。

在专利改进的过程中，图中所列专利有一半以上均对US5096669A、US5200051A两项专利进行了引证。因此，下文将对这两条专利进行重点分析。

（1）US5096669A

该专利的引证专利共11条，全部来自审查员引证，而该专利的被引次数则高达1054次。此外，该专利涉及7个IPC小组，有33项权利要求，并在9个国家进行专利布局。虽然该专利已经因时效届满而无效，但是无论雅培公司自己还是西门子公司在近两年的专利申请中仍在引用该专利。

该专利主要提供了一种一次性装置，用于对血液或其他液体进行各种测量。该一次性装置具有多种功能，包括样品采集和保存、传感器校准和测量。在操作中，可将一次性装置插入手持式读取器中，该读取器提供与传感器的电气连接，并在无须操作员干预的情况下自动控制测量顺序。

（2）US5200051A

该专利的引证专利共68条，全部来自审查员引证，而该专利的被引次数则高达1236次。此外，该专利涉及23个IPC小组，有51项权利要求，并在10个国家进行专利布局。虽然该专利已经因时效届满而无效，但是无论雅培公司还是西门子公司在近两年的专利申请中仍在引用该专利。

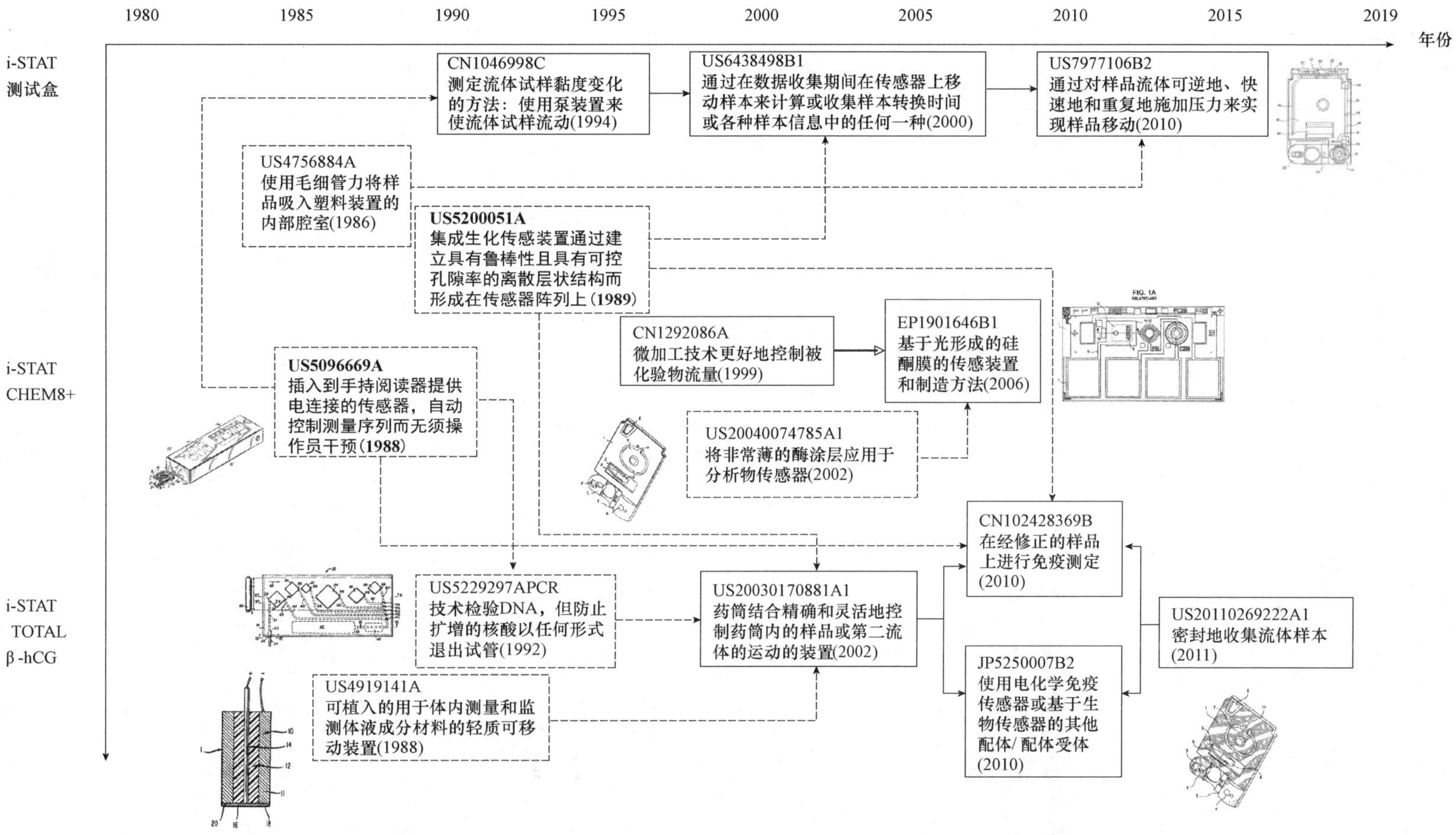

图3-2-4　雅培公司体外诊断主要产品发展脉络及引证分析

该专利涉及用于大规模生产的全微加工生物传感器、方法和材料，以及它们在测定各种选定分析物物种的存在和/或浓度中的用途。特别是，该专利的集成生物传感器可以通过一种工艺来制造，该工艺允许掺入多种生物活性分子的方法制造，这些与生物活性分子相容的材料为分析技术提供了基础，可以广泛地在医疗和非医疗领域使用。

上述分析中所涉及的主要专利产品包括：

（1）i－STAT 测试盒

一次性 i－STAT 测试盒可用于一系列临床测试，包括心脏标志物、乳酸、凝血、血气、化学和电解质以及血液学。STAT 点胶头简化了到 i－STAT 测试盒的血液传输过程。点胶头的末端与测试盒端口对齐，以便最终用户更容易、更准确地分配所需的血液量。

该产品所涉及的主要专利包括：

① 测定流体试样黏度变化的方法（CN1046998C）：用完可扔的、一次性使用的柱体，它与外部读数装置一起可以提供液体试样黏度变化的趋势。特别是，可以获得生物流体的诊断数据，诸如全血试样的凝结和血纤维蛋白溶解特性。

② 液体样品中凝血度的测定方法（US7977106B2）：通过对样品流体可逆地、快速地和重复地施加压力来实现样品移动。

③ 用于测定流体样品中凝结的系统、方法和计算机实现的过程（US6438498B1）：用在数据收集期间在传感器上移动样本来计算或收集样本转换时间或各种样本信息中的任何一种。

（2）i－STAT CHEM8＋

借助 i－STAT CHEM8＋，医疗保健专业人员可以在大约两分钟内获得化学物质、电解质、血细胞比容和血红蛋白水平。

将 i－STAT CHEM8＋融入患者的早期经验中，能够加快临床决策，提高运营效率并降低总体护理成本，从而有助于改变护理的交付方式。

i－STAT CHEM8＋药筒可用于在各种临床环境中快速评估患者的代谢状况，包括：重症监护、新生儿和儿科、手术、放射学、急诊以及社区环境。

在一家将 i－STAT CHEM8＋整合到门诊护理路径中的医院中，i－STAT 显著改善了关键操作指标，例如，降低了平均住院时间和过夜入院率。

该产品所涉及的主要专利包括：

① 基于微加工制作开口的传感器（CN1292086A）：利用微加工技术更好地控制被化验物流量，以减少或排除干扰素分子对传感器测量的影响。

② 可光聚硅氧烷传感膜（EP1901646B1）：基于光形成的硅酮膜的传感装置和制造方法。

（3）i－STAT TOTAL β－人类绒毛膜促性腺激素（β－hCG）

i－STAT® TOTAL β－hCG 测定是一种体外诊断测试，用于定量和定性测定全血或血浆样品中的 β－人类绒毛膜促性腺激素。β－hCG 可用于检测早孕。i－STAT TOTAL β－hCG 是第一个也是唯一的手持式护理点怀孕测试，使用全血在数分钟内提供实验室质量的定量和定性结果，并且使用 i - STAT 1 无线系统，测试结果可以通过无线传输自动记录。

通过 i - STAT TOTAL β - hCG 完善流程，降低风险；在 10 分钟内提供可靠的结果；可以加快医师对患者的评估和诊断；测量全血或血浆样本中的 β - hCG；提供 5 ~ 2000 IU / L 的实验室准确度的定量 β - hCG 值定性和可选定性；可在护理时及早发现怀孕；可以减少出现错误结果的风险，从而有可能做出更加自信的临床决策。

使用 i - STAT 1 无线系统，可以将测试结果与实验室信息系统（LIS）、电子病历盒和手持式 Beta - hcg. png（EMR）无线集成在一起，减轻手工过程，减少人为错误的风险。

该产品所涉及的主要专利包括：

① 嗜异性抗体免疫传感器干扰的改善（CN102428369B）：用于确定液体样品中分析物的存在或浓度的设备和方法，同时可以减少或消除嗜异性抗体免疫传感器干扰。

② 具有参考电极免疫抑制测量装置（JP5250007B2）：以生物传感器为基础的电化学免疫传感器，可以减少包含白细胞及红细胞的细胞成分所带来的干扰。

③ 具有改进样品闭合性的免疫测定装置（US20110269222A1）：密封地收集流体样本。

④ 分析物测量和免疫测定的装置和方法（US20030170881A1）：可以精确和灵活地控制药筒内的样品或第二流体运动的装置。

3.2.5 布局重点

对生化诊断、免疫诊断与分子诊断三个主要的技术领域进行分析，免疫诊断是雅培公司体外诊断专利最主要的布局领域（见图 3 - 2 - 5）。目前，雅培公司生化诊断技术领域共有专利 653 项，占体外诊断专利总数的 24%；免疫诊断技术领域共有专利 1820 项，占体外诊断专利总数的 67%；分子诊断技术领域共有专利 253 项，占体外诊断专利总数的 9%。

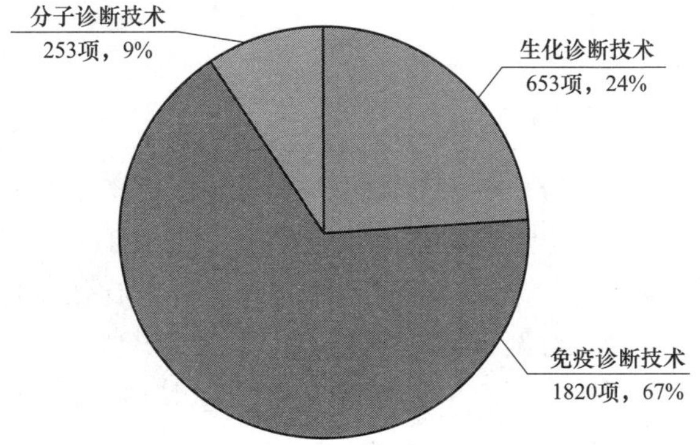

图 3 - 2 - 5　1999 ~ 2019 年雅培体外诊断各分领域专利数量分布

对雅培公司体外诊断技术细领域进行年度布局分析后发现，生化诊断技术研究热点大致经历了化学发光液、体积传感器、信号衰减及滞后补偿4个阶段，免疫诊断技术研究热点大致经历了定量调节、红细胞生成素受体、双特异性抗体及免疫球蛋白4个阶段，分子诊断技术研究热点大致经历了多态性检测、淋病奈瑟氏球菌、脑膜炎奈瑟氏球菌及乳头瘤病毒4个阶段（见表3－2－2）。

表3－2－2　2000～2019年雅培公司体外诊断细分领域开发热点分布

领域	2000～2004年	2005～2009年	2010～2014年	2015～2019年
生化诊断技术	化学发光液 多路传感器 监测装置 光学测量方法 血细胞比容	体积传感器 利尿钠肽 数据监控 氧化还原介质 生物燃料电池	信号衰减 区域网络 监测装置 体积传感器 算法分析	滞后补偿 功率管理 变异性 样本采集 测量系统
免疫诊断技术	定量调节 核磁共振 双特异性抗体 单克隆抗体 环孢菌素	红细胞生成素受体 前列腺特异性 红细胞生成素受体 多关节炎 肿瘤坏死因子	双特异性抗体 电化学传感 免疫印迹试验 胃泌素释放肽前体 强直性脊柱炎	免疫球蛋白 白细胞分析 阿尔茨海默病 人类免疫缺陷病毒 电化学传感器
分子诊断技术	多态性检测 核磁共振 戊型肝炎病毒 长链多不饱和脂肪酸 示踪剂	淋病奈瑟氏球菌 肝炎 重组抗原 肾上腺素能 淋病奈瑟氏球菌	脑膜炎奈瑟氏球菌 异常检测 抑制剂 自身免疫性疾病 单核苷酸多态性	乳头瘤病毒 临床实验室 育种 免疫球蛋白 等位基因

3.3　丹纳赫公司

3.3.1　概述

丹纳赫公司是全球领先的科学与技术创新产品与服务的设计商及制造商，总部位于美国华盛顿，其业务包括：电子试验、动力系统、机械工具、环境控制、产品识别及医疗器械等多个科技领域。丹纳赫公司在2017年世界500强中排名第267位。

该公司主要有5个业务部门：测试与计量、环境、牙科、生命科学与诊断、工业科技。丹纳赫公司的体外诊断业务（包括贝克曼库尔特诊断、莱卡诊断、雷度米特、塞弗德）占集团业务的30%。

3.3.2　公开趋势分析

1999～2019年，丹纳赫公司涉及体外诊断技术的专利申请共计1234项。从专利公开量趋势来看，2003～2007 年丹纳赫公司体外诊断公开数量呈现快速增长，2007 年达到峰值 92 项，2007 年之后丹纳赫公司体外诊断公开数量基本保持在 50～75 项（见图 3－3－1）。

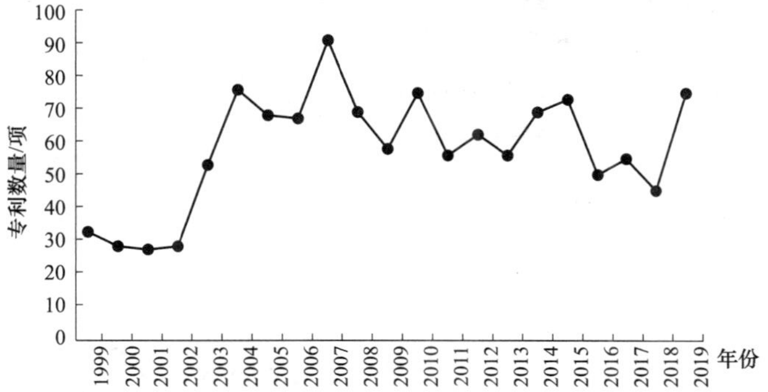

图 3－3－1　1999～2019 年丹纳赫公司体外诊断领域专利公开量趋势

从细分领域来看，丹纳赫公司在免疫诊断技术领域公开专利最多，其次是分子诊断技术，生化诊断技术的专利数量最少。从年度变化趋势来看，2005 年之前丹纳赫公司生化诊断技术及分子诊断技术公开量呈上升趋势，2005 年达到峰值，分别为 16 项及 27 项。免疫诊断技术公开量在 1999～2007 年呈现快速增长趋势，2007 年达到峰值 54 项，之后大幅回落（见图 3－3－2）。

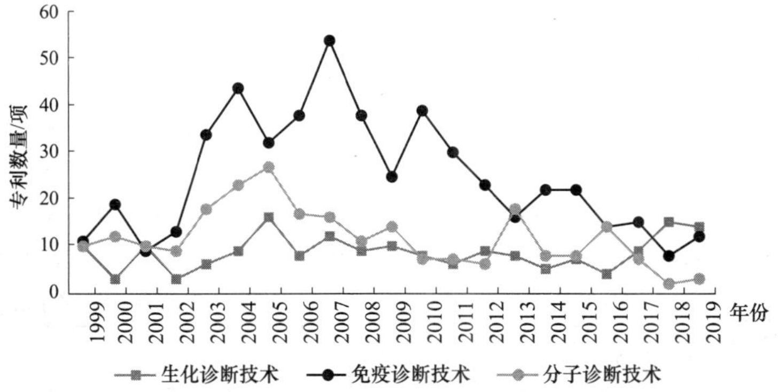

图 3－3－2　1999～2019 年丹纳赫公司体外诊断三个分领域的专利公开量趋势

3.3.3　国家/地区分析

从丹纳赫公司体外诊断行业领域的专利公开国家/地区分布来看，无论是生化诊断领域、免疫诊断领域还是分子诊断领域，美国、日本、欧洲是其最主要的布局地。丹纳赫公司在美国公开专利 247 项，在日本公开专利 225 项，在欧洲公开专利 214 项（见图 3－3－3 和表 3－3－1）。

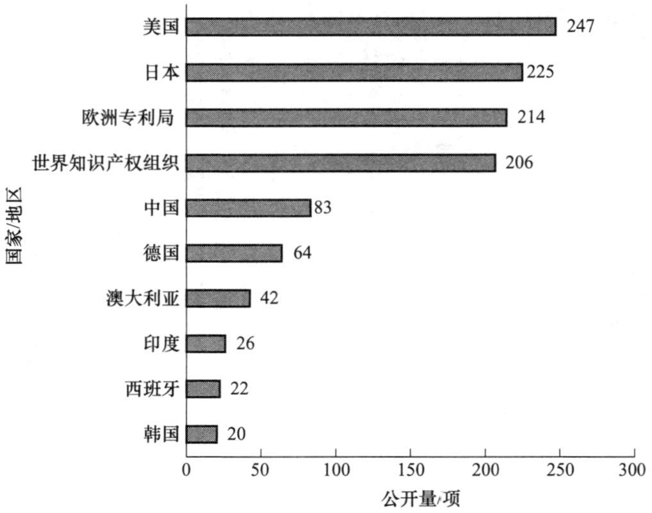

图 3-3-3　1999~2019 年丹纳赫公司体外诊断公开量国家/地区分布

表 3-3-1　丹纳赫公司体外诊断及其三个分领域专利公开量国家/地区分布　单位：项

排名	体外诊断技术		生化诊断技术		免疫诊断技术		分子诊断技术	
	国家/地区	专利数量	国家/地区	专利数量	国家/地区	专利数量	国家/地区	专利数量
1	美国	247	美国	49	日本	120	欧洲专利局	62
2	日本	225	世界知识产权组织	36	欧洲专利局	104	美国	49
3	欧洲专利局	214	日本	23	世界知识产权组织	76	日本	44
4	世界知识产权组织	206	中国	20	美国	73	世界知识产权组织	35
5	中国	83	欧洲专利局	19	德国	39	德国	17
6	德国	64	德国	8	澳大利亚	25	澳大利亚	10
7	澳大利亚	42	澳大利亚	6	中国	15	奥地利	9
8	印度	26	加拿大	4	加拿大	14	中国	5
9	西班牙	22	奥地利	3	西班牙	14	巴西	3
10	奥地利	20	丹麦	3	奥地利	9	西班牙	3

3.3.4　主要产品技术发展分析

3.3.4.1　雷度米特血气采样和分析仪

雷度米特成立于 1935 年，总部设在丹麦哥本哈根，于 1954 年推出了世界上第一个商用血气分析仪，是血气检测领域的领导者。

图 3-3-4 显示的是雷度米特两款血气分析仪所对应的主要相关专利的发展脉络及引证分析。从图中可以看出，雷度米特血气分析仪系列产品的专利申请主要集中在 2000 年之后，

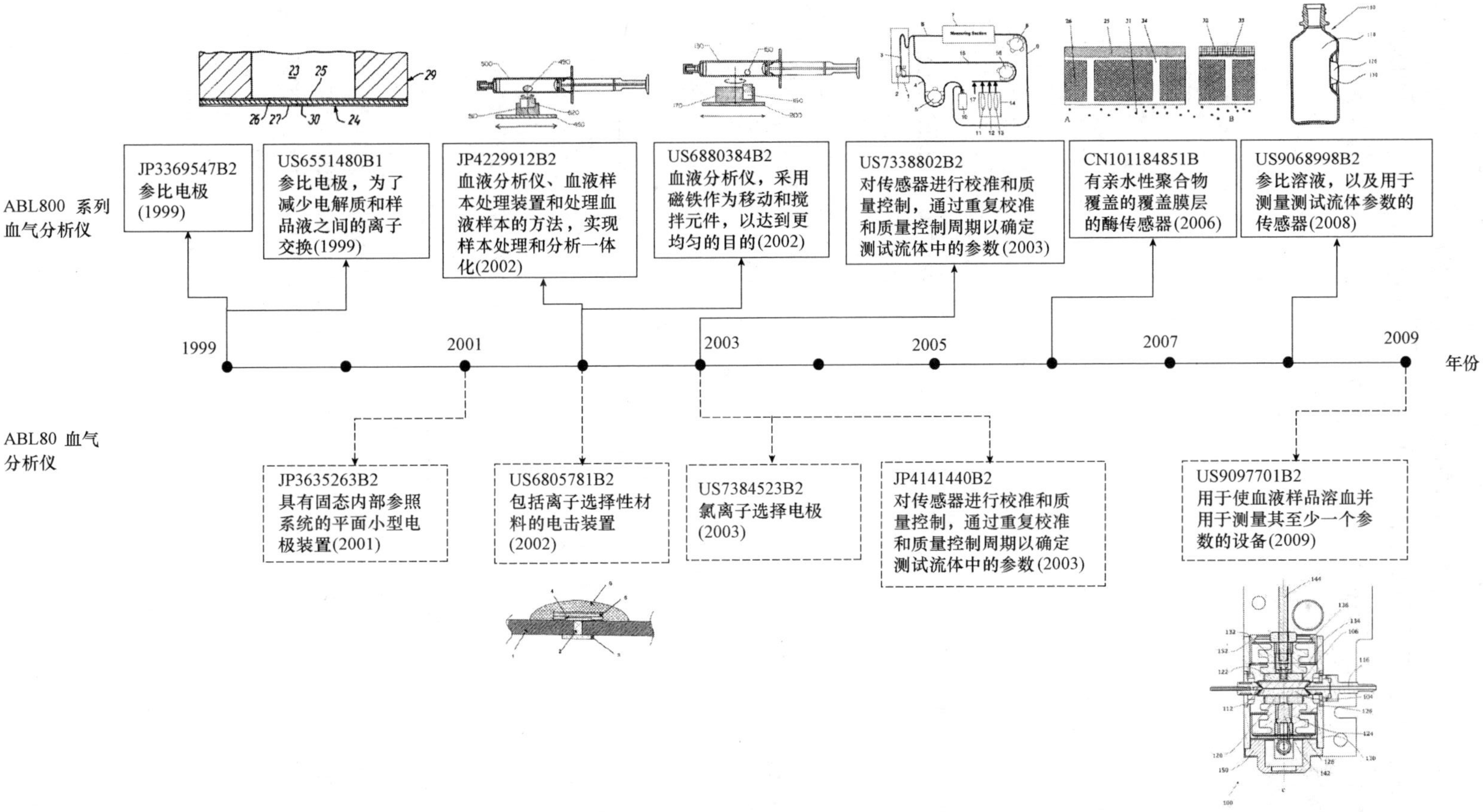

图3-3-4 雷度米特血气分析仪专利技术发展脉络及引证专利分析

ABL800系列血气分析仪的专利主要集中在参比电极、提高分析仪的搅拌均匀性、测试的便捷性以及对误差的矫正等方面；ABL80系列血气分析仪的专利申请重点集中在对电极装置的改进，相关专利涉及离子选择性材料、氯离子选择电极等，和ABL800系列血气分析仪产品一样，也涉及通过传感器对测量结果的校准方面的专利申请。

（1）动脉血气检测分析仪

动脉血气检测分析仪相关专利见表3-3-2。

表3-3-2　雷度米特动脉血气检测分析仪对应专利

型号	产品特点	产品对应专利
ABL9血气分析仪	仅需要70μL的血液样本并在70秒内报告出精准的结果	—
ABL800系列血气分析仪	• 独特的FLEX-Q模块可自动连续分析最多三个血气样本 • 借助ABL800 FLEX分析仪的Drop'n'Go功能，无须在分析仪前等待患者结果 • 将雷度米特的safePICO血气针置于FLEXQ模块上，即可自动对血样进行扫描、混合和分析	US6551480B1、US7338802B2，US6880384B2，US7888061B2、US7959791B2，US9068998B2，EP1084398B1、EP1583952A1，EP1692522B1，EP1885871B1，EP1889075B1，JP03369547B2，JP4229912A，JP04431147B2，JP04763777B2，JP04996599B2，DE69938550D1，CN102608176B，CN101184851B
ABL90微量血气分析仪	• 仅需65μL的血样，即可在35秒内获得17个检测参数 • 使用safePICO动脉血气针和ABL90FLEX血气分析仪内置的样本混合器，确保血液样本仅需7秒时间即可进行标准化混合 • 内置的自动质控功能可连续运行系统分析检查，同时在必要时采取自动纠错措施	US6551480B1，US6805781B2，US7384523B2，US8048677B2，US9101936B2，US8728288B2，US9097701B2，US20100155239A1，US20170168072A1，EP1084398B1，EP1269172B1，EP1644725B1，EP2142922B1，EP2147307B1，EP2150804B1，EP2321643B1，EP2361380B1，JP03369547B2，JP03635263B2、JP4503599B2，JP2010525338A，JP05232302B2、JP5232302A，JP5300984A，JP05301528B2、JP05405450B2，JP05538587B2，DE69938550D1，DE60138694D1，DE602004025243D1，CN101688826B，CN101688860B，CN101715556A，CN102326072B，CN104215671B，DK178929B9

续表

型号	产品特点	产品对应专利
ABL80 血气分析仪	• 待机模式可减少耗材成本，同时并不影响分析仪检测下一个患者样本 • 更换耗材简单，一年只需6次，减少了维护时间 • 适用于低样本量环境、便携小巧、启动快速、处理样本简单 • ABL80血气分析仪可与AQURE床旁管理系统进行IT无缝对接，并可用作雷度米特1st Automatic解决方案的一部分	US6805781B2，US7338802B2，US7384523B2，US9097701B2，EP1269172A1，EP1558921A1，EP1644725A1，EP2321643A1，JP03635263B2，JP4141440A，JP4503599A，JP4503599X，JP5232302A，DE60138694D1，DE60334636D1，CN303971159S，CN303971160S，CN303971161S

该产品所涉及的主要专利包括：

① 用二价锰离子溶液稳定或再活化肌酸酐传感器的方法（CN102608176B）：肌酸酐传感器包含作为生物活性分子的肌酸酐酶，以及稳定的传感器和包含作为生物活性分子的肌酸酐酶的传感器膜，可获得稳定肌酸酐传感器的效果。

② 传感器板（CN101688826B）：传感器板可承载用于希望分析所需要的所有传感器，同时非常紧凑，能够使分析路径最小化并且在较小量的取样上获得可靠的结果。

③ 具有固态参考系统的电极装置（US6805781B2）：包括离子选择性材料、固态钒钠青铜内参考系和在青铜中可逆地插入钠的接触材料。

（2）血气采样器

血气采样器相关专利见表3-3-3。

表3-3-3 雷度米特血气采样器对应专利

型号	产品特点	产品对应专利
safePICO 动脉血气针	• 使用safePICO血气针进行动脉导管置入和动脉穿刺，可改善混合效果，节省护理患者的时间，并获得可信的结果 • 内置的镀金混合球可帮助获得均匀的样品 • safeTIPCAP可帮助在不接触血液的情况下移除气泡 • 条形码可帮助正确匹配患者和血样 • 自带的针头防护装置可最大限度降低针头刺伤的风险 • 干电解质平衡肝素可降低样品凝块的风险	US7896818B2，US8444621B2，EP1549385B1，JP4229908B2

续表

型号	产品特点	产品对应专利
PICO 自充盈采样针	• PICO50 和 PICO70 血气针均可使用独有的 TIPCAP。TIPCAP 可牢固地固定在针头上，降低了运送过程中血液溢出的风险 • 标准的 TIPCAP 设计有空气通道，可在血气针密封过程中防止空气混入血液样本 • 提供用于动脉导管或动脉穿刺样本收集的血气针套装 • PICO50 抽吸器可用于标准的路厄注射器，支持将注射器连接至动脉导管 • PICO70 自吸式血气针可兼容各种型号的薄壁，短斜切针头 • 自吸式可确保动脉穿刺过程平顺，吸入快速并将患者不适降至最轻	US7896818B2，US8444621B2，EP1549385B1，JP4229908B2
CLINITUBES 毛细管采样	• 毛细管帽确保安全密封 • 将毛细管的两端设计为圆润形状，以提升患者和工作人员的安全性 • 毛细管帽可确保密封过程安全，降低血液溢出风险，并帮助保护员工 • 毛细管配有混合用的金属丝和磁铁，以帮助样品充分混合 • 特别的表面处理令吸入更加快速 • 毛细管样本的收集通常是在紧张的情况下进行，因此难以通过单次皮肤穿刺吸入毛细管 • safeCLINITUBES 毛细管表面处理可实现快速吸入，临床医生更方便采样，同时带给患者的压力也将减小 • 预先肝素化处理的毛细管降低凝血风险 • 所有的毛细管均使用电解质平衡肝素进行预先处理，能够这显著降低凝血风险，并有助于确保在电解质不存在任何偏压的情况下获得可靠的结果	US7896818B2，US8444621B2，EP1549385B1，JP4229908B2

该产品所涉及的主要专利包括取样器盖（US7896818B2）：避免与周围环境的气体交换，取样器盖可用于将测试样品转移到分析仪而无须从取样器移除取样器盖。

3.3.4.2 雷度米特的免疫检测和经皮测试仪

图3－3－5是雷度米特免疫检测和经皮测试产品相关专利发展脉络。可以看出雷度米特在免疫检测上的专利主要涉及对产品结构的设计，如对传送样品杯的测量、保持试剂杯的方法等，其中也涉及对抗体跟踪分析的方法；经皮测试所涉及的三个产品系列，

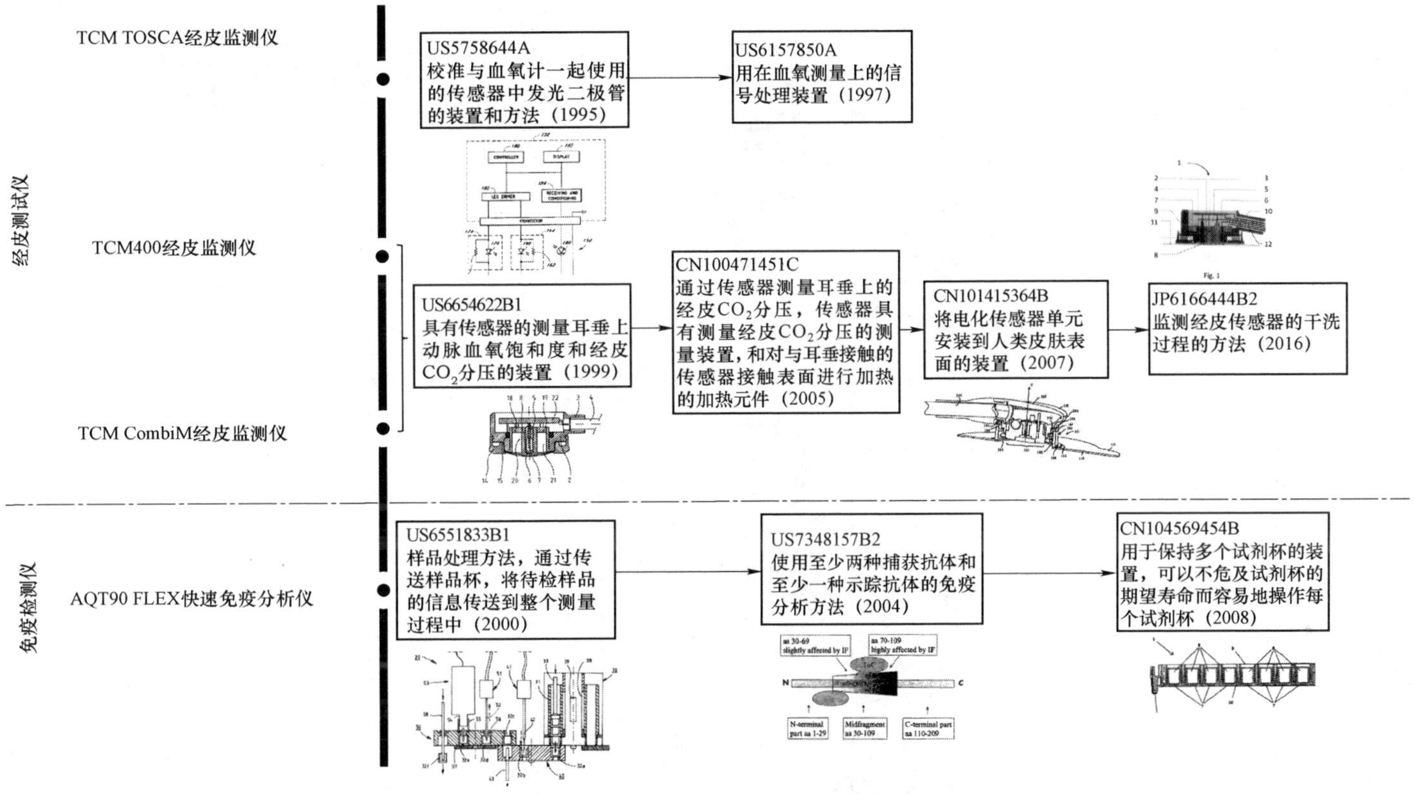

图3－3－5　雷度米特免疫检测和经皮测试产品相关专利发展脉络

其中 TCM TOSCA 经皮监测仪的相关专利主要是在 20 世纪 90 年代申请的关于信号处理以及校准的技术，TCM400 经皮监测仪以及 TCM CombiM 经皮监测仪的主要相关专利则完全相同，其技术主要涉及测量耳垂上的经皮 CO_2 分压、相关传感器以及传感器的清洗等技术，技术领域相对较为集中。

（1）免疫检测仪

雷度米特的免疫检测仪所涉及的专利如表 3-3-4 所示。

表 3-3-4 雷度米特的免疫检测仪对应的专利

型号	产品特点	产品对应专利
AQT90 FLEX 快速免疫分析仪	• 封闭检测管系统可将 POC 易用性提升到新的水平 • 可通过 HIS / LIS 系统将检测结果直接提供给医疗记录 • 已检测的生物标志物包括：TnI、TnT、CKMB、Myo、NT-proBNP、PCT、CRP、D-Dimer、βhCG	US6551833B1，US7348157B2，US7922986B2，EP1473567A1，EP2130050A1，JP5149913A，JP05149913B2，DE602004001533D1，CN101632023A，CN104569454B

该产品所涉及的主要专利包括试剂杯装置（CN101632023A）：用于保持多个试剂杯的试剂杯装置，在该装置中可以不危及试剂杯的期望寿命而容易地操作每个试剂杯。

（2）经皮测试仪

雷度米特的经皮测试仪所涉及的专利如表 3-3-5 所示。

表 3-3-5 雷度米特的经皮测试仪对应的专利

型号	产品特点	产品对应专利
TCM CombiM 经皮监测仪	• 该设备可使用高性能的电极来提供无创、持续、可靠和实时的 $tcpO_2$（经皮氧分压）和 $tcpCO_2$（经皮二氧化碳分压）信息 • 在新生儿重症患者的监护过程中，pO_2 监测功能可避免高氧并减少一些严重并发症（如早产儿视网膜病变）的风险 • TCM CombiM 增强了稳定性，在 tc Sensor 84 和 tc Sensor 54 中使用了特有的镀金传感器技术。该镀金传感器保护膜降低了传感器发生机械损坏的风险 • TCM CombiM 可显示监测参数的实时趋势分析，确保对重要变化实施快速且直接的临床干预 • TCM CombiM 采用各种通信协议与患者监护系统和计算机连接。其 SmartCal 功能支持即插即用，可随时提供稳定的监测信号，无须等待与校准连接 • 设备内置的视频教程可方便地用于培训医务工作者如何使用 TCM CombiM，可供随时回放查阅	US6654622B1，US7474908B2，US20070238943A1，US20170067851A1，CN101415364B，EP1753343B9，EP2007272B1，JP4558041B2，JP5798098B2，JP6166444B2，DK178770B1

续表

型号	产品特点	产品对应专利
TCM TOSCA 经皮监测仪	• TCM TOSCA 仅使用单个传感器，就可连续监测儿童和成人患者的通气状况和血氧饱和度 • TCM TOSCA 可随时进行稳定的监测而无须等待系统校准 • 集成 Masimo SET®脉搏血氧测定技术，即使在运动和低灌注情况下也可进行准确的血氧饱和度监测 • TCM TOSCA 配备了 tc Sensor 92，它可以使用方便的固定夹将传感器固定至耳部，从而在监测过程中为患者提供最佳的舒适度 • TCM TOSCA 配合雷度米特先进的软件解决方案 AQURE TC ResQ 系统 • 内置的数据存储器支持将患者检测数据上传至计算机或导出至 U 盘。如果需要打印出患者报告，只需将 TCM TOSCA 连接打印机即可	US5758644A， US5823950A， US6011986A， US6157850A， US6263222C2， US6501975B2
TCM400 经皮监测仪	• TCM400 监测仪是一台可同时监测多达 6 个点位经皮氧分压（$tcpO_2$）的便携式装置，它传递实时信息，为有创口或罹患血管疾病的患者提供适当的临床决策 • 搭配高性能 pO_2传感器的 TC Sensor E5250、TCM400 提供无创、可靠、准确和实时的监测结果，将传感器放回定标舱后，将自动进行定标，从而可减少准备时间并改善工作流程 • TCM400 可自动计算局部灌注指数（RPI），这是伤口愈合的预测指标 • 内置患者数据管理系统，支持实时数据存储，并可将患者数据以图形或表格的形式显示在屏幕上 • 集成的数据存储器支持将患者数据上传至计算机，或将患者报告以 PDF 格式导出至 U 盘 • 监测仪的触屏键盘可方便快速地输入患者姓名和 ID，从而减少混淆患者数据的风险	US6654622B1， US7474908B2， US20070238943A1， US20170067851A1， CN101415364B， EP1753343B9， EP2007272B1， JP4558041B2， JP5798098B2， JP6166444B2， DK178770B1

该产品所涉及的主要专利包括用于电化传感器单元的安装装置（CN101415364B）：电化传感器单元的安装装置及该安装装置和传感器单元的组合，其较不易受到物理冲击的影响，且能避免或至少降低由测量室中的空气造成的出现测量缺陷的风险。

3.3.4.3 HemoCue

瑞典 HemoCue 的产品主要用来测定白细胞（WBC）的数量，是一款即时检验化的 WBC 计数检测仪器，适合于野外急救和基层医疗单位使用。HemoCue 的检测原理为染色成像计数法：将血液样本加入专用的一次性计数片的测量腔中，其腔内壁上涂有溶血剂（季铵盐、皂角苷等）和染色剂（苏木精、亚甲蓝等），测量腔中红细胞裂解的同时染色剂浸染 WBC，WBC 核着色，通过计数黑点数量完成 WBC 总数的测定。

图 3－3－6 显示了 HemoCue 相关产品不同系列的专利发展脉络。其中，HemoCue® Hb 301 System 产品所涉及的专利主要是定量测定未稀释、未溶血全血中血红蛋白的方法；HemoCue® WBC System 以及 HemoCue® WBC DIFF System 产品专利主要集中在 2007 年申请，其中除了测量方法的技术领域外，还对图像获取、光学结构等技术领域进行了专利布局。

HemoCue 的相关产品对应的专利如表 3－3－6 所示。

表 3－3－6　HemoCue 产品对应专利

型号	产品特点	产品对应专利
HemoCue® Hb 301 System	• 根据 ICSH 参考方法对工厂进行精确校准 • 专利微试管技术，批对批重现性好 • 在广泛的温度和湿度范围内进行稳定测试 • 可用血液液体控制 • 容易接近实验室质量精度 • 将结果与患者 ID 链接，整合病历 • 打印机接口	US6831733，EP1456649B1，EP1698883B1，AU2002359193B2，CA2468513C，NO331343B1，IN222644B，JP4532905B2，KR100953472B1，MX251027B，PL211569B1，RU2302638C2，ZA200403916B，USD562988
HemoCue® WBC System	• 可以在护理时确定全白细胞计数 • 可以用于毛细血管、静脉或动脉血样 • 将结果与患者 ID 链接，整合病历 • 打印机接口	US7521243B2，US8092758B2，SE528697C2，MY143768A，SG135277B，RU2365919C2，MX301635B，JP4642893B2，IN250505B，CA2599747C，AU2006221130B2，US7633615B2，SE530192C2，AU2007275925B2，CA2649423C，JP4954280B2，MX282810B，KR101026584B1，RU2390782C1，SG147155A1，ZA200809197B，SE530789C2，EP1947441B1，USD552500S1

续表

型号	产品特点	产品对应专利
HemoCue® WBC DIFF System	• 可以获得实验室精确的全白细胞计数 • 在5分钟内，就能准确计算出中性粒细胞、淋巴细胞、单核细胞、嗜酸性粒细胞和嗜碱性粒细胞 • 无缝配合各种临床应用，并可以开展快速评估 • 将结果与患者ID链接，整合病历 • 打印机接口	US8224058B2，SE530748C2，SE530748C2，AU2007275927B2，CA2655024C，CN101490529B，JP5008725B2，MX305565B，KR101099333B1，RU2402006C1，SG148414A1，ZA200904503B，US8009894B2，SE532499C2，AU2009205757B2，CN102216954B，JP5129347B2，RU2452957C2，ZA201005030B，TH44261A，US7633615B2，SE530192C2，AU2007275925B2，CA2649423C，CN101578523B，JP4954280B2，MX282810BB，KR101026584B1，RU2390782C1，SG147155A1，ZA200809197B

该产品所涉及的主要专利包括：

① 分析方法及其系统（US6831733B2）：定量测定未稀释、未溶血全血中血红蛋白的方法。血红蛋白测定可通过两次吸收测量完成，无须定量了解血液内容物的散射系数或通过物理方法减少散射光的测量影响。

② 白细胞计数（US7521243B2）：用于测定血样中白细胞的体积数的样本采集装置、方法和系统。

③ 测量装置、方法和计算机程序（US8224058B2）：用于计数颗粒的测量设备和方法，所指颗粒是诸如血样这样的样本中的白细胞，利用图像分析器获取至少一幅图像以识别在焦点上成像的颗粒，并确定这些颗粒的类型和数量，通过颗粒的物理特征来辨别类型，从而确定样本中不同类型的颗粒的比值。

3.3.5 布局重点

对生化诊断、免疫诊断与分子诊断三个主要的技术领域进行分析，免疫诊断是丹纳赫公司体外诊断专利最主要布局的领域。目前，丹纳赫公司生化诊断技术领域共有专利181项，占体外诊断专利总数的15%；免疫诊断技术领域共有专利518项，占体外诊断专利总数的42%；分子诊断技术领域共有专利247项，占体外诊断专利总数的20%（见图3-3-7）。

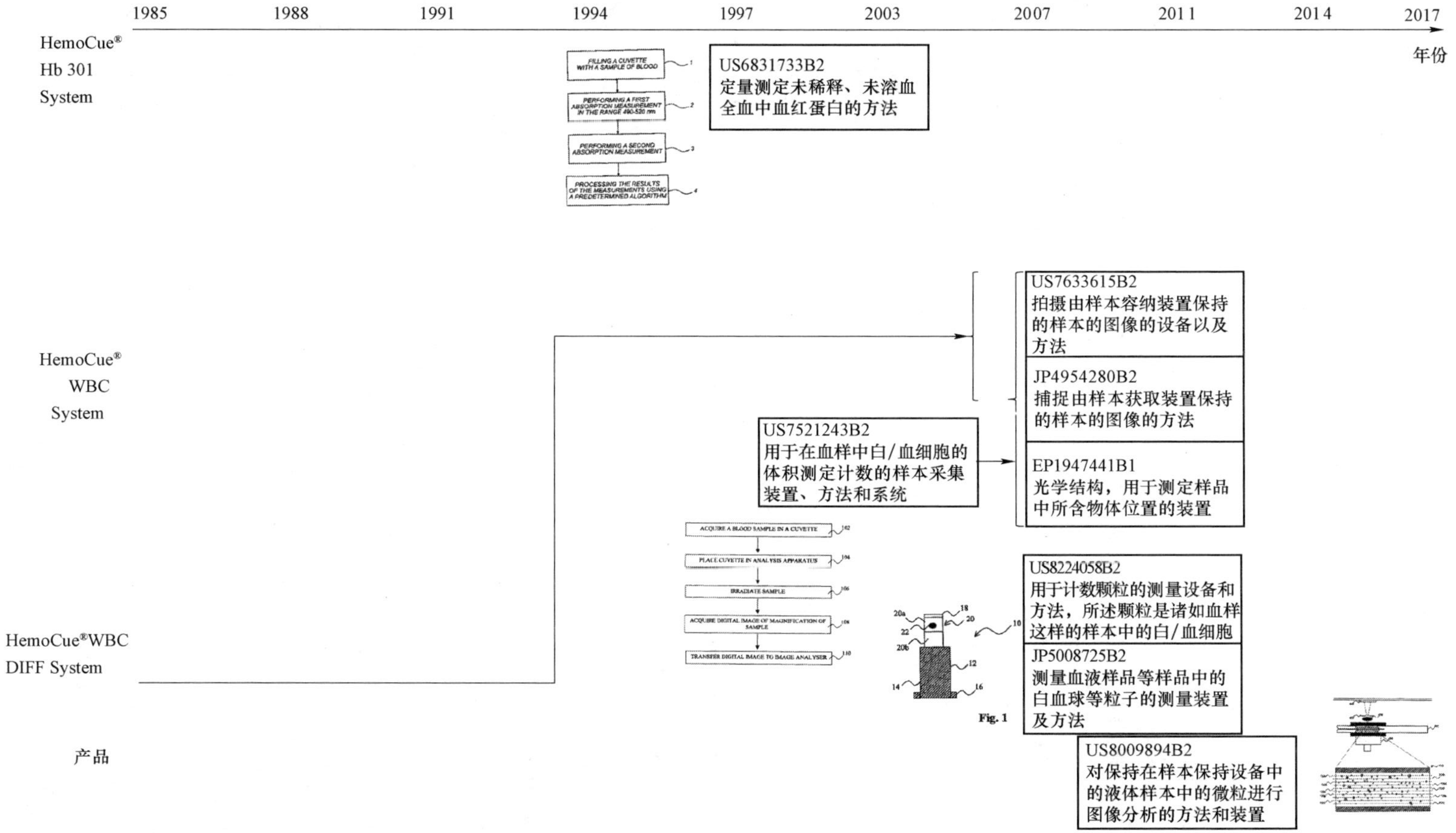

图 3-3-6　HemoCue 产品相关专利发展脉络

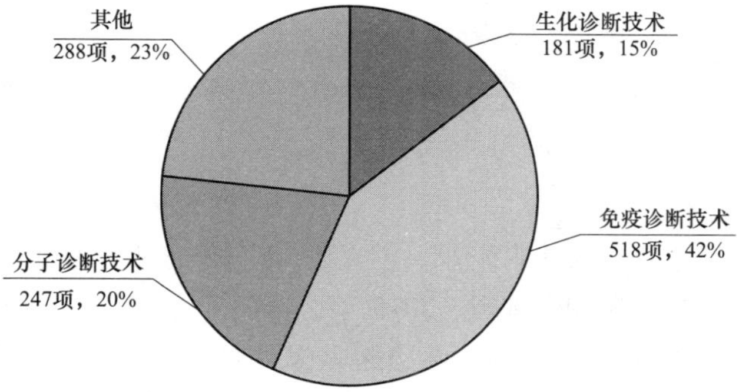

图3-3-7　1999~2019年丹纳赫公司体外诊断各分领域专利数量分布

对丹纳赫公司体外诊断技术细分领域进行年度布局分析后发现，生化诊断技术研究热点大致经历了传感器膜、参考系统、平面传感器及镧系螯合物4个阶段，免疫诊断技术研究热点大致经历了免疫标记、流式细胞术、化学发光分析及细胞内标记4个阶段，分子诊断技术研究热点大致经历了化脓性链球菌、结合分析、非那雄胺及蛋白酶4个阶段（见表3-3-7）。

表3-3-7　2000~2019年丹纳赫公司体外诊断细分领域开发热点分布

领域	2000~2004年	2005~2009年	2010~2014年	2015~2019年
生化诊断技术	传感器膜 固体状态 遗传分析 毛细管电泳 全自动生化分析仪	参考系统 寄生虫感染 血红蛋白 选择性电极 自动化学分析	平面传感器 自动分析 响应性 酶底物 再活化	镧系螯合物 阻塞性睡眠呼吸暂停 平面传感器 全血样品 离子选择电极
免疫诊断技术	免疫标记 生物聚合物 化脓性链球菌 激光诱导荧光检测 敏化系统	流式细胞术 血红蛋白 生物聚合物 抗原呈递细胞 免疫标记	化学发光分析 血液寄生虫 MHCI类分子 免疫测定方法 荧光染料	细胞内标记 荧光染料 自动分析仪 靶细胞 细胞内标记
分子诊断技术	化脓性链球菌 遗传分析 毛细管电泳 分泌蛋白 核酸分子	结合分析 导电板 葡萄球菌 核苷酸衍生物 激光诱导荧光检测	非那雄胺 亚磷酰胺 自动分析仪 定量测定方法 生物大分子	蛋白酶 热循环器 膀胱癌 血小板 生物难降解

3.4 西门子公司

3.4.1 概述

西门子公司是全球领先的技术企业，创立于1847年，业务遍及全球200多个国家，专注于电气化、自动化和数字化领域。2015年，西门子医疗（Siemens Healthineers）从集团内独立出来后，继续保持其在影像诊断和体外诊断领域的优势，不断推陈出新，同时还大力拓展诸如床旁治疗和分子诊断等业务。

西门子医疗拥有最齐全的体外诊断产品线，包括免疫诊断、生化诊断、分子诊断、血液诊断、POCT等，是体外诊断领域布局最齐全的厂家。2016年，西门子集团全年总营收135亿欧元，相比2015年增长了4.8%。西门子医疗2016财年体外诊断业务销售额约49亿美元，在全球体外诊断市场排名第三。而西门子公司2016年在中国的总营收达到64.4亿欧元。

西门子医疗于2006年7月以15亿欧元收购美国德普诊断（DPC）、2007年1月以42亿欧元收购拜耳诊断部和2007年11月以70亿美元收购德灵诊断（Dade Behring），使其迅速形成了最齐全的产品线。

3.4.2 公开趋势分析

1999~2019年，西门子公司涉及体外诊断技术的专利公开共计2361项。从专利公开量趋势来看，1999~2009年西门子公司体外诊断专利公开数量呈现快速增长趋势，从1999年的13项增长至2009年的191项。此后十年，西门子公司体外诊断技术领域的专利数量保持稳中有升的态势，在2018年、2019年均达到204项（见图3-4-1）。

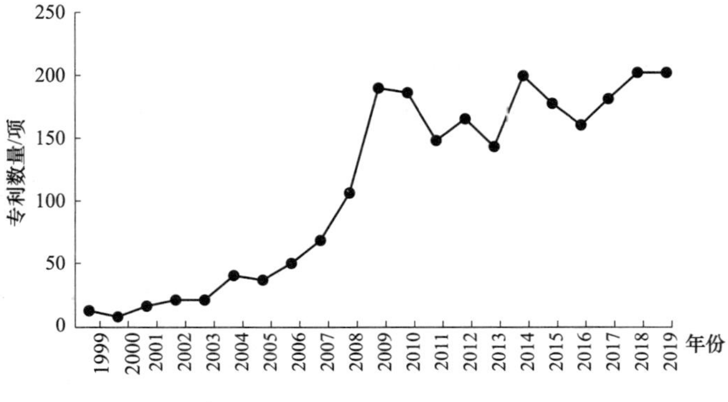

图3-4-1 1999~2019年西门子公司体外诊断的专利公开量趋势

从细分领域来看，西门子公司在免疫诊断技术及分子诊断技术领域公开的专利较多，分别有640项和541项，在生化诊断技术领域的专利数量相对较少。从年度变化趋势来看，2009 年之前西门子公司免疫诊断和分子诊断技术领域的公开量呈上升趋势，2009 年达到峰值，分别为 81 项和 89 项，2009 年之后呈现下降趋势。而生化诊断技术领域专利数量始终保持小幅增长态势，于 2019 年达到 32 项（见图 3－4－2）。

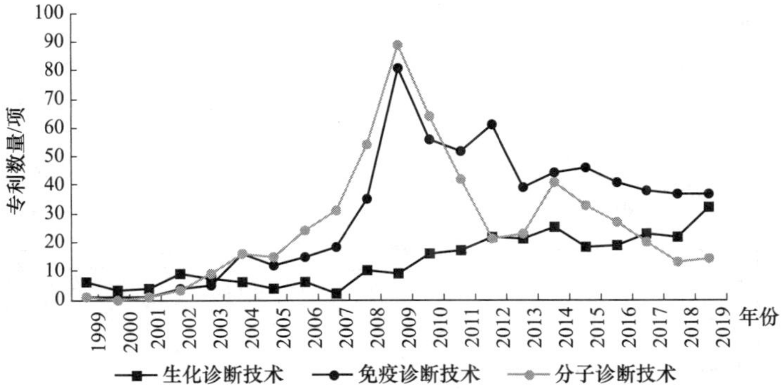

图 3－4－2 1999～2019 年西门子体外诊断三个分领域的专利公开量趋势

3.4.3 国家/地区分析

从西门子公司体外诊断行业领域的专利公开国家/地区分布来看，在生化诊断技术领域、免疫诊断技术领域及分子诊断技术领域，美国、欧洲、德国是其最主要的布局地。其中，西门子公司在美国公开了专利 539 项，在欧洲公开了专利 359 项，在德国公开了专利 345 项（见图 3－4－3 和表 3－4－1）。

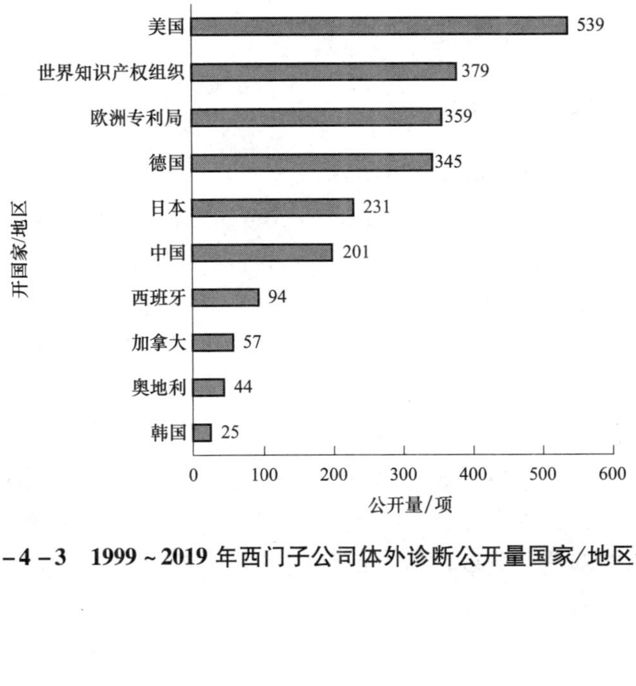

图 3－4－3 1999～2019 年西门子公司体外诊断公开量国家/地区分布

表3-4-1　1999~2019年西门子公司体外诊断及其三个分领域专利公开量国家/地区分布

单位：项

排名	体外诊断技术		生化诊断技术		免疫诊断技术		分子诊断技术	
	国家/地区	专利数量	国家/地区	专利数量	国家/地区	专利数量	国家/地区	专利数量
1	美国	539	美国	53	美国	126	欧洲专利局	112
2	世界知识产权组织	379	德国	51	欧洲专利局	116	世界知识产权组织	103
3	欧洲专利局	359	世界知识产权组织	51	世界知识产权组织	103	美国	102
4	德国	345	欧洲专利局	46	德国	69	德国	98
5	日本	231	日本	24	日本	68	中国	26
6	中国	201	中国	15	西班牙	61	日本	19
7	西班牙	94	西班牙	11	中国	23	西班牙	18
8	加拿大	57	加拿大	9	奥地利	22	奥地利	16
9	奥地利	44	韩国	5	加拿大	22	加拿大	15
10	韩国	25	印度	4	澳大利亚	7	印度	6

3.4.4　主要产品技术发展分析

3.4.4.1　西门子公司的POCT血气分析仪

图3-4-4显示的是西门子公司CLINITEK Novus®分析仪产品相关专利的主要发展脉络。该产品的主要相关专利共96项，进行同族合并后图中展示了主要专利的创新点。

该产品主要基于干化学原理，与适配的尿试纸条一起使用，预期用于尿液中下列参数的半定量测定：胆红素、血液（潜血）、葡萄糖、酮体（乙酰乙酸）、白细胞、亚硝酸盐（定性）、pH、蛋白、颜色和尿胆原。该设备主机包括：样本针和液路系统、试纸卡处理器、清洗和废液系统、检测系统、内置条码读取器、比重和浊度测量单元、接头面板、光学系统、显示器组成。相对应地，该产品的相关专利则包括了测试方法、试剂、测试条以及废料道等多个部件。总体来看，该产品的专利解决的主要技术问题是如何提高测试的准确性、灵敏性等，而西门子公司针对该产品的研发和改进在2010年之后仍进行了大量的专利布局。

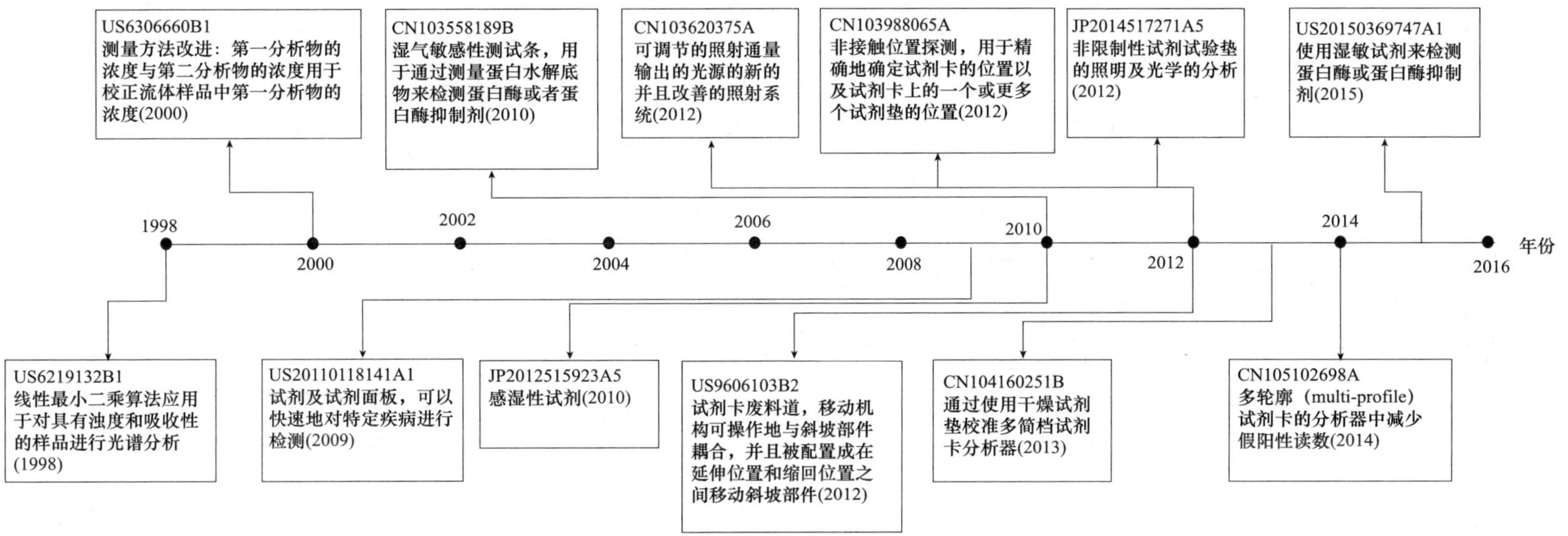

图3-4-4　西门子公司 CLINITEK Novus®分析仪专利发展脉络

西门子公司 CLINITEK Novus®分析仪相关专利如表3－4－2所示。

表3－4－2 西门子公司 CLINITEK Novus®分析仪对应的专利

型号	产品特点	产品对应专利
CLINITEK Novus® 分析仪	• 结合了干式尿液化学分析技术和盒式检测格式，可帮助确保使用其他 CLINITEK® 分析仪的最高生产率和标准化测试 • 提供全方位的测试，每小时可处理多达240个样品，可简化工作流程，简化测试并提供一致的高质量结果 • 独特且易于使用的“即插即用”测试盒简化了操作 • 可倾斜的彩色触摸屏，具有直观的导航和灵活的菜单选项，可轻松进行系统自定义，设置和维护 • 一次加载200个样品，并具有不同的测试体积和试管尺寸 • 板载条形码数据输入可自动扫描批号并输入有效期，从而最大限度地减少数据输入错误并提高可追溯性 • 使用即用型液体校准材料对所有分析物进行真实，实时校准可提高准确性 • 广泛的测试菜单：用于常规尿液分析的 CLINITEK Novus 10 卡带，用于早期肾脏疾病检测的 CLINITEK Novus PRO 12 卡带	CN105102698A，EP2956575A4，JP2016510417A，JP6328147B2，US20150369827A1，US61764905P0，US9612249B2，WO2014126995A1，AU2010206939A1，AU2010206939B2，BRPI1006966A2，CA2750538A1，CN102292450A，CN102292450B，CN103558189A，CN103558189B，DK2733217T3，DK3050974T3，EP2382322B1，EP2733217B1，EP3050974B1，ES2442877T3，ES2573804T3，ES2707743T3，IN2909KOLNP2011A，JP2012515923A，JP5623430B2，KR101659614B1，KR1020110115591A，MX2011004308A，MX308765B，PL2733217T3，PL3050974T3，RU2011135567A，RU2526805C2，US20110275104A1，US20150369747A1，US20180180553A1，US9145576B2，WO2010085413A1，CA2866641C，CN104160251B，EP2823269B1，EP3301433A1，HUE036577T2，JP2015510131A，JP5801004B2，US20150031135A1，US61608922P0，WO2013134491A1，CN103988065A，EP2795294A1，JP2015505049A，JP2018105884A，JP6296992B2，JP6538905B2，US10302572，US20140349409A1，US61576503P0，WO2013090655A1，CN103620375B，EP2691759A1，JP2014517271A，JP6096173B2，US20140028857A1，US61480426P0，WO2012149243A1，US20130157372A1，US20170160297A1，US61576394P0，US9606103，CN302323137S，USD670818S1，EP2304437A1，US20110118141A1，US61082662P0，WO2010011460A1，CN301427595S，EM0011989150001S，TWD138944S，USD616564S1，USD637732S1，USD659256S1，USD659849S1，US6306660B1，AT428917T，AU1998091804A1，DE69840750D1，EP1017993B1，ES2322782T3，JP2001517791A，US60060018P0，US6172744B1，US6219132B1，WO1999015880A1

3.4.4.2 西门子公司血气分析系统的专利发展脉络

图3－4－5是西门子公司血气分析系统专利发展脉络，其中实线框图为产品所涉及的主要专利的发展脉络，虚线框图为重点引证专利。

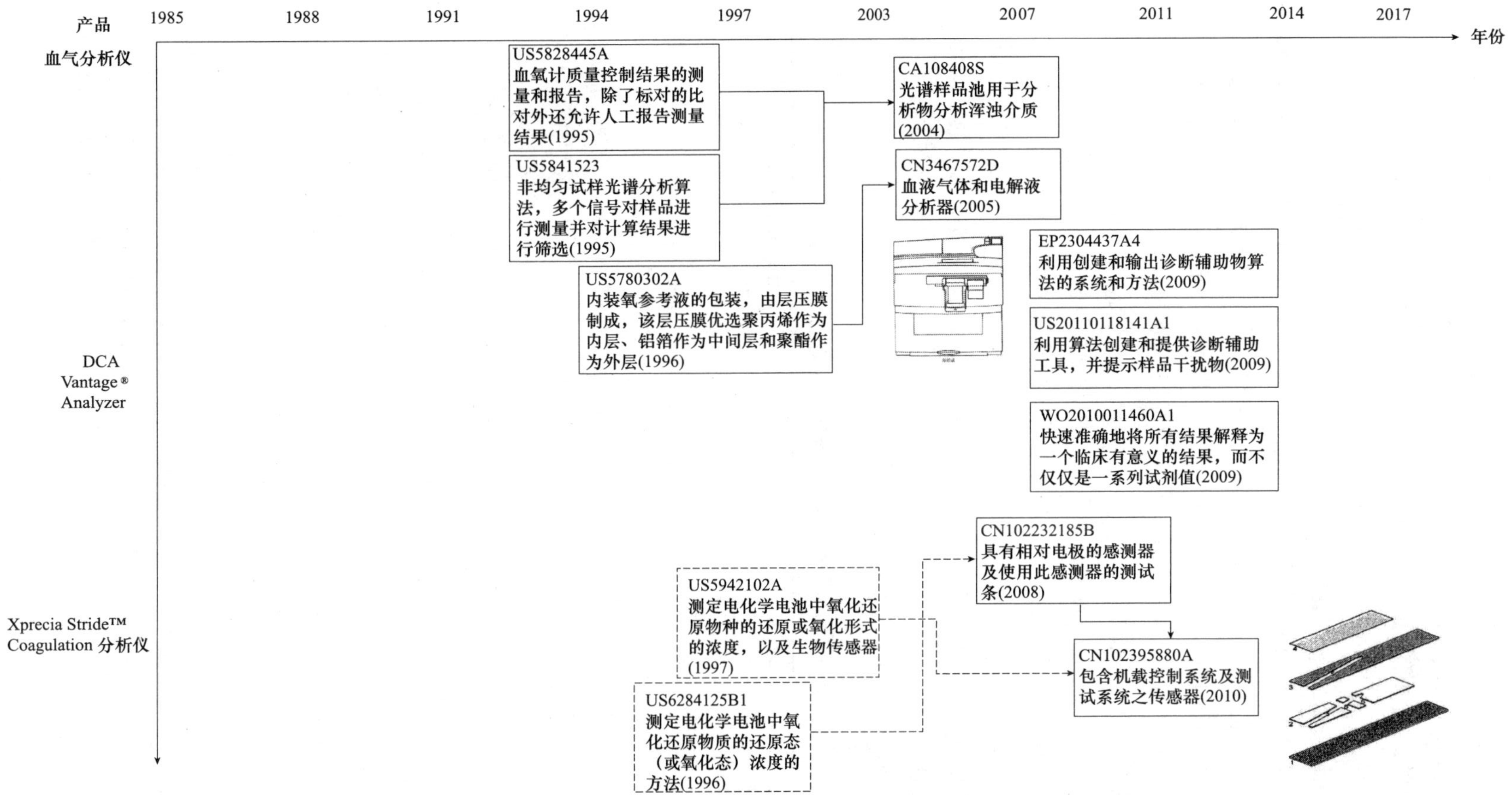

图 3-4-5　西门子公司血气分析系统专利发展脉络

西门子公司血气分析仪所涉及的主要相关专利共65项，进行扩展同族合并后相关专利共5项，其中有3项专利主要集中在1995年和1996年申请，这3项专利涉及算法、测量结果的纠正和读取以及试剂包装等，随后西门子公司在2004年又对涉及分析介质的相关专利进行了申请。

DCA Vantage® Analyzer在医学临床上用于对血液中糖化血红蛋白A1c的百分比和尿液中低浓度的白蛋白（尿微量白蛋白）浓度、肌酐浓度和白蛋白/肌酐比值进行定量测定。而该产品的主要组成包括试剂卡隔室（试剂卡放置及光学检测部件）、机载条码阅读器、显示屏、打印机、电源控制部件及内部存储器、软件，和该产品相关的主要专利共3项。从专利的发展脉络来看，这3项专利都是在2009年申请的，这3项专利主要涉及检测算法的相关技术。

Xprecia Stride™ Coagulation是一种手持式便携凝血分析仪。该产品的相关专利有2项，申请日主要在2008年之后，这2项专利涉及的都是和生物传感器相关的专利。在重点引证专利方面，这2项专利都对强生公司的2项专利进行了引证，且这2项专利的被引证次数多达444次和513次，强生公司的2项专利主要是对电化学电池以及生物传感器的相关改进。

西门子公司血气分析系统相关专利如表3-4-3所示。

表3-4-3　西门子公司血气分析系统对应的专利

型号	产品特点	产品对应专利
RAPIDPoint 500血气分析仪	• 可检测基础血气、电解质、葡萄糖、乳酸及包括新生儿总胆红素及总血红蛋白在内的全参数血氧 • 可兼容多种样本类型检测，包括全血（动静脉血）、胸腹水及透析液 • 触摸屏操作界面及一体化条码阅读器，仅需60秒就能完成从扫描、进样、分析到报告结果整个流程 • 自动吸样，生物安全，无须人手操作，并能自动检测凝块并清除凝块	CN3467572D，CA108408S，JP1243930S，USD521643S1，AT224545T，AT314654T，AU1996073264A1，AU1999020699A1，CA2319071A1，DE69627028D1，DE69902994D1，DE69929254D1，DK1051627T3，EP0874732B1，EP1051627B1，EP1243336B1，EP1265074B1，ES2183504T3，ES2256145T3，JP2002502975A，JP2010101908A，JP4567880B2，JP5301476B2，US20040047771A1，US5780302，US60006742P0，US6136607，US6632675，US6835571，WO1997016309A1，WO1999040430A2，AT246352T，AU1999035307A1，CA2330556A1，DE69910006D1，DK1078243T3，EP1078243B1，ES2204123T3，JP2002514753A，JP4315596B2，US6188474，WO1999058954A1，AT204079T，AU1996051613A1，BRPI9608331A2，CA2218115A1，DE69614374D1，DE69614374T2，DK0821785T3，EP0821785B1，ES2162037T3，JP1999503832A，KR1019990007803A，

续表

型号	产品特点	产品对应专利
RAPIDPoint 500 血气分析仪	• 免维护，基于试剂盒系统包括全自动质控，以确保质量 • 链接 Iis/His 系统，并通过 RAPIDComm® 数据管理系统实现远程管理及控制	MX9708076A，PL322887A1，US5841523，WO1996033400A1，AT252232T，AU1996048890A1，BRPI9607917A2，CA2216657A1，DE69630369D1，DK0817957T3，EP0817957B1，ES2208729T3，JP1999502927A，JP3697264B2，KR1019980703451A，MX9707500A，PL322524A1，US5828445A，WO1996030742A1
DCA Vantage® Analyzer 即时护理系统	• 可帮助监测血糖控制和发现早期肾脏疾病 • IFCC 和 NGSP 认证的 CLIA 豁免 HbA1c 测试 • 1μL 手指棒，无须禁食，HbA1c 在6分钟内产生 • 随机尿液样本在7分钟内提供 A: C 比 • 在测试之前不需要样品或试剂制备 • 新型二维条形码扫描仪——用于 DCAVantage® 分析仪和 CLINITEK Status® Connect 系统	EP2304437A1，US20110118141A1，US61082662P0，WO2010011460A1
Xprecia Stride™ Coagulation 分析仪	• Xprecia Stride 具有高分辨率彩色触摸屏显示器，可通过分步说明和上下文相关帮助来指导用户完成 INR 诊断的每个阶段 • 该设备具有内置的条形码扫描仪，可以捕获操作员和患者的详细信息，并确保准确记录试纸和质控批号	AU2010238253A1，AU2016201281B2，BRPI1016110A2，CA2759065A1，CN102395880A，EP2419725A1，IL215791A，IN8731DELNP2011A，JP2012524254A，JP5847074B2，KR101881597B1，KR1020120017428A，MX2011010823A，MX333320B，NZ622873B，SG10201400971TA，SG175190A1，US20120040369A1，US9863931，WO2010119341A1，ZA201107816B，AU2008315677B2，CA2704126A1，CN102232185B

续表

型号	产品特点	产品对应专利
Xprecia Stride™ Coagulation 分析仪	• Xprecia Stride 设计用于处理极少量的血液以使患者感到舒适，仅使用6μL的全血 • 快速，可靠的 PT / INR 测试，适用于全科，紧急护理或医院 • 使用与西门子实验室分析仪相同的 Dade® Innovin®试剂，以获得可靠，准确的结果 • 紧凑，符合人体工程学的设计以及全彩触摸屏界面，可提供分步说明 • 安全功能包括可减少生物危害暴露的测试条弹出按钮 • 内置条形码扫描仪，可快速，准确地输入患者和操作员 ID • 随附完整的4个可替换颜色编码的盖子，USB 电缆和3节 AA 电池	CY1117095T1，DK2210085T3，EP2210085A1，EP2210085B1，ES2557933T3，HUE026083T2，IL205315A，IL205315D0，IN1508KOLNP2010A，JP2011501181A，JP2016048248A，JP6147463B2，KR101854883B1，KR1020100087181A，KR1020160042162A，KR1020170038945A，MX2010004465A，MX359616B，NZ585031B，PT2210085E，SG160938A1，SG171582A1，SI2210085T1，US20100252452A1，WO2009053834A1、ZA201002856B

3.4.5 布局重点

对生化诊断、免疫诊断与分子诊断三个主要的技术领域进行分析，免疫诊断是西门子公司体外诊断专利最主要布局的领域（见图 3－4－6）。目前，西门子生化诊断技术领域共有专利367项，占体外诊断专利总数的18%；免疫诊断技术领域共有专利640项，占体外诊断专利总数的31%；分子诊断技术领域共有专利541项，占体外诊断专利总数的26%。

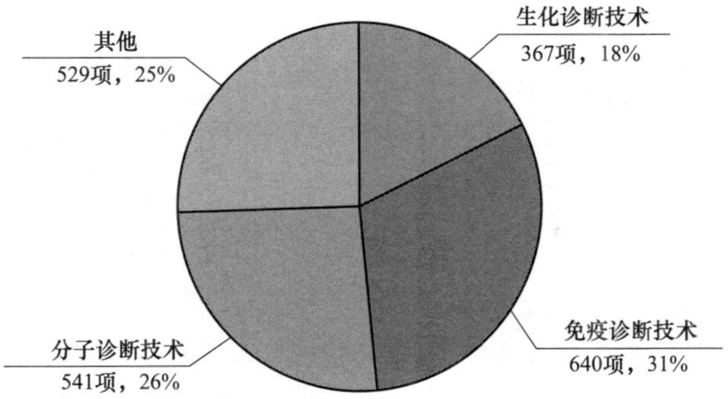

图 3-4-6　1999~2019 年西门子医疗体外诊断领域分布

对西门子公司医疗体外诊断技术细分领域进行年度布局分析后发现，生化诊断技术研究热点大致经历了电离传感器、促凝血酶原激酶、抗磷脂抗体及幽门螺杆菌 4 个阶段，免疫诊断技术研究热点大致经历了涂覆机、逆转录病毒、凝血酶原片段及缀合物 4 个阶段，分子诊断技术研究热点大致经历了电化学检测、单核苷酸多态性、淬灭剂及视神经脊髓炎 4 个阶段（见表 3-4-4）。

表 3-4-4　2000~2019 年西门子医疗体外诊断细分领域开发热点分布

领域	2000~2004 年	2005~2009 年	2010~2014 年	2015~2019 年
生化诊断技术	电离传感器 生物传感器 电子亲和势 红外吸收光谱法 低密度聚乙烯（LDPE）	促凝血酶原激酶 胎盘生长因子 微流体器件 过氧化物酶活性 频谱分析	抗磷脂抗体 糖化血红蛋白 红外光谱仪 电化学测量 场效晶体管	幽门螺杆菌 临床化学 光谱检测 心肌肌钙蛋白 阳离子表面活性剂
免疫诊断技术	涂覆机 微电极 薄膜谐振器 磁性分离器 生物传感器	逆转录病毒 凝血酶原片段 生物芯片 平面传感器 人抗体基因	凝血酶原片段 水痘带状疱疹病毒 流式细胞术 疏水性药物 急性冠状动脉综合征	缀合物 脂连蛋白 循环肿瘤细胞 脂联素受体 胰岛素样生长因子结合蛋白
分子诊断技术	电化学检测 漫射光 生物传感器 热循环仪 测量传感器	单核苷酸多态性 寡核苷酸引物 子宫内膜异位 平面传感器 热循环仪	淬灭剂 寡核苷酸序列 微电极 生物传感器 水痘带状疱疹病毒	视神经脊髓炎 阿尔茨海默氏病 Hcv 检测 KRAS 突变 非天然核碱基

第 4 章　生化诊断技术专利分析

生化诊断，又称临床生化（Clinical Chemistry），是指通过各种生物化学反应来测定人体内酶类、糖类、脂类、蛋白和非蛋白氮类、无机元素类等生化指标的体外诊断方法，常用于血糖、血脂、胆固醇、肝功能、肾功能等基础检查项目。即通过测定特定生化物质的含量来判断人体是否处于健康状态，并判断是由何种原因引起的。

生化诊断是我国起步最早的体外诊断子行业之一，经过多年发展，国内生化诊断产品已经完成从单纯进口到自主研发的转变，仪器和试剂产品均已发展成熟，国产产品的市场占有率逐年提高。生化诊断产品正向着全面覆盖方向发展。

本章主要根据生化诊断技术全球和中国的发展态势，对我国在该类技术研发方面的技术实力和研发实力加以分析，并以生化诊断中的聚集诱导发光技术专利和生化分析仪器的共性技术为例，对其技术的发展历程、竞争格局和专利布局方向进行了深度分析，以期为我国在相关领域的技术研发提供参考。

4.1　全球专利分析

4.1.1　发展态势

自 1999 年以来，全球生化诊断相关专利的公开量呈现平稳增长态势（见图 4－1－1），2009 年受全球经济危机影响申请量有所下降，该领域申请量在 2009 年之前都处于缓慢上升期，之后这一领域的专利申请量进入快速增长期，于 2017 年达到申请量高峰，年申请量达到 6500 余项。产业发展趋势与申请数量变化趋势基本一致。

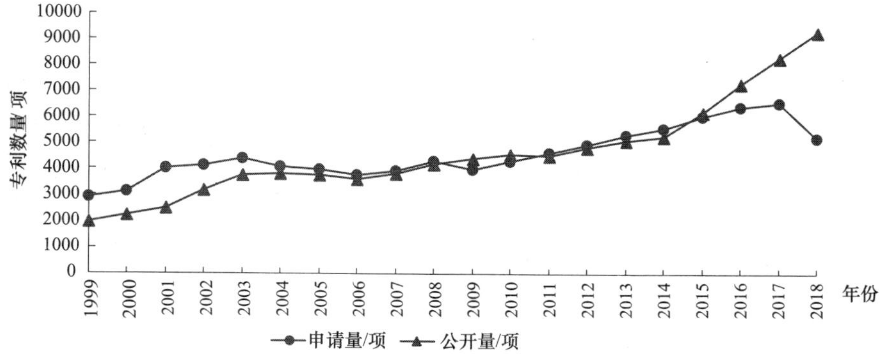

图 4－1－1　生化诊断技术领域全球专利申请和公开数量趋势

4.1.2　主要申请人分析

4.1.2.1　申请人排名

在全球专利申请态势分析中，对生化诊断技术的主要申请人进行了统计和排序（见图4－1－2），罗氏公司在这一领域的专利申请量遥遥领先于排名第二位的强生公司（1343 项）和第三位的拜耳公司（985 项），有 2195 项申请。罗氏公司是全球制药和诊断领域的领导者，其总部位于瑞士巴塞尔，业务遍及全球 100 多个国家/地区。罗氏公司诊断的产品用于检测血液、其他体液和组织等，为专业医护人员提供诊疗所需要的信息。1953 年，罗氏公司开发首个用于检测血液酒精含量的试剂；1956 年，推出了检测尿糖水平的测试棒；1985 年，全血干式生化分析仪（Reflotron）面世，可应用全血、血清或血浆测定 17 个临床生化项目，获得了德国颁发的创新奖；1986 年，检测艾滋病病毒的试剂面世；1991 年，买断 PCR 技术并将其工业化；2008 年，收购美国文塔纳医疗系统公司（Ventana）；2011 年，收购维瑞慕生化诊断（Verum Diagnostica）。

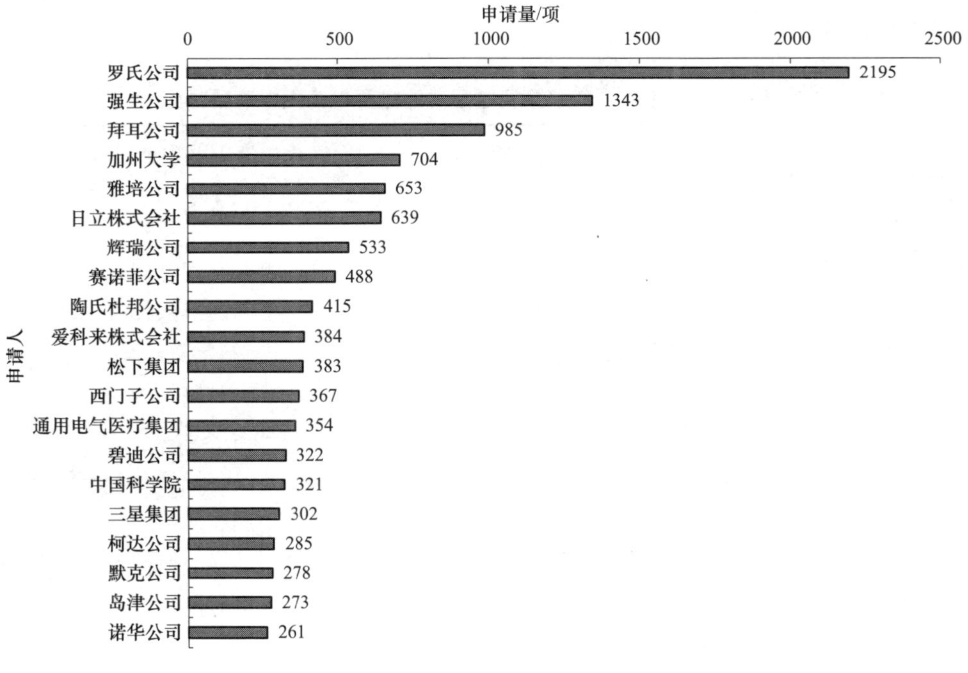

图4－1－2　生化诊断技术领域全球专利主要申请人的申请量排名

申请量前 20 位的申请人中来自中国的有中国科学院，包括大连化学物理研究所、长春应用化学研究所、上海生物化学与细胞生物学研究所、化学研究所、微生物研究所及成都生物研究所，位列第 15 位，从绝对数量来看，申请量难以和罗氏公司、强生公司等匹敌。

4.1.2.2　细分领域国内外主要申请人对比

从样本模块、试剂模块、反应（混样）模块、清洗模块及系统控制模块五个细分领域的国内外主要申请人申请量（见表4－1－1）对比分析发现，在每个细分领域，国外主要申请人以罗氏公司、强生公司为首的企业为主，而国内主要申请人则以高校、科研机构为主，且申请量远低于国外申请人。由此可见，国内企业在生化诊断领域内缺乏主动性布局。

具体而言，在样本模块方面，国内外TOP 5申请人布局的技术主要涉及一体化定量采样加试剂、对用于计算葡萄糖浓度的电流采样进行处理、经皮生物体液组分采样及测量等；在试剂模块方面，国内外TOP 5申请人布局的技术主要涉及多重检测试剂装置、制造试剂测试条、比色分析方法及其使用的试剂、用于微生物检测试剂、胆固醇的测定方法以及试剂、酶联免疫试剂等；在反应（混样）模块方面，国内外TOP 5申请人布局的技术主要涉及反应促进剂、荧光PCR检测、利用氧化还原反应、利用生物化学反应、核酸分子等；在清洗模块方面，国内外TOP 5申请人布局的技术主要涉及清洗评价、光学快速检测表面洁净度、用于自动生化分析仪、环保型清洗液、新型结构清洗装置等；在系统控制模块方面，国内外TOP 5申请人布局的技术主要涉及连续分析装置和样本成分控制、反应舱的恒温控制、反应盘运动精确控制、流式细胞分析、微流控芯片、血糖检测与控制等。

表4－1－1　生化诊断细分领域国内外主要申请人申请量对比

细分领域	国外申请人（申请量/项）（Top 5）	国内申请人（申请量/项）（Top 5）
样本模块	强生公司（61） 罗氏公司（60） 日立株式会社（53） 陶氏杜邦公司（39） 拜耳公司（33）	碧迪公司（35） 研能科技股份有限公司（27） 中国科学院（22） 浙江大学（10） 北京大学（5）
试剂模块	罗氏公司（408） 强生公司（207） 拜耳公司（94） 雅培公司（86） 爱科来株式会社（68）	中国科学院（25） 上海复星医药（集团）股份有限公司（20） 达安基因（19） 中国人民解放军总医院（19） 浙江大学（16）
反应（混样）模块	罗氏公司（37） 加州大学（26） 强生公司（26） 日立株式会社（20） 东曹公司（17）	王鼎生物技术股份有限公司（14） 清华大学（7） 达安基因（6） 台湾地区“中央研究院”（5） 中国科学院（5）

续表

细分领域	国外申请人（申请量/项）（Top 5）	国内申请人（申请量/项）（Top 5）
清洗模块	罗氏公司（113） 日立株式会社（71） 陶氏杜邦公司（50） 岛津公司（44） 贝克曼库尔特（30）	中国科学院（14） 清华大学（8） 南京大学（6） 天津大学（6） 浙江大学（6）
系统控制模块	强生公司（63） 拜耳公司（44） 罗氏公司（43） 贝克曼库尔特（33） 通用电气医疗公司（26）	贵州益佰制药股份有限公司（14） 中国科学院（7） 清华大学（5） 江苏大学（5） 广州药业股份有限公司（3）

4.1.3　国家或地区分布分析

4.1.3.1　技术原创区域分布

技术原创区域分布可以反映出生化诊断技术的创新来源。图4－1－3展示了生化诊断技术原创专利申请在全球范围内的分布情况，即优先权的国家/地区分布。从图中可以看出，该领域的专利申请原创区域主要分布在美国、中国、日本及德国等国家。其中，在美国原创的专利申请占全球前十位总申请量的35%，基本相当于第二、第三名的总和，可见美国在生化诊断技术领域的研发实力很强，占有绝对优势地位。中国原创的专利申请居第二位，占全球前十位总申请量的22%。此外，日本和德国原创的专利申请量分别占全球前十位总申请量的14%、8%，分别居第三位、第四位。

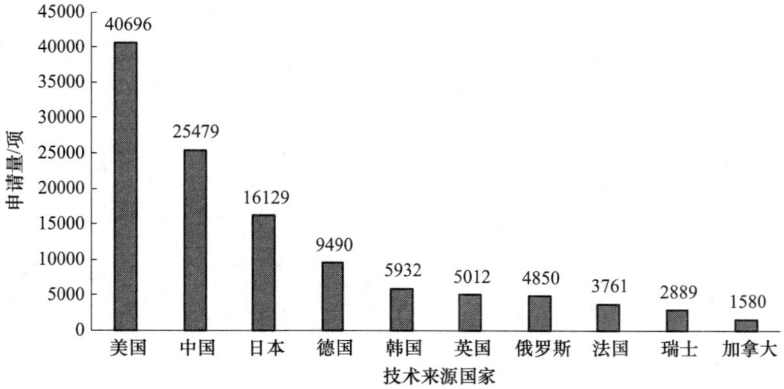

图4－1－3　生化诊断技术领域全球专利申请量主要技术原创区域分布

4.1.3.2 申请技术目标区域分布

技术目标区域分布能够在一定程度上反映出在某一技术领域中的研发主体的专利布局情况以及市场布局情况。如图4－1－4所示，中国（占全球前十位技术目标区域总申请量的26%）、美国（23%）、日本（12%）、韩国（6%）和德国（5%）都是该项技术专利重点布局的国家。可以看出在生化诊断技术上申请人非常重视中国、美国和日本的市场，尤其是中美市场，美国是全球生化诊断技术创新中心，而中国是最大的需求市场。

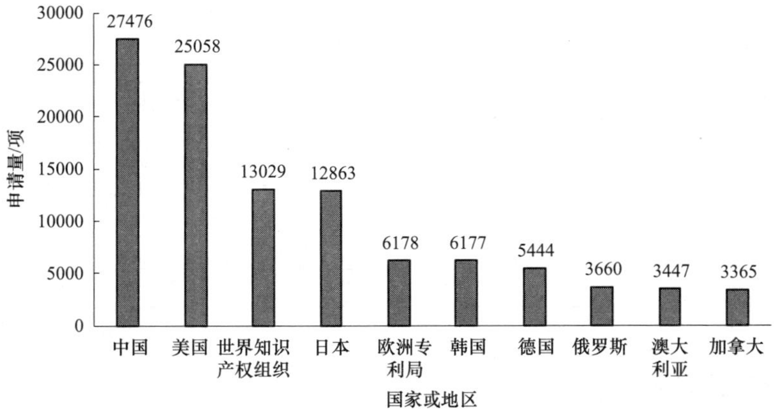

图4－1－4　生化诊断技术领域全球专利申请量主要技术目标区域分布

4.1.4 全球重要公开专利列举

从全球重要专利列举（见表4－1－2）可以看出，重要技术主要涉及：美敦力公司的制造薄膜电化学传感器的方法、松下集团的生物传感器及其制备方法、罗氏公司的糖尿病管理系统、强生公司的用于确定流体中分析物的存在的方法、雅培公司的用于诊断测试血液的方法和装置及诺华公司的核酸多聚体和使用该多聚体扩增核酸杂交分析方法。

表4－1－2　全球生化诊断领域重要专利列举

公开号	申请人	申请日	被引用数/次	同族专利数/项	技术方向
US5391250A	美敦力公司	1994－03－15	2001	5	制造薄膜电化学传感器的方法
US5593852A	HELLER ADAM，PISHKO MICHAEL V	1994－09－01	1974	11	用于皮下葡萄糖电流监测的小直径柔性电极
US5925517A	纽约公共卫生研究所	1995－05－12	1274	17	可检测标记的双构象寡核苷酸探针、测定方法和试剂盒

续表

公开号	申请人	申请日	被引用数/次	同族专利数/项	技术方向
US5120420A	松下集团	1989-11-27	1206	1	生物传感器及其制备方法
US6544212B2	罗氏公司	2001-07-31	1108	14	糖尿病管理系统
US5304468A	强生公司	1993-01-26	981	1	用于确定流体中分析物的存在的方法，如测定血糖
US6093156A	雅培公司	1997-12-02	894	1	用于诊断测试血液的方法和装置
US5124246A	诺华公司	1989-04-18	883	15	核酸多聚体和使用该多聚体扩增核酸杂交分析方法
US5395504A	阿苏拉达股份有限公司	1994-02-01	776	14	多区传感器电化学测试系统
US6241862B1	印弗尼斯医学技术股份有限公司	1999-01-12	685	31	具有整体的试剂/血液隔离层的一次性试条的形成方法

4.2 中国专利申请分析

4.2.1 发展趋势分析

生化诊断是中国起步最早的体外诊断子行业之一，经过多年技术储备，中国生化诊断产品（包括仪器和试剂）的主要生产商基本完成了从纯进口代理到自主研发的转型，逐渐掌握了核心技术。① 仪器方面，中国生化诊断仪历经手动生化分析仪、半自动生化分析仪、全自动生化分析仪的技术进步，目前多家厂商已能够生产全自动生化分析仪；② 生化试剂方面，发展更为成熟，中国试剂厂商基本实现了生化试剂的国产化，并进入三甲医院销售，其中，生化试剂占到试剂销售总额的很大部分。上海科华生物工程股份有限公司的生化试剂占到试剂总销量约50%，北京九强生物技术股份有限公司更是以精品生化试剂作为核心业务，同时中国厂商利用配套服务齐全的优势，与国外巨头展开激烈的市场争夺，并占据大部分市场份额。

如图4-2-1所示，生化诊断技术领域在中国的专利申请近20年来处于平稳上升状态，每年申请量保持在50项以内，之后这一领域的专利申请量进入快速增长期，受全球经济危机影响，2009年申请量有所下降，2009年之后申请量迅速增长，2018年申请量达3337项之多。

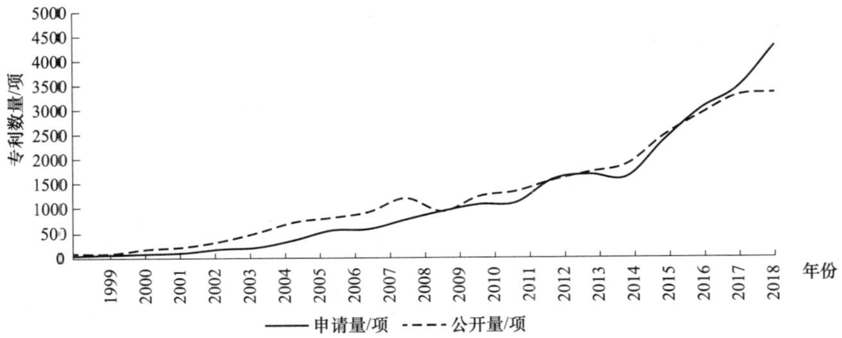

图4-2-1　生化诊断技术领域中国专利申请和公开数量趋势

4.2.2　区域分布分析

4.2.2.1　国内申请量主要省份分布

通过对生化诊断技术中国主要省份专利申请量的分析（见图4-2-2）发现，江苏、北京、广东、上海与浙江是国内在生化诊断领域专利申请量最多的地区。从年申请量变化趋势来看，除江苏在2005~2010年专利申请量有两次比较大起伏外，其他四个省市的专利发展均呈现出逐渐上升的态势，但就近几年的发展情况来看，江苏、广东和浙江的生化诊断技术发展迅速。这五个省市中，江苏的代表性申请人有扬州大学、江苏大学、南京大学、东南大学、江南大学及苏州艾杰生物科技有限公司；北京的代表性申请人有清华大学、中国检验检疫科学研究院、中国人民解放军总医院、北京大学、北京泱深生物信息技术有限公司及中国科学院电子学研究所；广东的代表性申请人有迈瑞生物、中山大学、达安基因、深圳德夏生物医学工程有限公司、南方医科大学、广州华峰生物科技有限公司、深圳大学及暨南大学；上海的代表性申请人有上海的上海复星医药（集团）股份有限公司、芮屈生物技术（上海）有限公司、上海主健生物工程有限公司、复旦大学、上海交通大学、中国科学院上海生命科学研究院、中国人民解放军第二军医大学；浙江的代表性申请人有浙江大学、浙江省疾病预防控制中心、宁波大学、艾康生物技术（杭州）有限公司、宁波美康盛德生物科技有限公司、宁波检验检疫科学技术研究院及浙江爱易生物医学科技有限公司。

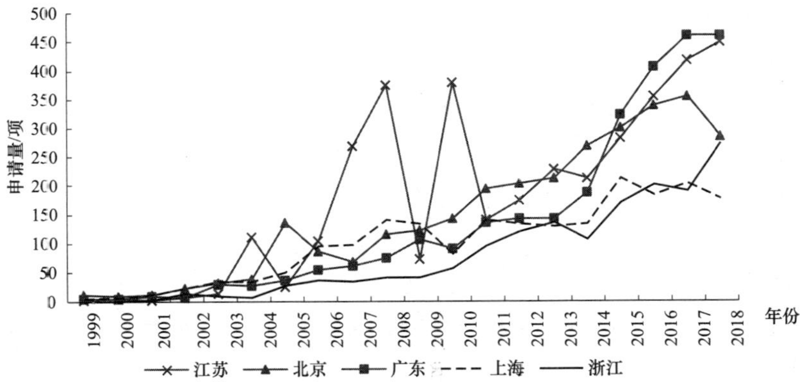

图4-2-2　生化诊断技术领域国内专利申请量主要省份分布

4.2.2.2　国外来华申请量主要国家分布

通过对生化诊断技术中国专利申请国外来华国家分布的分析（见图4－2－3）发现，美国申请人在中国提出的申请最多，高达1220项，占据了前十位来华国家申请量38%的份额，代表申请人有强生公司、加州大学、雅培公司和通用电气医疗公司。日本位列第二，其申请量占比24%，代表申请人如爱科来株式会社、希森美康、日立株式会社、松下集团、泰尔茂株式会社、富士胶片株式会社及东芝公司，表明在生化诊断技术领域中国正在逐渐崛起。其他还有瑞士（占比9%）、德国（占比7%）、英国（占比7%）、韩国（占比5%）和法国（占比4%）申请量较多。

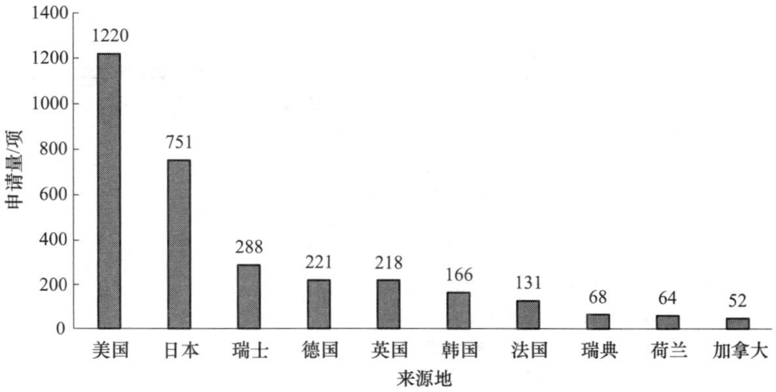

图4－2－3　生化诊断技术领域专利国外来华专利申请量主要国家分布

4.2.3　法律状态分析

如图4－2－4所示，生化诊断技术领域，中国申请维持有效的专利申请量占比32%，处于实质审查阶段的占比26%，撤回的占比17%，权利终止的占比15%，驳回的占比7%。大部分专利处在有效或实质审查阶段。专利授权率是发明专利授权量与已结束实质审查程序发明专利量的占比，整个生化诊断技术领域的发明专利申请授权率约为45%，稍低于近十年我国申请专利平均授权率的53.52%，需要进一步加强专利撰写质量。

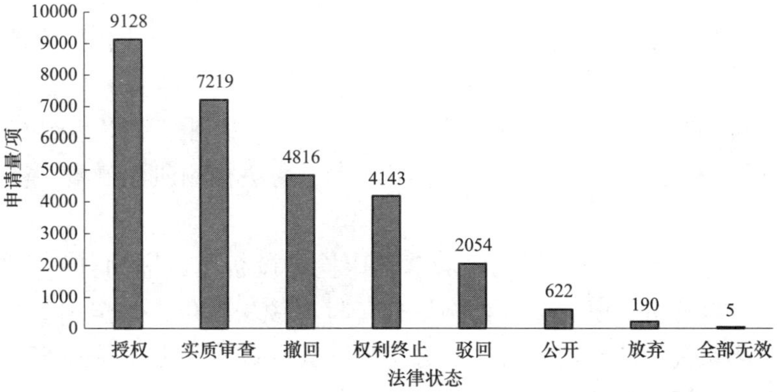

图4－2－4　生化诊断技术领域中国专利法律状态分布

4.2.4 国内主要申请人分析

从图4－2－5所示的生化诊断技术中国专利主要申请人来看，申请量最多的是中国科学院（285项），居第二位的是浙江大学（227项），居第三位的是强生公司（148项）。中国主要企业，包括上海复星医药（集团）股份有限公司（81项）、达安基因（57项）及贵州益佰制药股份有限公司（42项）。中国专利主要来华申请人，包括强生公司（148项）、爱科来株式会社（69项）、拜耳公司（67项）及希森美康（62项）。

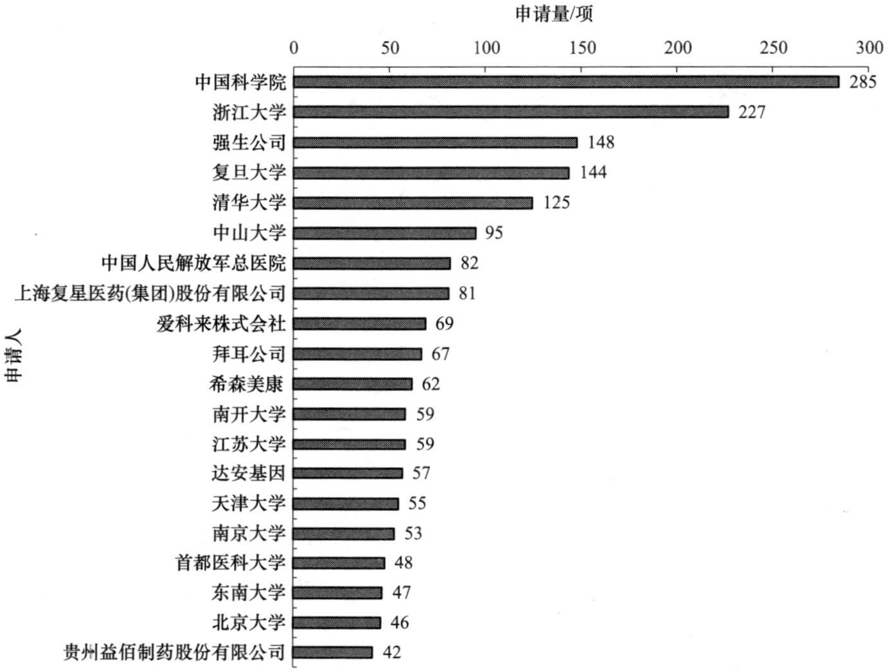

图4－2－5 生化诊断技术领域中国主要申请人的专利申请量排名

上海复星医药（集团）股份有限公司前身为上海复星实业股份有限公司，成立于1994年，以药品研发制造为核心，并在医药流通、诊断产品和医疗器械等领域拥有领先规模和市场地位。1998年8月，被认定为高新技术企业，并在上海证券交易所挂牌上市。但调查其申请专利的法律状态发现，其专利失效率达到67.5%，授权专利只有12项，代表技术有酶法检测直胆红素、酶法检测肌酸激酶、荧光定量PCR试剂盒。

希森美康是一家跨国企业，主要从事临床检验设备及试剂的开发、制造和销售，在血液分析、凝血分析、尿沉渣分析领域处于世界领先地位，是全球著名的体外诊断产品制造商。调查其申请专利的法律状态发现，其有效专利占比达到55.2%，代表技术有尿液分析、血糖分析及白细胞分析。

尽管中国生化诊断市场增速较慢，但存量空间仍然巨大，将生化试剂做精做强，不但可以在中国占据更大存量的市场份额，还可进军国际市场，打开增长空间。其代表企业：① 北京九强生物技术股份有限公司以精品生化试剂为核心竞争力，不但在种类上是中国最齐全的公司之一，而且在先进性上独树一帜，其同型半胱氨酸、胱抑素C和总胆汁酸测定试剂为中国首家上市品种，低密度脂蛋白胆固醇测定试剂更是中国唯一品种，其还展开与国际巨头的合作，如雅培公司、罗氏公司；②科华生物是一家生化试剂试验所，经10余年发展，其业务拓展到免疫诊断、血液学领域，目前诊断试剂产量全国第一；③ 迈瑞生物是国内领先的高科技医疗设备研发制造厂商，同时也是全球医疗设备的创新领导者之一，拥有4万余家医疗机构客户和数千家合作良好的经销商，其血液细胞分析仪在全国市场占有率第一；④ 迈克生物主要产品为自产试剂，配合代理销售日立生化分析仪，采用自产与代理相结合的经营模式，目前该公司生化试剂、免疫试剂及仪器已实现自产。

4.3 聚集诱导发光技术

与传统荧光材料的聚集引起淬火（aggregation - caused quenching，ACQ）发光不同，聚集诱导发光（aggregation - induced emission，AIE）具有生物相容性好、光稳定性强等优点，从而使得其在生物检测等领域有很好的信噪比：荧光材料在溶液中以单分子形式存在时，激发态的电子通过分子内的运动回到基态；当分子处于聚集态时，分子内运动受限，激发态的电子只能通过辐射跃迁的方式回到基态，因而可以观察到荧光增强的现象。在体外诊断中，生物分子（例如蛋白质、核酸、脂肪、糖分子、胰岛素、乳酸）在水溶液中遇上聚集诱导发光材料时，聚集诱导发光材料就会发光。因而，将探测到的生物分子浓度与正常分子深度加以比较，便可用于基于生物传感的诊断。

4.3.1 专利发展历程

荧光技术因其高灵敏度、低背景噪声和宽动态范围，成为体外诊断领域的重要技术。在基于荧光技术的体外诊断中，早期已经有不少材料得到了开发和专利申请，例如，用于基因测序的菲啶衍生物——溴化乙锭（EB）(US4729947、US5346603、US6143151、US6143153)、用于蛋白质定量检测的NanoOrange™荧光染料（US6818642）和尼罗红（US6897297、US6465208)，以及荧光胺（US4203967)、邻苯二甲醛（US6969615、US6607918)、花青染料（US5627027、US5410030、US5436134、US6914250、US6316267）等。然而，这些材料很难同时满足高荧光量子产率、高吸收系数、良好的水溶性、高稳定性等特点。聚集诱导发光材料的开发，很大程度上克服了上述弱点，开启了该领域专利布局的新篇章。

4.3.1.1 早期的专利布局

2001年，香港科技大学的唐本忠课题组在研究中发现了噻咯分子的独特发光现象，并将其命名为“聚集诱导发光（AIE)”。早期聚集诱导发光探针设计的主要思路是，水溶性探针本身不发光，当其与被检测物结合后分子内运动受阻，探针的荧光增强可用于特异性地检测生物标志物。

4.3.1.2 特异性检测专利的布局阶段

尽管在原理上已经有所突破，但是早期的荧光探针特异性不高，因而提升检测的特异性成为发展的重点。这一时期，香港科技大学的唐本忠团队利用双边修饰磺酸盐的四苯基乙烯（BSPOTPE），实现了对人血清蛋白（HSA）的检测：双边修饰磺酸盐的四苯基乙烯水溶性好（因而水溶液中几乎不发光），但会嵌入人血清蛋白的疏水腔，使四苯基乙烯的苯环运动受限而“聚集诱导发光”。因此，对人血清蛋白的检测限可达1nM。

在这一阶段，一系列具有聚集诱导发光性质的荧光探针在体外诊断中得到了应用，例如基于聚集诱导发光性质的核酸检测（CN105928920A）、基于聚集诱导发光性质的材料在微量γ-球蛋白检测中的应用（CN105778894A）、荧光稳定线粒体特异生物探针（CN107922834A）等。

4.3.1.3 细胞学体外诊断专利的布局阶段

除生物分子的检测外，具有聚集诱导发光性质的荧光化合物也在细胞成像中得到了应用（例如CN107200709A）。制备成本低、用量灵活度大、背景噪声低、光稳定性高、追踪效果长等优点，都使得该类材料在细胞学体外诊断中具有优势，因而相应的专利也得到诸多布局。从聚集诱导发光在体外诊断中应用的专利布局历程可以看出（见图4-3-1，见文前彩色插图第3页），布局内容有三个方面：一是前端的荧光物质或共轭多烯物，二是聚集诱导发光物质的制备，三是聚集诱导发光物质在生物传感和细胞成像中应用。

这种跨越，使得细胞成像实现了单光子成像向多光子成像的拓展，在组织穿透能力、生物体保护、信噪比和时空分辨率等方面得到了提升。同时，聚集诱导发光材料的应用，也使得细胞成像得以从单模态成像向多模态成像拓展，从而为更精细的诊断提供了手段。

4.3.2 专利竞争格局

目前，大部分商业化荧光探针的知识产权都掌握在跨国企业手中，生物荧光标记和检测产品供应商因此在市场竞争中获得了极大的优势。开发自主知识产权的聚集诱导发光材料体系，实现其在体外诊断领域的广泛运用，已成为生物荧光探针领域国内外知识产权竞争中的重要突破口。

4.3.2.1 香港科技大学

香港科技大学的唐本忠团队是聚集诱导发光领域的开创者，在该方面的专利布局中总体上处于领先地位。该团队在聚集诱导发光方面的研究，使其成为我国为数不多拥有原创材料体系的科学家之一。其代表性专利如图4-3-2所示。

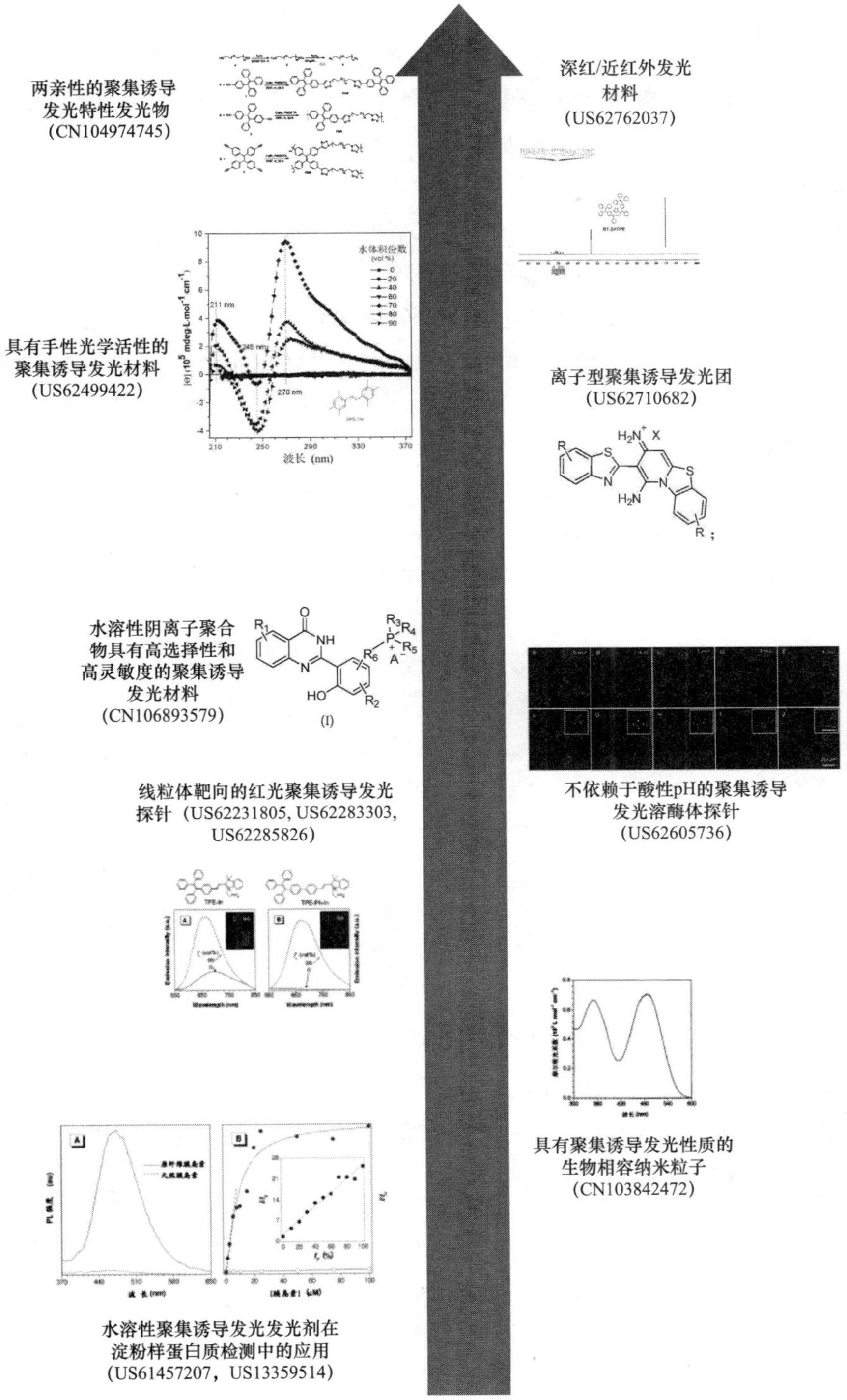

图4－3－2　香港科技大学部分具有代表性的体外诊断用聚集诱导发光技术专利

4.3.2.2　新加坡国立大学

新加坡国立大学的刘斌等人是聚集诱导发光在体外诊断领域的重要发明人（其也

与香港科技大学的唐本忠团队开展部分合作研究），也申请了一系列的专利。例如，识别性的多肽（cRGD）连接在四苯基噻咯（TPS－2cRGD），可实现对肿瘤生物标志物——整合素的特异性检测，检测限可达0.5μg/mL。新加坡国立大学的代表性专利包括用于近红外荧光纳米点聚集诱导发光材料（SG10201606719）、多峰的两亲性共聚物和环状螯合剂纳米粒子荧光团（2，3－双［4－（diphenylamino）phenyl］（tpafn）富马腈、2，3－双（4－（苯基－（4－（1，2，2－（tpetpafn）triphenylvinyl）苯基）氨基）苯基）富马腈、四苯乙烯（tpe））（SG10201602701）、具有聚集诱导发光性质的聚合物和寡聚物在诊疗一体化中的应用（US61984459）、用于谷胱甘肽和碱性磷酸酶等检测的发光剂和化学组合物（靶识别基序、亲水性部分、连接部分和发光剂）（US15114692）、有机荧光化合物在体外生物成像中的应用（US14342074）。

4.3.2.3 其他机构

浙江大学在壳聚糖纳米荧光探针技术上进行了不少专利布局，包括具有聚集诱导发光特性的羧化壳聚糖纳米荧光探针（CN106243244）、聚集诱导发光特性的季铵化壳聚糖/肝素复合纳米荧光探针（CN108559008）、用于DPP－4检测的多肽荧光探针（CN105061557）、具有还原响应性的水溶性壳聚糖基聚集诱导发光荧光探针（CN108117612）、适于血液长循环的壳聚糖基荧光探针及其制备方法（CN106010503）、具有聚集诱导发光特性的季铵化壳聚糖荧光探针（CN106589163）。

东南大学在荧光分子探针上也做了特色的布局，包括多吡啶萘酰亚胺荧光树形分子（CN106831719）、罗丹明－双吡啶甲基氨基萘酰亚胺荧光探针REPN（CN106432258）、噁二唑三苯胺－氟硼二吡咯红光化合物OPA－BODIPY（CN106496260）、咔唑基三苯胺－氟硼二吡咯荧光分子BCPA－BODIPY（CN105669734）、罗丹明－萘二甲酰亚胺荧光分子（CN104592244）、2－吡啶乙烯基萘酰亚胺荧光树形分子（CN104478857）、咔唑基三苯胺－噁二唑荧光分子（CN104560028）、二苯基噁二唑－萘二甲酰亚胺荧光探针（CN104531135）、9，10－二芳基乙烯基蒽聚集诱导发光分子（CN103896825）、具有聚集诱导发光性质的吡啶－三苯胺－蒽共轭分子（CN103524404）等。

此外，中国科学院、华东理工大学、南开大学等研究机构或高校也在该领域布局了若干具有特色的专利。

4.3.3 专利布局方向

从专利发展历程和布局现状来看，聚集诱导发光专利或在以下方向呈现出发展的新空间。

4.3.3.1 诊疗一体化

从专利布局的态势看，聚集诱导发光技术的应用已经从体外诊断向诊疗一体化的方向拓展。这是因为基于聚集诱导发光性质的光敏剂，还可应用于光动力治疗；聚集诱导发光材料具有更多的分子内运动，从而使激发态能量释放，用于光声成像导向的光热治疗；聚集诱导发光材料，还可经由荧光共振能量转移体系，实现药物释放和分布的可视化。

4.3.3.2 检测与成像的一体化

从单一的生物检测到细胞成像的拓展，使得基于聚集诱导发光技术的探针功能得到进一步的拓展，从体外诊断拓展至“诊断+科学研究”的双重应用。与之相对应，生物荧光探针的光谱也从黄光区、红光区扩展至近红外区，而近红外区发光的荧光染料应用在体外诊断中对生物结构的光损伤小，可以有效地减少光散射。

在这方面，相应的专利布局业已开启（例如CN108864056）。由于光学成像可以为细胞特定区域的特征、形态以及特定生物分子的表达和分布等提供大量的空间，因此“诊断+科学研究”双重应用得到了拓展：在诊断方面，探针可用于特殊离子、生物大分子、特殊器官或肿瘤的成像等；在科学研究方面，荧光探针可用于揭示分子、细胞及组织等层面的生命活动的研究（可以实现目标分子的原位、实时监测，与其他成像方法相比，具有无损伤、高特异性和高灵敏度等优势）。

4.3.3.3 精准定量分析

以往，受传统的荧光探针所限，荧光成像技术主要解决“有/无”荧光信号的二元问题，无法提示荧光信号的“强/弱”等高阶信息。然而，在体外诊断中，分析物的剂量是否在合理区间范围的精准量化研究更有意义。

聚集诱导发光技术的应用拓展，使得传统上较难定量检测但具有重要临床意义的分析物得到了更为精准的检测。例如，细胞的新陈代谢及增殖分裂由线粒体供能，线粒体形态变化对于癌症、阿尔茨海默氏病等神经退行性疾病具有重要的临床意义，而具有聚集诱导发光性质、采用正电荷聚集诱导发光的应用，使得特异性检测和量化线粒体的方法（CN105874319A）成为现实。总体上看，开发尺寸形貌精准可控的、荧光强度可精准量化的荧光探针，已经成为重要发展的方向，为对发光体的发光强度进行计量化的检测以及在此基础上的诊疗一体化所需的调控提供了发展空间。

4.4 生化分析仪共性模块技术

随着科技水平的进步，检测试剂和检验仪器的稳定性、一致性也逐步提高，体外诊断仪器不断朝着自动化、智能化、便捷化的方向发展，生化分析仪各个基础模块的设计日益精密，功能日益强大。

4.4.1 专利发展历程

1957年，Technicon推出全球首台生化分析仪Auto Analyze。此后的发展中，生化分析仪的加样、反应、光学检测、信息分析等模块逐步实现了自动化的开发，从而形成了全自动生化分析仪。在此过程中，形成了一批早期的专利。

21世纪以来，随着应用场景的多样化、功能需求的扩大，各类分析模式的可配置部件日益增多，每个部件的自由度（例如某些分析仪的所有部件总自由度可能超过30个，且彼此交互）也越来越高，从而使得分析仪越加复杂。这种复杂化，除了增加制造成本和操作成本外，还增加了操作偏差，因而相关的校准和误差控制专利得到了发展。同时，随着光机电技术的不断发展，共性模块不断朝着高效化、精细化、小型化的方向发展。例如，在高效化方向，多个测试通道的同时运作，使得旋转加样式全自动分析仪的加样模块、试剂模块、反应模块的工作更加协同。在精细化方向，对加样针、试剂针的多个定位精细控制（例如根据移动的距离计算四顶点坐标）等使得模块更加精准。在小型化方向，机座、反应盘旋转座、试剂样本盘、加样系统、冲洗系统和机壳的有机组合，使得生化分析仪（以及很多与免疫分析仪通用的模块）更为精巧。

在这个过程中，一批具有代表性的专利出现了。尽管各专利权人的具体专利有所差别，但是仍然能够针对加样模块、试剂模块、反应模块及其子模块（例如液体处理子模块）作逐级分解，挖掘出其中的技术内涵。例如，专利 CN101071138A 涉及用来分析生物体中所含微量物质等的由试样和试剂构成的微量被测定液的装置。化学分析装置由反应盘 101、恒温槽 114、试样盘 103、试剂盘 105、试样分注机构 107、试剂分注机构 108、清洗机构 111、搅拌机构 109、检测机构 110、清洗机构 119 及控制装置 120 等构成。这些各个构成要素构成为，根据开始分析之前预先由控制装置 12 的控制台 113 设定的信息（分析项目和分析的液体量等），按照由控制装置 12 的控制器 112 制作的程序并以给定的定时顺序自动地动作（见图 4 –4 –1）。

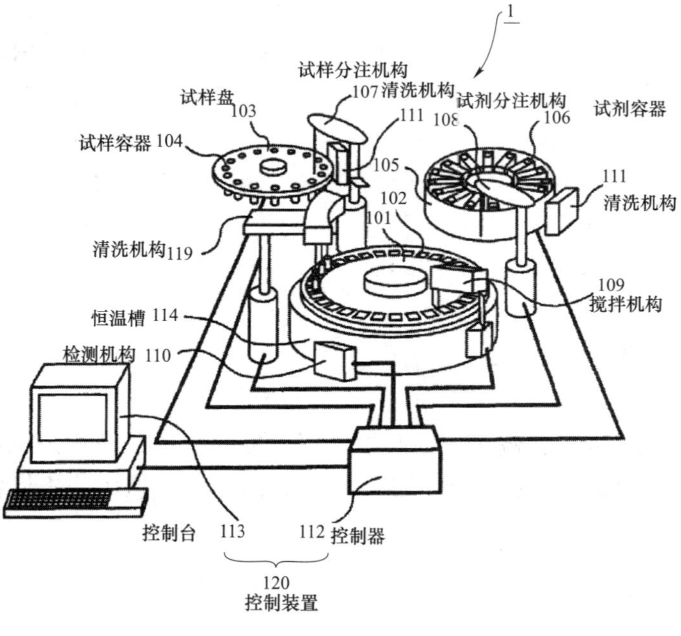

图 4 –4 –1　专利 CN101071138A 中揭示的分析仪典型模块

4.4.1.1　样本模块

样本处理是体外诊断仪器的基本单元，在生化（免疫）分析仪器中，结构上的设计改进可很大程度地提高效率。例如，通过简单的样品架管理单元的装载区段，从架装载边缘与架侧向接合并且通过使架在倾斜装载轨道侧上沿架装载边缘的方向滑动而侧向接合，可以在沿架装载区段中的运输路径的任何位置处加载架或多个架，以及改变一个或多个架的位置或将一个或多个架从任何位置移除，实现紧凑、简单和低成本的目标（CN103226149），具体结构见图4－4－2。

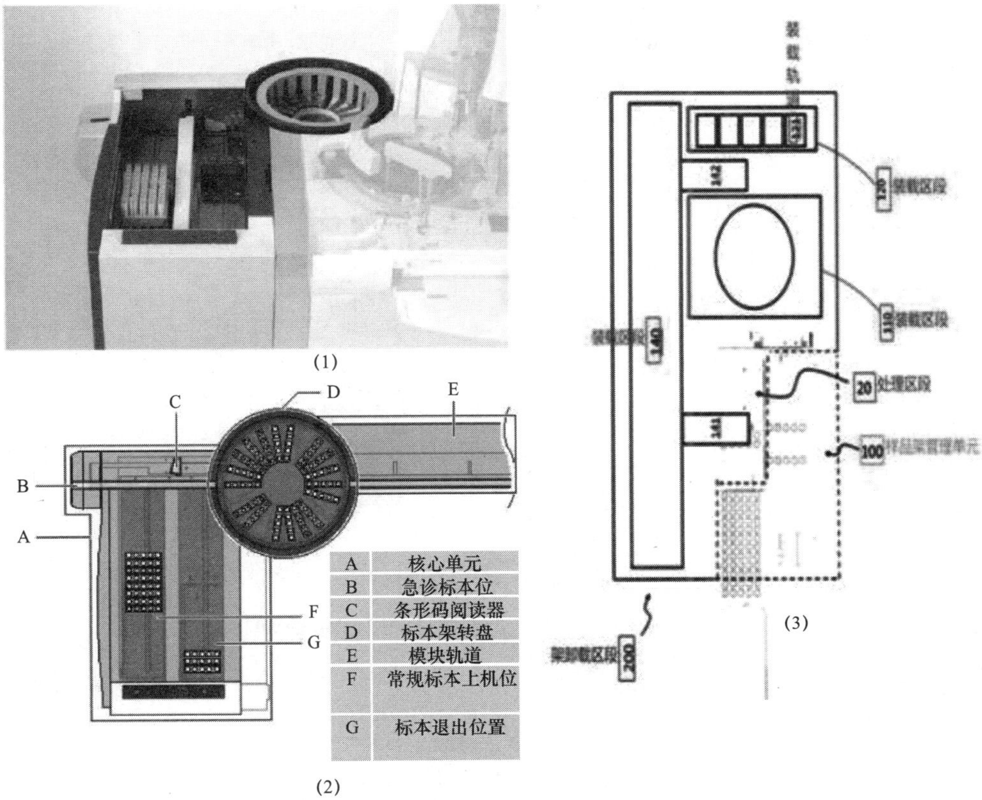

图4－4－2 样本管理的典型设计（罗氏公司产品及CN103226149的样品架管理单元）

4.4.1.2 试剂模块

试剂模块主要用于试剂的添加，尤其是分析期间实现试剂的自动更换。例如，专利JP 4033060即公布了相应的设计。分析仪包括试剂驱动盘（301）和固定盘（303），该试剂驱动盘容纳待被用于分析的试剂并且将该试剂运送到期望位置，该固定盘具有试剂备用位置以及用于搅拌磁粉的磁粉搅拌位置，其中，在试剂备用位置中使包含试剂的试剂容器（110）处于临时备用。试剂备用位置的一部分由装载系统（304）构成。试剂容器移动单元（305）根据分析请求状态将包含试剂的试剂容器（110）在试剂驱动单元（301）和固定盘（303）之间移动。将装载系统（304）设置在固定盘（303）的一部分中，装载系统构造使得在能够更换任何试剂容器（110）的操作期间包含试剂的试剂容器（110）能够被安装在其中，而与试剂驱动盘的操作状态无关，并且该系统还具有冷存储功能（见图4－4－3）；CN102202776B揭示了试剂盘模设计，设备包括至少一个载液容器、圆形盘和马达。载液容器包括至少一个内部挡板，当液体从容器的一端流向其相对端时该内部挡板对流体施加涡流搅动。圆形盘适于绕竖直旋转轴线选择性旋转。该旋转圆形盘组件包括容器接收台，该容器接收台选择性地保持相应载液容器使其相对于水平面处于倾斜或偏斜取向。马达产生离心力，该离心力导致容器内的液体从容器的第一端经由内部挡板行进到容器的第二端，从而搅动液体和试剂的固相部分。当重力超过离心力时，容器内的液体从容器的第二端经由内部挡板行进到容器的第一端，从而再次搅动液体和试剂的固相部分（见图4－4－4）。

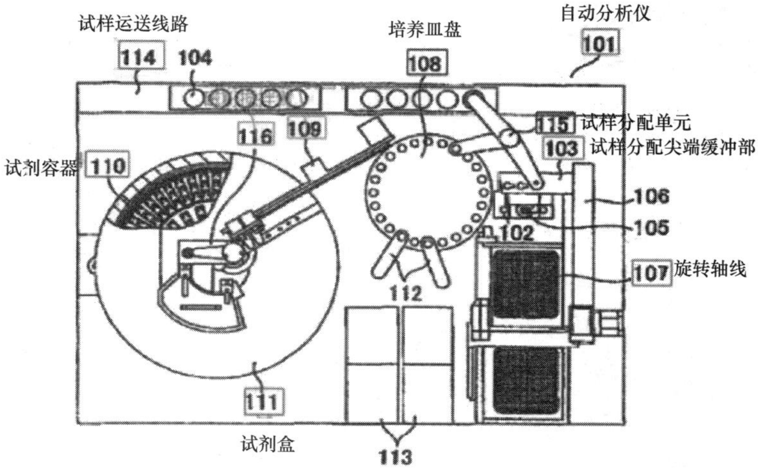

图4－4－3　试剂模块的典型设计（JP4033060）

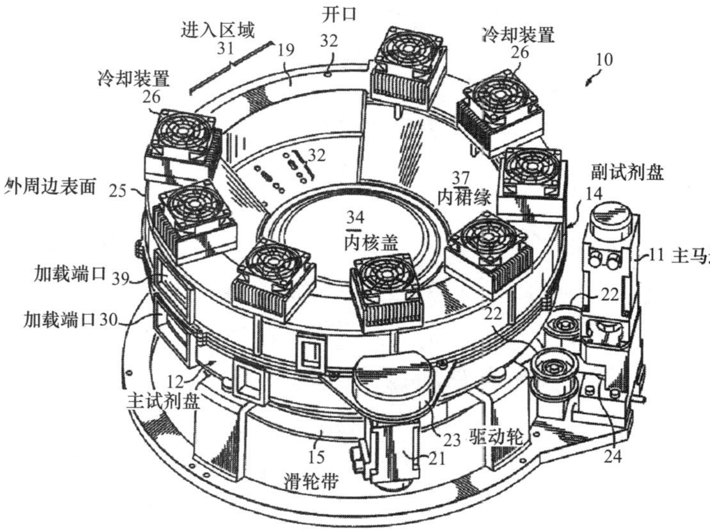

图4－4－4　试剂盘模块典型设计（CN102202776B）

4.4.1.3　反应模块

反应模块，可以通过托盘和输送装置的移动、若干个马达和引导装置、传感器、调整装置等的合理配置，实现更高的效率。例如，专利CN107209196所涉及的反应转盘中，通过合理设计提高了效率。该反应转盘包括分析仪器（100）的试剂转子（102）装载试剂容器（106）的装载装置（104）。装载装置（104）包括：适于接收多个试剂容器（106）的托盘（108），其中，托盘（108）能够在第一平面（112）内至少在装载位置（114）和卸载位置（116）之间移动，在装载位置（114）处，托盘（108）能够用多个试剂容器（106）来装载，在卸载位置（116）处，多个试剂容器（106）能够从托盘（108）卸载，以及用于将多个试剂容器（106）从托盘（108）输送到分析仪器（100）的试剂转子（102）的输送装置（124），其中，托盘（108）形成为使得输送装置（124）能够在第二平面（126）内从托盘（108）的卸载位置（116）线性移动到试剂转子（102）和/或从试剂转子（102）线性移动到托盘（108）的卸载位置（116），其中，第一平面（112）和第二平面（126）彼此不同，其中，托盘（108）形成圆环段（见图4-4-5）。反应模块的相关配套设计如图4-4-6所示。

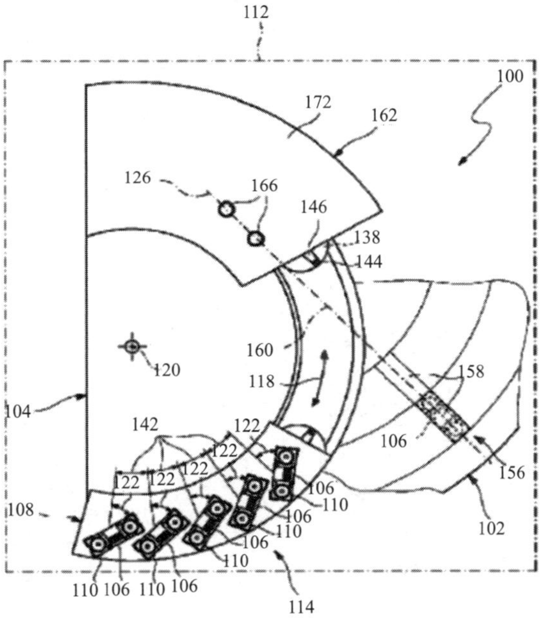

图4-4-5 生化反应模块的典型设计（CN107209196）

4.4.1.4 清洗模块

高效的清洗对于生化（免疫）分析仪的合理设计必不可少，这方面也有不少专利颇具特色。例如，US9164116所公布的清洗元件、清洗站和用于清洗可重复使用流体操纵器的方法，其中清洗站包括用于插入一个或多个流体操纵器的空腔，空腔具有一个或多个洗涤区，每个洗涤区的尺寸被设计成接纳至少一个流体操纵器的至少一部分；每个洗涤区连接到至少一个洗涤元件，该洗涤元件包括至少一个喷嘴和至少一个偏转表面，该喷嘴用于连接到第一流体泵，该第一流体泵用于将洗涤流体泵送通过喷嘴以产生第一流体射流，该偏转表面被定位成使第一流体射流在第一流体泵中偏转。为了产生第二流体射流，偏转器表面被成形为使得第二流体射流比第一流体射流更宽，以便清洗位于清洗区域中的至少一个流体操纵器的外表面（见图4-4-7），极大地提高了清洗效率。

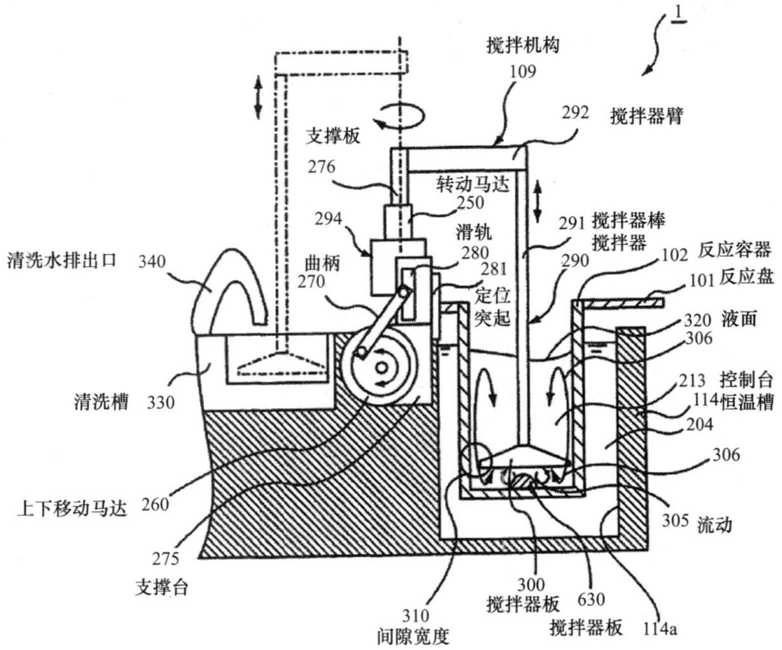

图 4-4-6　专利中揭示的反应模块相关配套设计

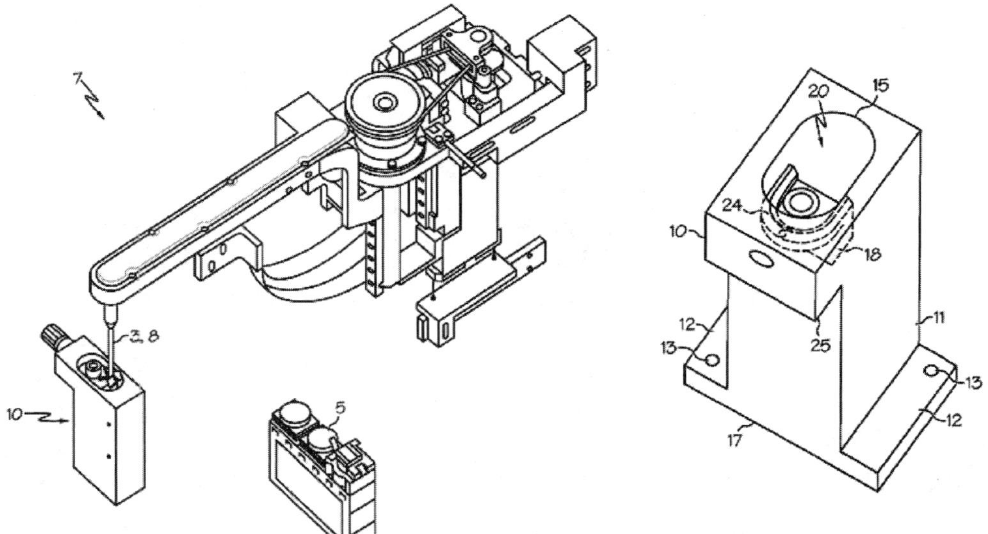

(1)　　　　(2)

图 4-4-7　清洗模块的典型设计（US9164116）

4.4.1.5　其他设计

针对生化（免疫）分析仪及其他体外诊断技术的共性技术，在子模块及细节的技术上已经形成了很多技术细节的改进。例如，采样装置（US20050214171）的毛细管活性通道被构造成用于将样本从采样位点运输到确定位点，载体和盖板之间的中间层在采样位点的区域中沿确定位点的方向朝后面移位，装置允许在采样位点的区域中从上方将样本施加到载体的暴露区域上，也允许从侧面施加样本。

再如，反应模块的主动运输元件（WO2013096804、US20120178179）可通过入口端口、导管（内置侧流测试条）、位移装置（例如气动泵）的合理设计，高效地执行光学和电化学测定。如若在测试元件的两个扩展区段和这些扩展区段间设置窄区段的气流通道（EP2145682），那么气流通道的气流产生的部分真空作用在分析功能通道。

同样，针对样本、试剂和分析仪的整体协同的技术也可提升效率。例如，迈瑞的专利（CN110398591A）中将多个分析仪器级联起来，对所有样本统一调度和管理，调度分为多个卸载缓存区、进给装置，从而完成高效的样本调度。由此，分析仪接收到放置平台调度过来的样本架时，暂存（等待仪器空闲）时间得到了控制，提升了检测效率。

4.4.2　专利竞争格局

罗氏公司、西门子公司、雅培公司、奥林巴斯、拜耳公司等专利权人在全球的生化诊断技术领域专利布局中具有优势，而这些企业也是生化分析仪市场占有率较高的厂商。

4.4.2.1　罗氏公司

罗氏公司在生化分析仪、生化免疫分析仪等方面是全球领先的厂商之一，旗下Cobas系列全自动生化分析仪是罗氏公司近年研发的融合了模块式分析、无接触超声混匀凝块探测、封膜穿刺试剂盒、多试剂添加、智能化清洗、血清指数、远程联网参数自动下载、在线质控等多项先进技术的具有溯源性的生化检测系统。在专利布局上，罗氏公司对其原有专利做了不少的改进，例如，在提升稳定性方面的不少设计颇具启示意义。

在硬件设计上检测误差规避方面，此前的设计中，当测试条待评价的快速诊断装置内推入时，盖或盖片关闭装置壳体疏忽或打开，可导致错误的测量值（因为温度变化、环境光的扰动等）。罗氏公司的快速全凝血检测仪开口设计，可规避这种检测误差（US7767144，见图4－4－8）。

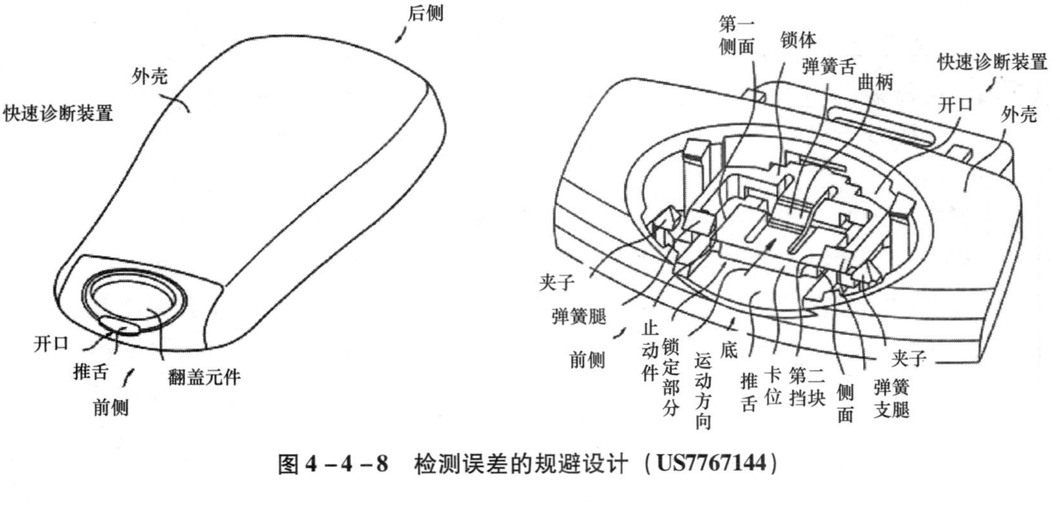

图4－4－8　检测误差的规避设计（US7767144）

在技术步骤上的校正方面，US7429865提供了一种用于错误检查具有至少两个电极的电化学传感器的方法，包括：将液体测量介质施加到电极上；在第一周期内向传感器的第一组电极施加交流电压，并测量用于确定第一导纳的电导率；在第一时段之后等待等待时间；在等待时间之后，将交流电压施加到传感器的第二组电极达第二时段，并测量用于确定第二导纳的电导率；使用第一导纳和第二导纳确定值；以及如果值超出容限，则提供错误消息（见图4－4－9）。罗氏公司通过可靠地检测出次品电极或测量电化学传感器系统，避免测量错误或标记测量错误。

在元器件的稳定性方面（US6881378），针对采样元件的稳定性，罗氏公司的载体优选由不透明的或透明的塑料薄片，优选不含溶剂的、物理固化的黏合剂，黏合剂中加炭黑也用于生产压敏性黏合剂，黏合剂中吸附剂的存在能明显地提高所研究的分析装置的稳定性（见图4－4－10）。针对光学元件的稳定性，通过针孔光圈将物体光学成像到检测装置上，基本补偿针孔光圈产生的成像缺陷（通过在检测装置上形成的物体图像亮度的系统固有周缘衰减）（见图4－4－11）。

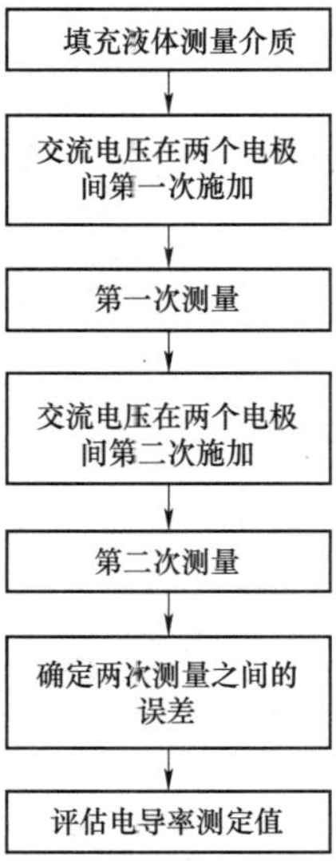

图4－4－9　技术步骤上的校正设计（US7429865）

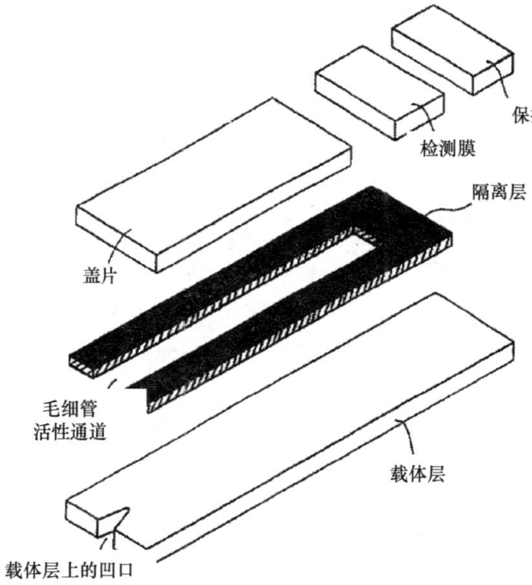

图4－4－10　采样元件的设计（US6881378）

在样本处理上（EP1347833），样品容器具有多个段落，包括一个保存试剂的段落和一个保存样品的段落，对样品进行处理后将试剂导入样品容器的一个试剂段中。由此，临床医师能够容易地采集试验样品以分析试验结果，并将人为干预减至最小，从而避免了试剂、消纳、运转、维护、保养、培训等方面的高昂费用（见图4－4－12）。

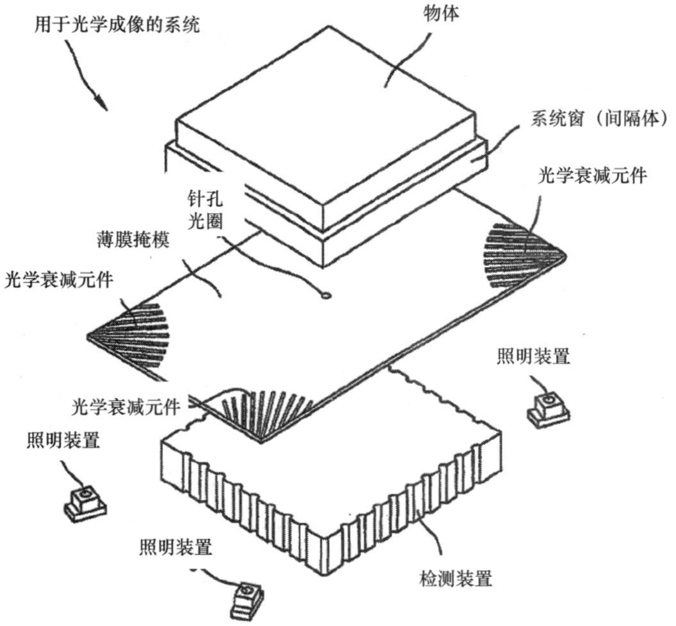

图4-4-11 光学元件的设计（US6881378）

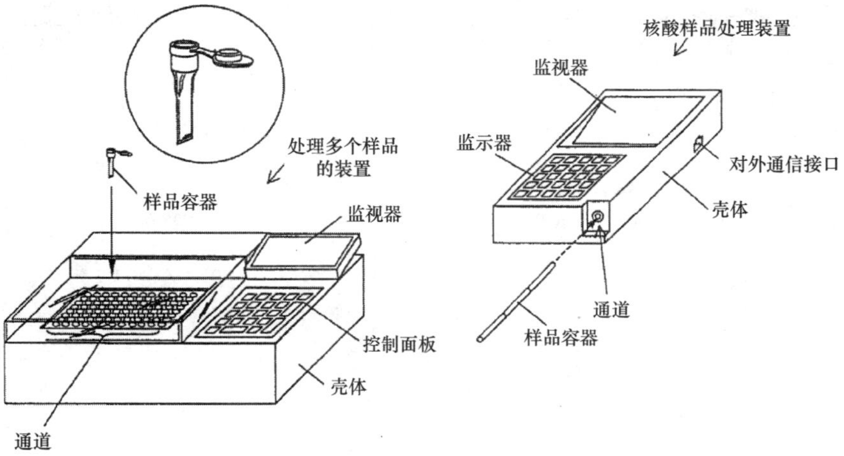

图4-4-12 样本处理的设计（EP1347833）

4.4.2.2 西门子公司

西门子公司的生化分析仪具有精密度高、正确度好、线性好、低携带污染率等特点，支持这些性能的背后则是一系列的专利布局。以西门子公司的部分专利为例，图4-4-13显示出了代表性的生化（免疫）分析仪的共性模块专利组成。

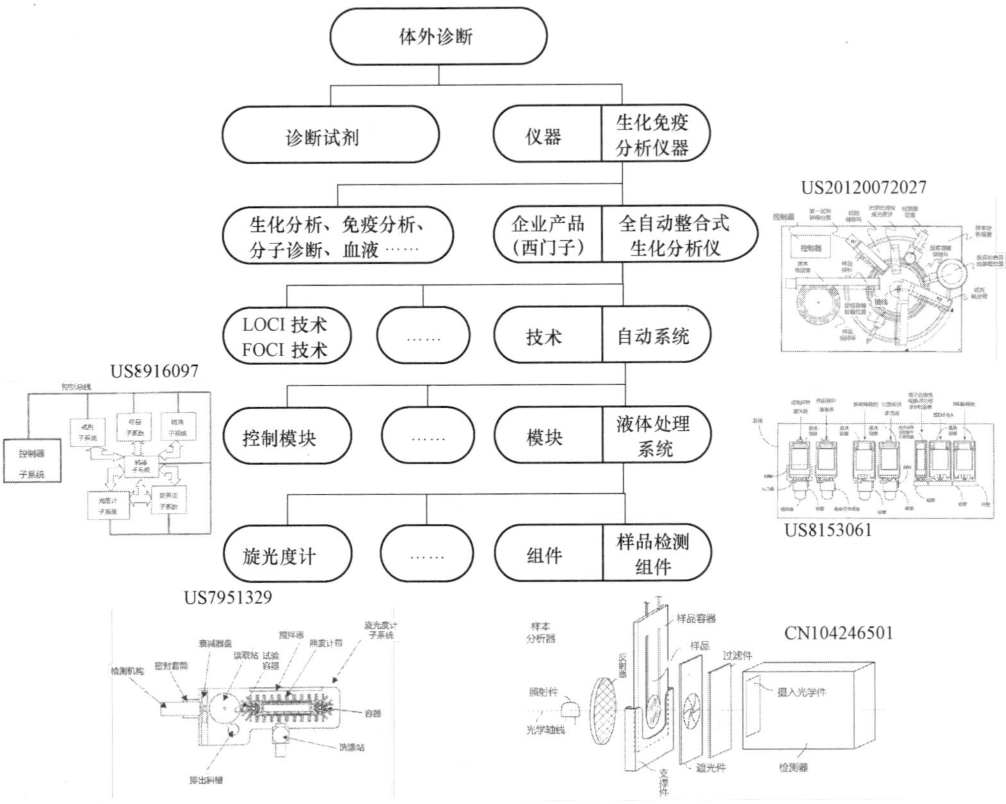

图4-4-13　代表性生化（免疫）分析仪的共性模块专利组成（以西门子公司的部分专利为例）

4.4.2.3　其他企业

雅培公司、贝克曼库尔特、希森美康等跨国企业，以及国内的迈瑞生物、科华生物、上海透景生命科技股份有限公司、凯和生物科技（上海）有限公司（以下简称“凯和生物”）、嘉兴凯实生物技术有限公司（以下简称“嘉兴凯实”）等企业，也布局了一定数量的相关专利。其中，上海透景生命科技股份有限公司与第三方合作开发Qihand全自动进样仪，与凯和生物、嘉兴凯实合作研发 TESMI 全自动加样系统，并与 Luminex 仪器组合使用构成全自动流式荧光仪整机以实现加样及检测的全自动化。

4.4.3　专利布局方向

从专利发展历程和布局现状来看，生化分析共性模块专利或在以下方向呈现出发展的新空间。

4.4.3.1　精密的旋转式机械结构

通常，生化分析仪有直线式和旋转式两种机械结构。直线式的定位效率和精度较高，但结构复杂、运维量大，因而旋转式生化分析仪的开发受到关注。然而，旋转式生化分析仪的开发需要提高其定位精度、系统效率和易用性，并且在机械电气结构方面进一步简化，以同时实现精密化、小型化、模块化的目标。

这种结构的优化，首先表现在加样反应系统方面的优化。通常，加样清洗系统包括样本模块、试剂模块和反应模块，其中样本模块包括样本针、样本盘、样本搅拌组件、样本管路与泵阀，试剂模块包括试剂针、试剂盘、试剂搅拌组件、试剂管路与泵阀，反应模块包括反应盘、自动清洗组件、清洗管路与泵阀。每个模块的部件和组件均可优化：以试剂针为例，通常试剂针需要执行四个位置的旋转定位（初始定位、试剂吸样的定位、反应盘加样的定位、清洗定位），实现水平方向的旋转、垂直方向的上下运动，而旋转（随旋转臂旋转）和运动（随升降臂升降）均由电机带动实现。这些模块的优化，均可通过组合来实现。

4.4.3.2 定制化的调度和控制方案

加样和试剂模块等在多个位置的定位（例如试剂针的初始定位、试剂吸样的定位、反应盘加样的定位、清洗定位）、两种运动（旋转臂和升降臂）的组合，可以通过电机的优化控制、行程的定位补偿、速度的开环控制等策略实施优化。在专利的布局中，调度和控制方案仍有改进空间，可由此提高加样系统定位精度和效率。其中，基础信息的采集则可通过光电传感器的补充来优化液面探测（liquid level detection，LLD）单元的应用实现。例如，液面探测模块可以在排除试剂表面气泡的虚假液位的同时，消除吸取时空气混入造成的误差，因而需要精准探测液面。

以加样过程中的移液步骤为例，自动移液装置通常包括移液器喷嘴，可包括可重复使用的针或消耗性吸头。对于封闭的液体容器，对容纳在其中的液体进行移液变得更加复杂。尤其是如果使用消耗性吸头而不是针，需要至少临时移除盖子以便移液器喷嘴能够接近容纳在其中的液体。因而，仅仅是打开和封闭液体容器的过程，就可能十分复杂，这就需要精准的定位作为支撑（如果移液器喷嘴的定位不精确，无法维持距容器底部的安全距离以便防止移液器喷嘴与液体容器底部碰撞，该碰撞可能导致不正确的移液、移液器喷嘴和/或液体容器等的损坏）。

4.4.3.3 模块的多功能化和全自动化

针对多种部件的自由度，光学分析的模块化架构可以简化对准和配置的复杂化，从而降低系统操作的时间和费用。光学模块与生化、免疫、血细胞、电解质项目等模块的有机组合，或使得标本在流水线上自动完成特定或所有项目检测。样本处理、传送、分析、数据处理的全自动化操作，可以大大减少手工操作的错误，同时提高检测效率，避免感染风险（全自动流水线全程自动实现样本前期处理、传输、检测，避免了操作人员接触标本的感染风险）。这些模块至少包括以下几部分：①反应转盘模块，将盛有患者样品的管或小瓶之类的流体容器加载到其上的自动化临床化学分析仪上实现检测。通常，反应转盘的反应环布置成多个段，其中每个段包含多个反应器皿或比色皿，以均匀间距取得光度计读数以计算每个比色皿中的吸光度测量；比色皿段的设计控制或制造问题造成这些器皿在段内和段之间不均匀或不规则地间隔开，使得到准确的光度计测量具有挑战性。②运送导轨，自动化轨道系统被设计成将样品从一个完全独立的模块运送到另一个独立模块，允许在两个不同的站中执行不同类型的测试或者将两个冗余站链接，从而增加可用的样品吞吐量；由于患者样品的性质，自动化轨道被限制到短距离；经由磁轨道系统的移动系统包括永久磁体以及复杂电磁体，需要特定操作以促进绕轨道移动运载工具（vehicle）移动。③光度计等组成部件，例如光度计包括贡献给其灵敏度的多个部件（包括光度计的源灯），源灯具有缓慢变化或“漂移”的趋势（漂移可在模块产生的测试结果的准确度和精度方面引起误差），需要定期地进行参考测量，并相应地重新校准仪器，以减少漂移的影响。因而，需要通过更完整的功能，来完成定位/对准问题。④试剂混合模块，试剂可人工地彼此混合以产生试剂混合物，且试剂混合物接着人工地与样品模板混合且装载至群集台中以待流过流动池；试剂的人工转移及混合使用引入试剂因素中的变化性，试剂与样品模板的混合不足会导致效能降低。

第5章　免疫诊断技术专利分析

免疫诊断（immunodiagnosis）是基于抗原、抗体间的特异性免疫反应来检测各种疾病的方法，根据其标记信号的不同，衍生出了各种不同的免疫诊断方法，主要涵盖病毒和血源检查、肝炎检测、性病监测（HIV等）、肿瘤检测等领域。从其发展历程看，免疫诊断共经历了放射免疫分析技术、酶联免疫分析技术、免疫胶体金技术、时间分辨荧光免疫分析技术和化学发光免疫分析技术等发展阶段。其中，酶联免疫和化学发光是目前较为主流的技术，国外主流市场以化学发光为主，国内医院中化学发光和酶联免疫并存。而化学发光技术由于其高灵敏度、定量检测、不受干扰等优势，呈现出逐步取代酶联免疫分析的趋势，目前国内免疫诊断领域中化学发光技术所占的市场份额已超过50%。

化学发光免疫分析技术（chemiluminescence immunoassay，CLIA），是利用化学反应释放的自由能激发中间体，使其从激发态回到基态，当中间体从激发态回到基态时释放等能级的光子，再对光子进行测定的定量分析技术。化学发光免疫分析技术是将具有高灵敏度的化学发光测定技术与高特异性的免疫反应相结合，用于各种抗原、半抗原、抗体、激素、酶、脂肪酸、维生素和药物等的检测分析技术。该技术主要分为免疫反应和化学发光系统两个方面，免疫反应主要指抗原和抗体结合；而为了能让这种结合定量地被检测出来，从而引入了化学发光系统：将化学发光物质标记在抗原（抗体）上，或用酶作用于化学发光底物。在催化和氧化作用下，化学发光物质被激发，从基态达到激发态，而该种状态并不稳定，发光物质会重新回到基态，同时释放光子。由于光信号的强弱与待测物浓度在一定范围内呈线性关系，因此在光学检测系统的帮助下，可以对光信号进行定量检测，从而确定待测物含量。

根据免疫标记物不同，化学发光分析大致分为直接化学发光免疫分析、化学发光酶免疫分析和电化学发光免疫分析。直接化学发光免疫分析是用化学发光剂直接标记抗体或抗原的一类免疫测定方法，目前常见的标记物主要为鲁米诺类和吖啶酯类化学发光剂；化学发光酶免疫分析属酶免疫分析，只是酶反应的底物是发光剂，操作步骤与酶免疫分析完全相同，目前常用的标记酶为辣根过氧化物酶（HRP）和碱性磷酸酶（ALP），它们有各自的发光底物；电化学发光免疫分析是指由电化学反应引起的化学发光过程，具有标记分子小、发光时间长、灵敏度高、光信号线性好、可重复测量、可实现全自动化等优点，目前已广泛应用于抗原、半抗原及抗体的免疫检测。这三种方法各有特点，均为目前主流的化学发光方法。

按抗原或抗体包被方法的不同，化学发光分为微孔板式和微粒式，微粒式又分为磁微粒式和非磁微粒式。微孔板式技术利用被动吸附作用结合，在不透明微孔板表面的抗原或抗体与待检测抗原或抗体形成夹心或者竞争复合物；而微粒式（磁微粒或非磁微粒）技术利用共价连接作用结合，在微粒表面的抗原或抗体与待检测抗原或抗体形成夹心或者竞争复合物，在反应管或反应杯中发生反应，所以该技术又被称为管式发光技术。由于磁微粒具有较大的比表面积，能够对抗原或抗体进行更充分的包被，提高检测灵敏度；在外加磁场作用下，可以全自动化清洗未结合的物质，从而大幅提高检测效率，因此磁微粒式化学发光技术属于国际先进的免疫诊断技术，也成为中国化学发光厂商研发的重点方向。

5.1 全球专利分析

5.1.1 发展态势

免疫诊断是我国细分规模最大的体外诊断子行业，并且目前仍处于快速发展之中，高端的化学发光免疫已逐步替代酶联免疫成为我国主流的免疫诊断方法，侧重于已经感染的疾病监测，市场规模达到免疫诊断总市场的70%以上。图5－1－1所示的是免疫诊断近20年全球专利申请量和公开量趋势。1999～2001年申请量呈现出比较快速的增长态势；2002～2016年的十几年间免疫诊断的申请量处于一个缓慢下降的趋势，但总体数量基本维持在每年10000项以上；2016年之后，该领域的专利申请量开始逐渐下滑，而公开量趋势基本与申请量相同，但在2016年以后则出现了又一次的快速增长，这一方面与专利公开的滞后性有关，另一方面也说明免疫诊断技术又迎来了新一轮的技术发展爆发期。

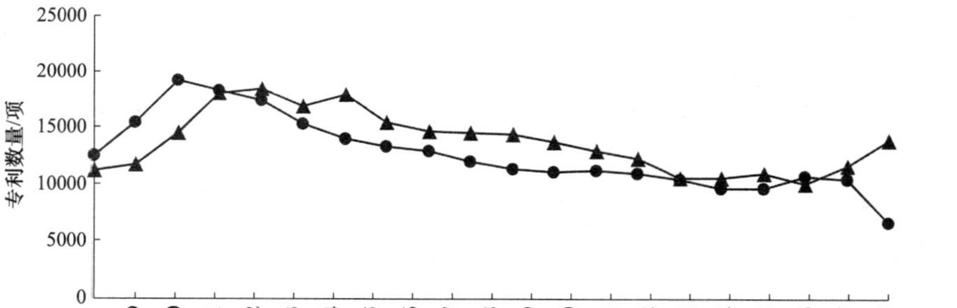

图5－1－1　免疫诊断技术领域全球专利申请和公开数量趋势

上述状况与免疫诊断技术的发展过程基本吻合，免疫诊断技术领域共经历了放射免疫分析技术、免疫胶体金技术、酶联免疫分析技术、时间分辨荧光免疫分析技术和化学发光免疫分析技术阶段，目前化学发光免疫技术应用较广，成为免疫诊断技术的主流。在这个发展过程中每种免疫诊断技术的发展都会带来新的诊断试剂的发展，但是诊断器械则只需要进行很小的改动，这就造成了专利申请量整体上呈现出相对平稳的发展态势。

5.1.2　主要申请人分析

在对全球主要申请人申请量进行检索的过程中，课题组采用标准申请人来确定主要申请人，主要是因为各大药企除了在各国申请的专利的申请人存在差异，公司之间也有很多并购和重组，用标准申请人申请数量进行检索可以确定最终该申请人的总体申请量。

5.1.2.1　申请人排名

免疫诊断市场是当下推动体外诊断行业发展的主要动力，也被称为“黄金细分”。目前高端免疫领域已经基本实现了化学发光免疫技术对酶联免疫技术的替代，70% 的免疫市场已经采用化学发光免疫技术，化学发光免疫技术以每年约 25% 的复合增长率增长，而化学发光免疫市场基本被罗氏公司、雅培公司、强生公司等外国企业垄断，国内企业仅占据 10% 左右的市场份额。图 5 – 1 – 2 显示了免疫诊断技术领域主要申请人排名。从图中可以看出，排名前 20 位的申请人以美国企业为主，未见我国申请人，此外，还有美国的大学和研究机构。其中，罗氏公司在免疫诊断领域以绝对优势排名第一位，专利申请量达到了 9104 项，超过了其后三位申请人的申请量总和，这也与罗氏公司作为体外诊断领导者在免疫诊断领域处于全球领先地位相一致，尤其是罗氏公司在肿瘤标志物诊断领域具有绝对优势；位列第二、第三位的分别为加州大学和诺华公司，申请量分别为 3432 项和 3027 项；此外，以强生公司、辉瑞公司、赛诺菲公司等为代表的美国企业在免疫诊断领域也均有超过 2000 项的专利申请；排名前 20 位的企业申请量均超过了 1000 项。

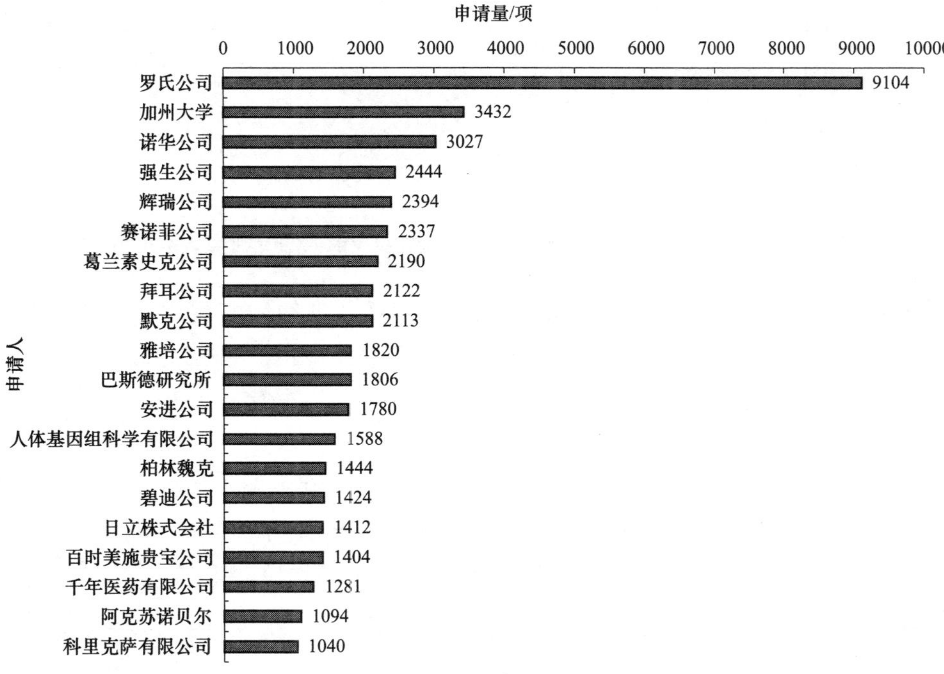

图 5 – 1 – 2　免疫诊断技术领域全球主要申请人的专利申请量排名

5.1.2.2 细分领域全球主要申请人分析

化学发光免疫诊断技术以化学发光剂、催化发光酶等物质标记抗原或抗体，当被标记的抗原或抗体与相应抗体、抗原相结合后，发光底物受发光剂、催化酶等物质作用，发生氧化还原反应。图5－1－3显示了免疫化学试验物质制备领域主要申请人的排名情况，排名前十位的公司主要是美国企业，其中罗氏公司以1326项专利申请遥遥领先。雅培公司和柏林魏克分别以544项和440项专利的申请量位列第二、第三位。排名前十位的企业申请量均超过了200项。

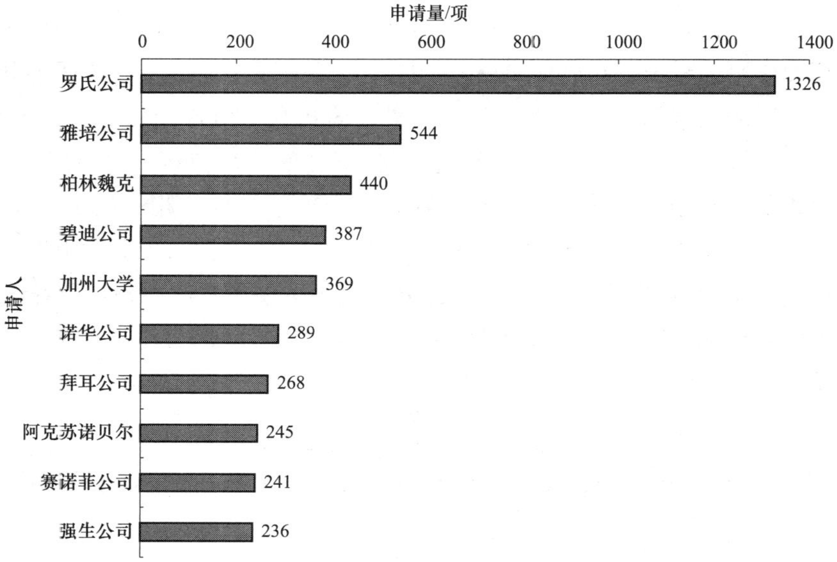

图5－1－3　免疫化学试验物质制备领域主要申请人的专利申请量排名

图5－1－4是带有在液相中形成的抗原抗体复合物领域主要申请人的申请量排名情况，排名前十位的申请人主要是美国企业，其中罗氏公司以516项专利申请遥遥领先。雅培公司和加州大学分别以486项和245项专利的申请量位列第二、第三位。

图5－1－5是用不溶解的载体固定免疫化学物品领域主要申请人的申请量排名情况，排名前十位的申请人主要是美国企业，其中罗氏公司以2732项专利申请位列第一位。碧迪公司和雅培公司则分别以1162项和1072项申请量位列第二、第三位。排名前四位的公司专利申请量均超过1000项。

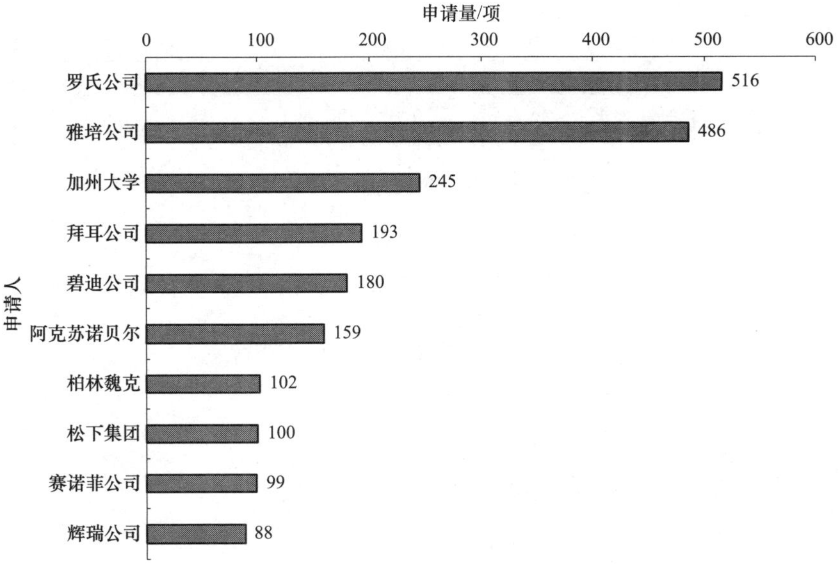

图5-1-4 带有在液相中形成的抗原抗体复合物领域主要申请人的专利申请量排名

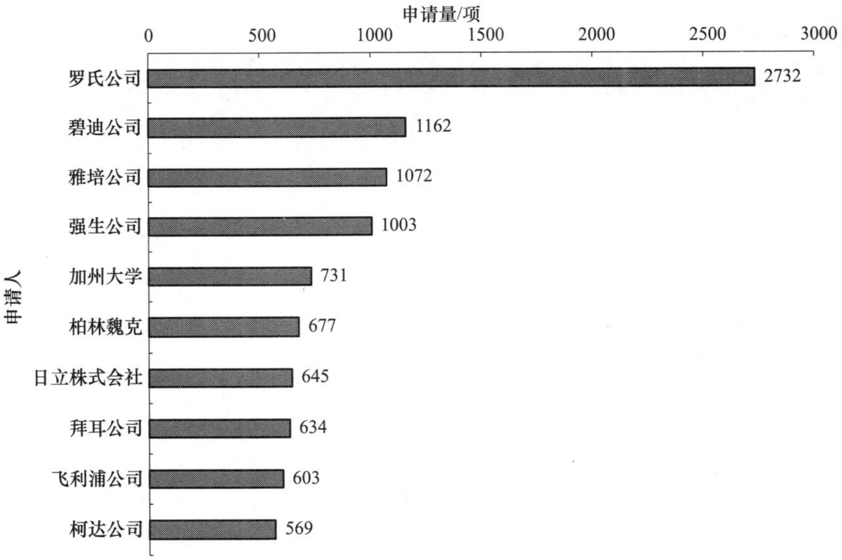

图5-1-5 用不溶解的载体固定免疫化学物品领域主要申请人的专利申请量排名

图5-1-6是利用抗原或抗体扩散或迁移进行免疫测定领域主要申请人的申请量排名情况，排名前十位的公司主要是美国企业，各家公司总体申请量均不大，基本集中在100项左右，其中强生公司以288项专利申请量位列第一，罗氏公司以203项专利位列第二，排名第三至第七位的公司申请量主要集中在100～150项，其余企业的专利申请量则均不足100项。

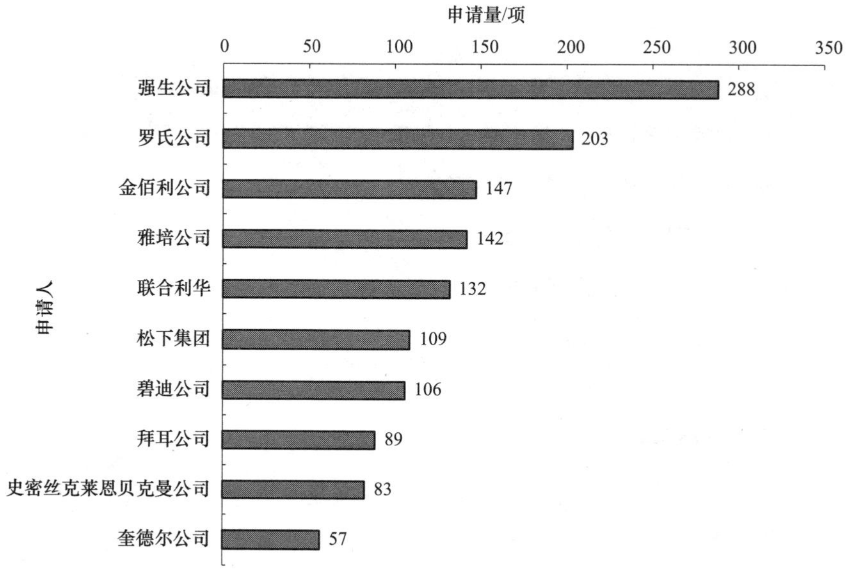

图5-1-6　利用抗原或抗体扩散或迁移进行免疫测定领域主要申请人的专利申请量排名

5.1.3　国家或地区分布分析

5.1.3.1　技术原创区域分布

从图5-1-7中可知，主要的技术原创国家/地区为：美国、日本、欧洲专利局和英国，专利申请占到免疫诊断全球申请总数的4/5以上，说明这四个国家/地区具有全球该领域的主要技术力量。

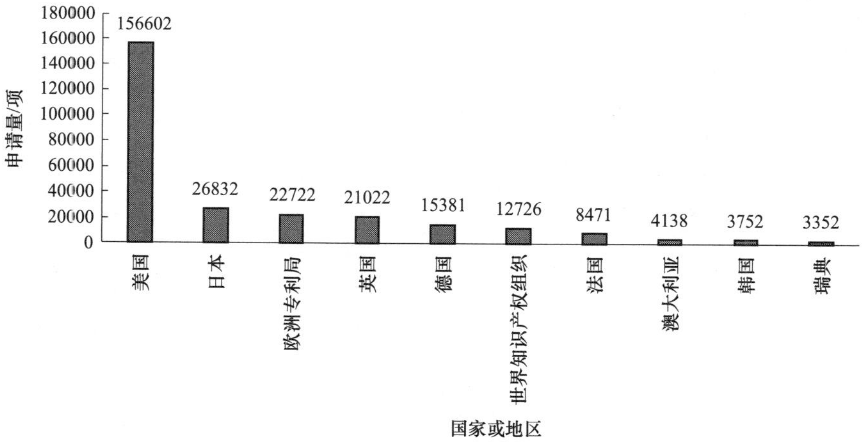

图5-1-7　免疫诊断技术领域全球专利申请量主要技术原创区域分布

具体来看，美国作为全球经济最发达的国家，在体外诊断方面技术领先，拥有很多技术实力很强的企业，在免疫诊断器械以及试剂领域都具有绝对的技术优势，其原创专利申请量几乎占到全球总量的3/5，其霸主地位可想而知。

日本作为技术发达国家，其生物医药医疗诊断行业科技力量强、技术领先，拥有以各类影像诊断设备、内窥镜、监护仪、生化分析仪、高分子产品（如透析器、齿科设备和材料）等为代表的设备。

此外，欧洲专利局、英国和德国也以大量的原创技术位列第三至第五位。在数量上，虽然这些国家或地区与美国还有很大的差距，但从全球发展来看，其在该技术领域仍具有一定实力。

5.1.3.2　申请技术目标区域分布

发达国家收入及医疗保障水平均高于发展中国家，是全球主要的体外诊断应用市场，其中美国、西欧和日本为全球前三大体外诊断应用市场。图5－1－8显示了免疫诊断技术全球目标市场国家/地区分布情况。日本是免疫诊断技术最大的市场，占据了很大份额，美国则位列第二。中国和加拿大的申请总量较为接近。中国作为目标国家排名虽然很靠前，但是我国的专利布局情况与日本和美国相比还存在一定差距。日本作为传统市场，各国比较重视在日本的专利布局。美国作为全球最主要的技术原创国，其十分注重在其他主要国家和地区的专利布局，以美国为技术原创国的专利在其他国家和地区都有大量的专利申请。

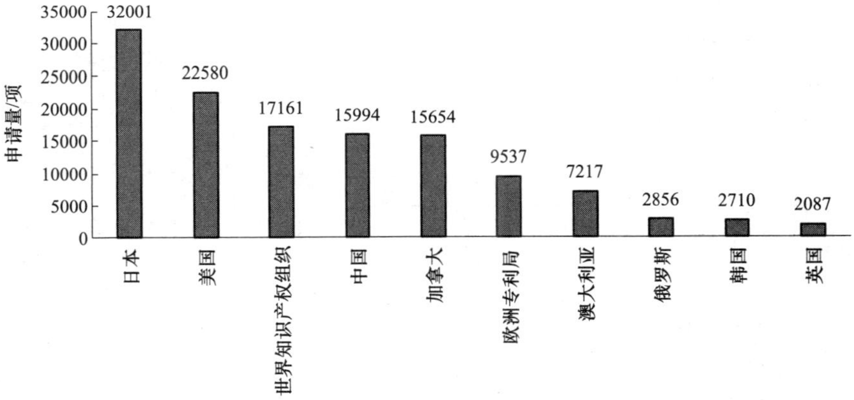

图5－1－8　免疫诊断技术领域全球专利申请量主要技术目标区域分布

5.1.4　全球重要公开专利

表5－1－1列出了免疫诊断领域重要公开专利。

表5－1－1　免疫诊断领域全球重要公开专利

公开号	申请人	申请日	被引用数/次	同族专利数/项	技术方向
US5013556A	脂质体技术公司	1989－10－20	2492	95	增强循环时间的脂质体
US4676980A	美国卫生和人力服务部	1985－09－23	1968	1	靶向特异性交联异源抗体

续表

公开号	申请人	申请日	被引用数/次	同族专利数/项	技术方向
EP239400A2	WINTER GREGORY PAUL	1987-03-26	3185	19	重组抗体及其生产方法
US5990479A	加州大学	1997-11-25	1256	1	生物用有机发光半导体纳米探针及其制备和使用方法
EP125023A1	健泰科生物技术公司，希望之城国家医疗中心	1984-04-06	8861	44	重组免疫球蛋白制剂及其制备方法、DNA序列、表达载体及其重组宿主细胞
WO9835225A1	海勒公司，HELLER ADAM，FELDMAN BENJAMIN J，SAY JAMES，VREEKE MARK S，TOMASCO MICHAEL F	1998-02-06	432	29	小体积体外分析物传感器
WO9945375A1	海勒公司	1999-02-22	1628	9	电化学生物传感器的制备工艺
AU5698186A	SUMMERTON JAMES	1986-03-14	2323	113	多核苷酸检测试剂和方法
AU3136493A	毫微光电子影像股份有限公司	1992-11-06	272	446	多核苷酸与发色团和荧光团杂交产生的供体-供体能量转移系统
IT8123231D0	海布里特克有限公司	1981-07-29	2489	26	单克隆抗体的免疫测定及抑制作用

5.2 中国专利申请分析

5.2.1 发展趋势分析

虽然免疫诊断中低端试剂和仪器国产化程度较高，但三级医院等高端市场整体依然被海外巨头垄断，未来高端免疫诊断市场的进口替代是发展方向。

此外，目前我国化学发光产品以进口为主，检测成本较高。由于化学发光技术研发难度较大，并且对于检测仪器的要求很高，一直以来都被罗氏公司、雅培公司等海外巨头垄断。海外巨头的优势主要在于其掌握了最先进的化学发光技术，同时拥有较为丰富的检验菜单，并在各自特定的领域具备显著的领先优势，如罗氏公司的肿瘤标志物检测、雅培公司的传染病检测、丹纳赫公司的激素检测等。

图5－2－1显示了免疫诊断领域中国专利申请量和公开量趋势。由该图可以看出，中国在该领域的申请量呈现出逐年上升的态势。尤其从2007年开始，申请量有比较大的发展，这说明中国在免疫诊断行业从这一年开始变得更强大。自2011年开始，每年的增长都非常明显，尤其是2016年这一年，专利申请量从2015年的1850项上升到2814项，我国在这个领域的专利申请量达到每年2000项以上。虽然近两年申请量有所下降，但是公开量仍然保持着强势的上升态势。这跟我国近年来对免疫诊断的重视程度逐年增加有关，而且国外企业也越来越重视中国市场，大家在这个领域的创新意识都逐渐增强。很多该领域的创新企业如雨后春笋般出现，技术得到不断发展。

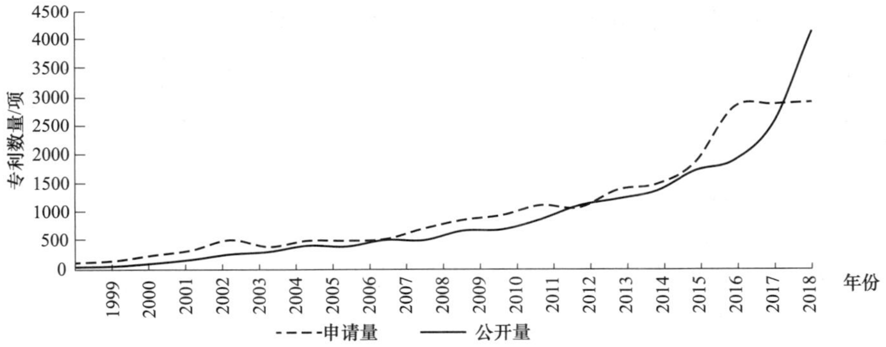

图5－2－1　免疫诊断技术领域中国专利申请和公开数量趋势

5.2.2　区域分布分析

5.2.2.1　国内申请量主要省份分布

图5－2－2显示了免疫诊断技术领域中国专利申请量主要省份分布情况。北京、江苏、广东、上海和浙江五省市是国内在免疫诊断领域专利申请量最多的区域。这说明该领域的发展还是主要集中在东南沿海，这跟我国各省（自治区、直辖市）的经济情况基本一致。从年申请量变化趋势来看，国内排名前五位的省份发展趋势相似，均呈现出逐渐上升的态势，但就近几年的发展情况来看，江苏和广东发展势头较好，北京和上海的发展较为平稳，而浙江的专利申请量有所下降。

5.2.2.2　国外来华申请量主要国家分布

图5－2－3显示了免疫诊断技术领域来华申请量的国家分布情况。可以看出，国外来华申请的国家主要集中在美国、日本和德国，与全球范围内技术原创国家/地区申

请量分布情况大体一致。其中来自美国的专利申请达到1353项，居所有在华布局的国家或地区之首，显示出美国对于中国免疫诊断技术市场的高度重视；其次，来自日本的专利申请达到947项，数量居所有在华布局的国家或地区的第二位；排名第三至第六位的均为欧洲国家，申请量主要集中在200～300项。

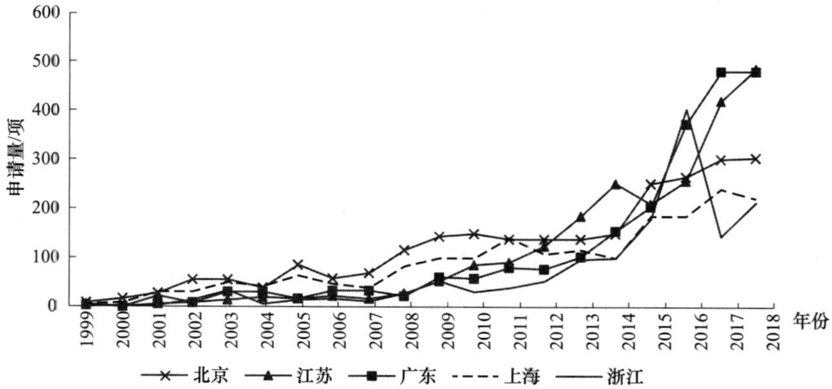

图5－2－2　免疫诊断技术领域中国专利申请量主要省份分布情况

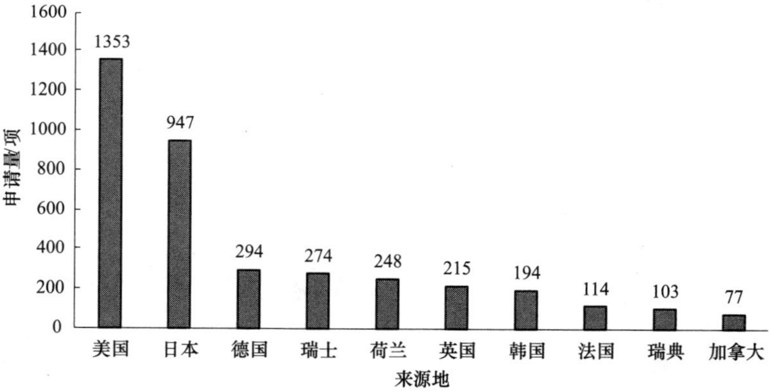

图5－2－3　免疫诊断技术领域来华申请量的主要国家分布情况

5.2.3　法律状态分析

图5－2－4显示了免疫诊断技术在华专利的法律状态。从图中可以看出在所有专利中授权专利为9123项，占到全部专利总量40%，此外还有5839项专利处于实质审查阶段，这两部分专利占所有专利申请的大部分。失效专利的成因还包括到期终止、撤回和驳回。这说明免疫诊断领域的专利大部分还处于有效期，失效专利占比相对较小。

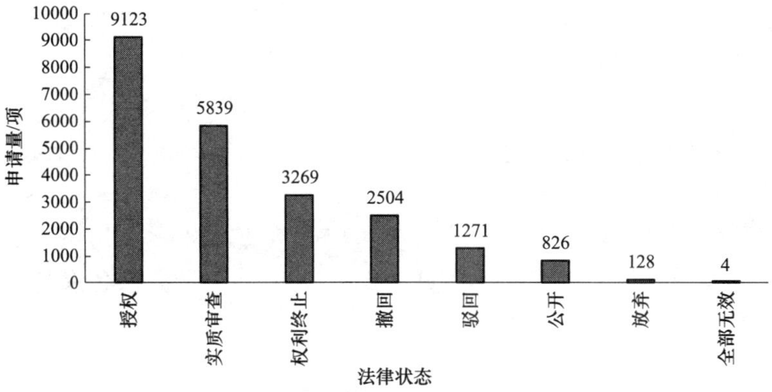

图5-2-4 免疫诊断技术领域中国专利法律状态分布

5.2.4 国内主要申请人分析

图5-2-5显示了免疫诊断技术中国专利主要申请人的申请量排名。在我国的专利申请中，排名前20位的申请人主要是我国的高校和科研院所，此外还有美国和日本的相关企业，这说明国内高校是国内申请量的大户，集中了相当多的专利申请，且主要集中在北京和长三角地区。

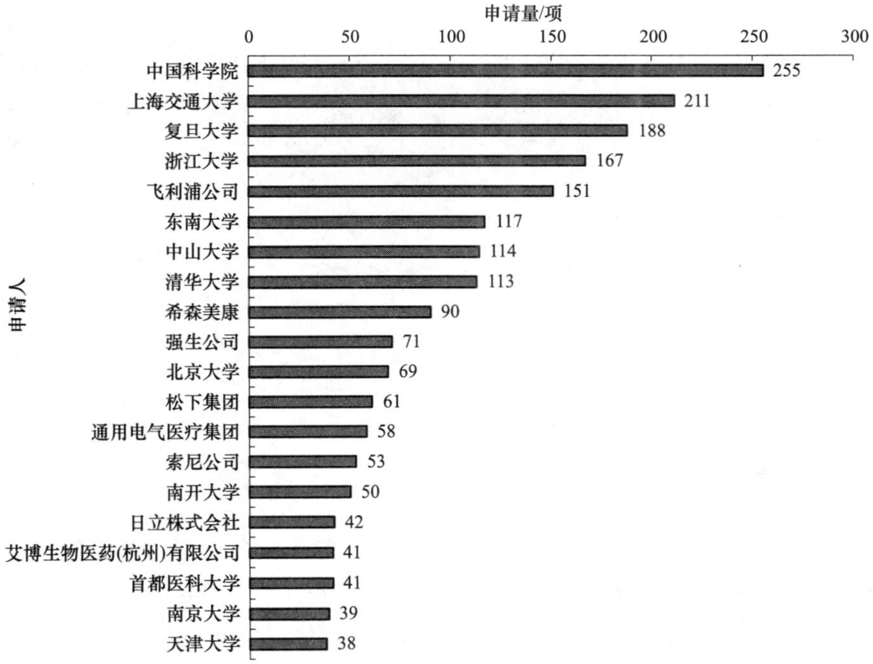

图5-2-5 免疫诊断技术中国主要申请人的专利申请量排名

从地域上分析，北京形成了以中国科学院为首，清华大学、北京大学和首都医科大学为辅的专利申请布局。长三角地区则是以上海交通大学、复旦大学、浙江大学、东南大学等为代表的高校。国内申请人中企业的排名并不突出，这是由于我国企业主要是中小企业，高质量专利人才不足、专利布局意识淡薄，专利维权经验不足，使得国内还没有形成具有专利竞争力的龙头企业。

5.3 化学发光免疫分析技术

按其标记物的不同，化学发光免疫分析可以分为直接化学发光免疫分析、化学发光酶免疫分析和电化学发光免疫分析（见表5－3－1）。三种方法各有特点，均为目前主流的化学发光方法。

表5－3－1 化学发光免疫分析细分

分类	基本原理	标记物	底物	特点
直接化学发光免疫分析	用化学发光剂（吖啶酯）直接标记抗体（抗原），与待测标本中的抗原（抗体）发生免疫反应后，在 H_2O_2 和 NaOH 作用下，吖啶酯分解发光，发光量与抗原量成正比	吖啶酯、异鲁米诺（ABEI）等	H_2O_2、NaOH	发光速度较快，反应体系简单；化学发光剂比酶类标记物更为稳定，不受酸碱和温度影响，试剂保存期更长
化学发光酶免疫分析	用酶来标记抗体（抗原），与待测样本中相应抗原（抗体）发生免疫反应后，将化学发光剂作为反应底物，在酶的催化作用下发射光信号	辣根过氧化氢酶（HRP）、碱性磷酸酶（ALP）	鲁米诺发光剂、AMPPD发光剂	由于采用酶类催化底物，发光速度略慢；且由于酶类是活性物质，易受到酸碱度和温度影响
电化学发光免疫分析	以电化学发光剂标记抗体（抗原），在电场中转移电子而发生特异性化学发光反应	三联吡啶钌	三丙胺	包含电化学和化学发光两个过程，较为复杂，发光连续；有交叉反应、携带污染风险

5.3.1 专利发展历程

1959年，Berson发表了利用碘－125标记胰岛素来测定血液胰岛素浓度的论文，开启了化学发光免疫分析的研究。从2000～2019年化学发光免疫分析技术专利公开量趋势可以看出，2004年之前化学发光免疫分析技术专利公开量快速发展，但2004～2016年专利公开量呈现波动式发展，2017～2019年又出现了快速发展的趋势（见图5－3－1）。

化学发光免疫分析仪与全自动生化分析仪类似，在基础模块上均由加样、清洗、光学检测、信息分析等模块组成，因而这些模块相对应的专利也与生化分析仪“共性模块技术专利分析”类似。化学发光免疫又分为板式化学发光免疫和管式化学发光免疫。板式化学发光免疫技术在测试时，通常需要等候样本集中，因而其应用受到限制。管式化学发光免疫技术则可以做到样本随到随测，使用更灵活。管式化学发光免疫技术的测试过程主要包括加样本、加试剂、混匀加入的样本和试剂、免疫反应孵育、磁分离清洗、底物孵育和测光等。由于化学发光检测项目众多，反应原理不尽相同，为适应仪器测试流程，仪器通常采用周期式设计，单个周期的时间决定了仪器的测试速度和测试通量，缩短周期时间是提高测试速度和测试通量的有效手段。然而，缩短周期也会导致用于清洗的时间缩短，因此需要规避污染问题。

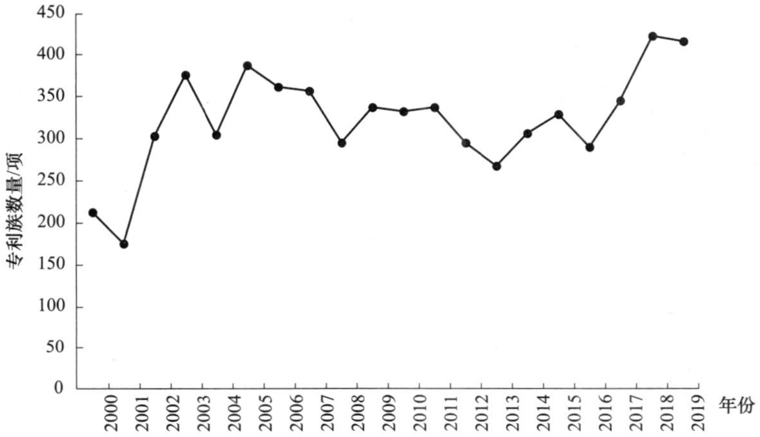

图5-3-1　化学发光免疫分析技术专利公开量趋势

采用一次性吸头来吸取和注入样本、试剂，可避免污染问题（CN201110243705、CN201610860903、US7171863、US6799696），然而这又需要样本液面检测，带来耗材增加、装载和抛弃过程复杂度高、成本增加等难题。多针方案通过样本和试剂吸注动作的同步进行，可以在较短的时间内完成加注，并到清洗池完成针清洗动作（CN201610032849、CN201610860903），但这带来了液路系统复杂、运动机构过多、仪器体积庞大、成本过高等难题。单针方案的化学发光免疫分析（CN201610521811、CN201510345660）结构简单，但是会产生清洗时间不够或清洗液耗量增加、测试速度变慢等问题。

近年来，化学发光免疫专利的快速增长，与其技术优势密不可分：①高灵敏度。其灵敏度可与放射免疫法媲美，在对乙肝表面抗原（HBsAg）进行检测时，酶联免疫法的灵敏度为2ng/ml，而化学发光免疫法可以检测出0.2ng/ml的浓度，大大缩短了窗口期，提高了检出率，对于发现低浓度早期病毒携带者具有重要意义。②线性范围宽，可定量检测。化学发光免疫法其发光强度在4~6个数量级与测定物浓度成正比（酶联免疫法线性范围只有2），这也就决定了酶联免疫法通常用来做定性和半定量检测，如判断阳性还是阴性；而化学发光免疫法是定量检测方法，医生可以通过患者体内抗原、抗体浓度的变化来检测病情，进行动态的疗效观察，对后续治疗方案的制定具有重要参考价值。③自身发光，不受干扰。荧光免疫法中，血清样本中存在内源性荧光带，会增强非特异性本底荧光，同时样本对荧光信号的散射也会干扰结果。而化学发光免疫法靠自身发光，避免了外来光源的干扰，结果更准确。④试剂安全。放射免疫法虽然准确度很高，但放射源污染问题，严重制约了其发展，而化学发光免疫试剂安全无污染，兼顾了准确性和安全性；综合来看，化学发光免疫法是最先进的免疫诊断方法。化学发光免疫法与其他免疫诊断方法的对比如表5－3－2所示。

表5－3－2　化学发光免疫法与其他免疫诊断方法对比

	化学发光免疫	酶联免疫	荧光免疫	放射免疫
标记物	化学发光剂	酶	荧光素	放射元素
灵敏度	很高，比放射免疫略低	较低	结果易受干扰	很高
操作简便程度	简便，仅需加入1～2种试剂	简便	复杂	复杂
试剂保质期	6～18个月	12个月	3～5天	1个月
安全性	安全	安全	安全	放射污染

5.3.2　专利竞争格局

鲁米根公司、罗氏公司、雅培公司、西门子公司、贝克曼库尔特等企业在全球的化学发光免疫分析专利布局中占据优势，并以此为基础推出了具有市场竞争优势的化学发光免疫分析仪（见表5－3－3）。其中美国鲁米根公司是全球著名的发光底物生物技术厂家之一，长期致力于为生命科学研究和临床诊断领域提供系列新型独特的发光底物，该公司在化学发光免疫分析底物方面的布局优势明显。这些企业凭借先进、可靠、功能完备的先发技术优势，不断朝着精密化、集成化、一体化的方向布局专利。

表5－3－3　部分专利权人在化学发光免疫分析的专利公开量趋势　　单位：项

公开年	鲁米根公司	罗氏公司	西门子公司	贝克曼库尔特	拜耳公司	加州大学	赛诺菲公司	中国科学院	雅培公司	津莫吉尼蒂克斯公司
2000	20	6	0	1	5	2	0	0	3	0
2001	14	3	0	1	3	1	3	1	0	0
2002	13	13	2	0	2	4	4	0	10	0
2003	33	9	0	2	7	1	3	0	7	1
2004	14	9	0	0	5	1	1	0	1	0
2005	7	17	0	1	1	2	0	1	0	1
2006	14	11	0	1	1	1	5	0	4	2
2007	13	9	1	4	1	2	3	0	1	6

续表

公开年	鲁米根公司	罗氏公司	西门子公司	贝克曼库尔特	拜耳公司	加州大学	赛诺菲公司	中国科学院	雅培公司	津莫吉尼蒂克斯公司
2008	4	2	4	1	1	2	0	0	0	1
2009	7	8	9	2	2	0	2	0	0	3
2010	4	7	7	9	1	2	0	1	0	6
2011	6	4	14	6	0	2	0	1	0	1
2012	3	2	15	3	0	1	5	0	0	2
2013	0	2	8	2	1	1	0	0	0	1
2014	1	4	10	0	0	1	0	0	0	0
2015	0	3	7	1	0	3	1	1	0	0
2016	0	1	12	2	2	0	0	4	0	0
2017	0	8	7	8	0	2	0	1	0	0
2018	0	3	9	1	0	0	1	2	0	0
2019	0	4	7	3	0	0	0	14	0	0

在国内市场的竞争中，由于化学发光免疫技术门槛高，研发难度大，以罗氏公司、雅培公司、西门子公司、贝克曼库尔特为代表的外资巨头在专利竞争上优势更加明显，因此这几家企业几乎占据了国内80%以上的化学发光免疫市场。肿瘤标志物、心脏标志物、传染病、甲状腺激素和性激素检测是化学发光免疫诊断的主要检测应用，上述四巨头的特点是在这些方面各有侧重，同时也较为齐全地覆盖了其他测试项目，而且每一个测试项目都能提供丰富的检测菜单。专利布局上的差距，也表现在具体的产品性能上。国内外化学发光仪器代表机型及对应的发光原理如表5－3－4所示。

表5－3－4 国内外化学发光仪器代表机型及对应的发光原理

企业		化学发光仪器机型	原理	样本位	检测速度
跨国企业	罗氏公司	cobas e 601/602	电化学发光	—	170 测试/h
	雅培公司	i－2000SR	直接化学发光	135 个	200 测试/h
	贝克曼库尔特	DxI－800	化学发光酶免疫	120 个	400 测试/h
	西门子公司	Immulite2000	直接化学发光	—	200 测试/h

续表

企业		化学发光仪器机型	原理	样本位	检测速度
国内企业	新产业	MAGLUM 4000/2000	直接化学发光	144个	280测试/h
	迈瑞生物	CL-2000i	化学发光酶免疫	—	240测试/h
	利德曼	CI1000	化学发光酶免疫	100个	180测试/h
	安图生物	AUTOLumo A2000	化学发光酶免疫	—	200测试/h
	迈克生物	IS 1200	化学发光酶免疫	50个	120测试/h

5.3.2.1 罗氏公司

罗氏公司化学发光检测项目主要以肿瘤标记物为主，其提供的肿瘤标记物检测覆盖20种以上的癌症，尤其在胃癌标志物CA72-4、肺癌和乳腺癌标志物CYFRA21-1、肺癌标志物NSE、恶性黑色素瘤标志物S100的检测上是独有的特色项目。甲状腺功能检测也是罗氏公司的重要业务，罗氏公司可以提供甲状腺功能五项和相关蛋白抗体检测，对甲状腺疾病进行全面诊断；此外，罗氏公司还在骨代谢方面颇有建树，其骨骼标志物对于评估和治疗骨质疏松症具有重要意义。

5.3.2.2 西门子公司

西门子公司较早开展化学发光免疫技术的研发（例如EP80102630对应的技术），2006年，西门子公司收购德国拜耳诊断部门，2007年又并购了美国德灵公司，使得其化学发光免疫技术研发实力进一步增强。在生物标志物方面，西门子公司免疫诊断涵盖心脏疾病、肿瘤检测、骨代谢、糖尿病、传染病、内分泌、甲状腺检测等诸多方面。心脏标志物方面，西门子公司提供高敏C反应蛋白、同型半胱氨酸、利钠肽、心肌肌钙蛋白等多种心脏疾病标志物检测项目。

西门子公司在化学发光免疫分析领域布局形成的典型专利包括利用三种抗体的发光氧通道免疫测定（JP2017508971）、基于微流控的化学发光检测系统（US10371643）、可降解的阳离子表面活性剂及其在化学发光免疫分析中的使用（EP2997355）、含两性离子的化学发光的吖啶化合物（US20120225497）、心肌肌钙蛋白的测定（EP15873836）、用于诊断肝素诱导的血小板减少症试验（US16048028）、25-羟基维生素D2和D3（US20130059825）、具有增加的光输出化学发光吖啶化合物（EP3019575）、血小板减少症诊断（US16003760）、雄烯二酮偶联物（US18019467）、维生素D检测（KR1020157017568）、含金属螯合物的化学发光组合物（CN102575156）、高量子产率吖啶化合物（EP1946108）、凝血抑制剂的测定（US13332441）、吖啶类化合物及其衍生物（US11944131）、碱性磷酸酶-标记的抗IgE检测（US10021007）、具有亲水改性剂的吖啶酯（JP2009239298）、近红外化学发光化合物（US11266902）、吖啶类化合物及其衍生物在均相分析中的新应用（US11944112）、增强化学发光底物中的碱性磷酸酶用 SDS－PAGE 和酶的抑制试验（EP05018281）、检测尿胰蛋白酶抑制剂的单克隆抗体（US10574862）、用于检测大分子生物聚合物的方法和生物传感器（US10841413）等。

5.3.2.3　雅培公司

雅培公司的 i－2000SR 应用直接化学发光法，采用吖啶酯进行标记，在预激发液 H_2O_2 和激发液 NaOH 作用下，进行化学发光反应。雅培公司在传染病方面的免疫诊断菜单丰富，提供肝炎检测、逆转录病毒检测等多种传染病的检测以及肿瘤标志物（CA125、CA15－3、AFP、PSA 等）的检测。与之相对应，雅培公司布局了心肌细胞损害检测（CN102725633）、烟酰胺腺嘌呤二核苷酸检测（CA2373264）等专利。

5.3.2.4　贝克曼库尔特

贝克曼库尔特和巴斯德研究院合作设计的全自动化学发光分析系统，采用 AMPPD 作为发光底物，在碱性磷酸酶催化下，可以持续发出光信号达 60 分钟，且信号稳定，属于化学发光酶免疫法。贝克曼库尔特拥有全球专利的抑制素 A（Inhibin－A）检测试剂，在产前筛查有重要应用，能最大限度地提高筛查疾病的检出率及降低假阳性率。

5.3.2.5　国内企业

在国内的企业中，迈瑞生物、新产业不仅布局了一批专利，同时也推出了相对应的产品。迈瑞生物在化学发光仪方面取得进展，先后推出了多款化学发光仪，在检测速度、样本位、试剂位数等方面具有较好的效率。达瑞生物有化学发光免疫法和时间分辨免疫荧光法免疫试剂。在化学发光检测领域，普门科技基于三联吡啶钌的直接电化学发光免疫分析技术路线，研制了包括检测仪器和配套试剂的全自动免疫分析平台。安图生物实现了从化学发光高增长到以流水线为核心的全品类扩张。

5.3.3　专利布局方向

与生化分析仪相比，化学发光免疫分析仪的光学测试分析系统有所不同：其主要利用化学反应释放能激发中间体（能量以光子形式释放），通过光子的计数来采集数据。从专利发展历程和布局现状来看，化学发光免疫技术专利或在以下方向有发展的新空间。

5.3.3.1　高精度全自动化的分析

通用型化学发光检测仪设备价格昂贵、体积笨重、功耗巨大，实现化学发光检测仪的全自动化是重要方向。要实现这一目标，就需要实现反应杯加载装置、加样本和试剂装置、温育反应装置、清洗装置、发光测量装置、控制系统以及软件系统的进一步优化，在该过程中每一装置或其部件都可能形成诸多实用的专利布局。例如，由于测试流程的复杂性，一般的清洗装置在现有结构的限制下，完成不同的工作模式时，需要依赖很多其他的辅助结构，因而针对工作模式之间的切换便可形成许多实用的专利。

化学发光免疫分析系统的信号噪声和信号干扰的影响因素主要是发光体系缺陷和

原料试剂特异性。为改善发光体系缺陷，研发新的发光剂、增强剂、发光体系等以及对于反应时间、孵育时间、缓冲液的选择和标记抗体浓度等细节进行优化，都能减少信号噪声干扰，这些都是开发的方向。

5.3.3.2 微孔板发光和磁微粒化学发光

微孔板式技术利用被动吸附作用结合，在不透明微孔板表面的抗原或抗体与待检测抗原或抗体形成夹心或者竞争复合物；而微粒式（磁微粒或非磁微粒）技术利用共价连接作用结合，在微粒表面的抗原或抗体与待检测抗原或抗体形成夹心或者竞争复合物，在反应管或反应杯中发生反应，所以该技术又被称为管式发光技术。微孔板式免疫诊断产品虽然精确度和效率都比微粒式要差，但由于有质优价廉、批量操作的优势，微孔板产品仍具有较大的专利布局空间。

由于磁微粒较大的比表面积，能够对抗原或抗体进行更充分的包被，提高检测灵敏度；在外加磁场作用下，可以全自动化清洗未结合的物质从而大幅提高检测效率，因此磁微粒化学发光技术属于国际先进的主流免疫诊断技术。从近年来的磁微粒化学发光布局态势看，该领域仍有较大的新布局空间。

5.3.3.3 新型纳米材料的应用

如何增强发光信号提高稳定性一直是化学发光研究的重点，将新型纳米材料如纳米金、碳纳米管、碳纳米球、碳纳米纤维以及量子点等联用到化学发光免疫技术中，大大提高了化学发光免疫技术的信号强度和稳定性。其中，量子点具有尺寸可调的光学特性和高荧光量子产率，是生物荧光标记物的理想光学材料，在未来或许有改进的布局空间。

5.4 酶联免疫吸附测定技术

酶联免疫吸附测定（ELISA）作为传统的夹心免疫测定是基于抗原抗体的特异性结合并引入酶标抗体，最终通过检测酶催化反应的程度对抗原或抗体进行定量检测的实验。这种方法检测速度快、费用低廉，在一定程度上为血清标志物检测分析提供了技术支持。

5.4.1 专利发展历程

1950年，美国纽约退伍军人管理局医院的两位人员发明了放射免疫分析法，1959年该方法用于内源性血浆胰岛素的测定。为此，研究者获得了1977年诺贝尔医学奖，此后该方法得到了广泛应用，用于检验各种激素、肿瘤标志物、药物浓度等。20世纪70年代末，放射免疫分析法为新发展的酶联免疫技术全面取代。在此之前的1971年，瑞典学者和荷兰学者分别报道了将免疫技术发展为检测体液中微量物质的固相免疫测定方法，即酶联免疫吸附测定法。这是酶联免疫吸附测定技术发展的源头。由于酶联反应吸附测定法可用于几乎所有的可溶性抗原（抗体）的检测、没有放射性污染，避免了潜在的人体伤害，并且由于酶催化底物显色有很强的放大作用而无须昂贵的测试仪器，这使得基于微板的酶联免疫分析成为临床检验、药物开发和生命科学等实验室最基本的工具。酶联免疫吸附测定技术的部分代表性专利如图5-4-1所示。

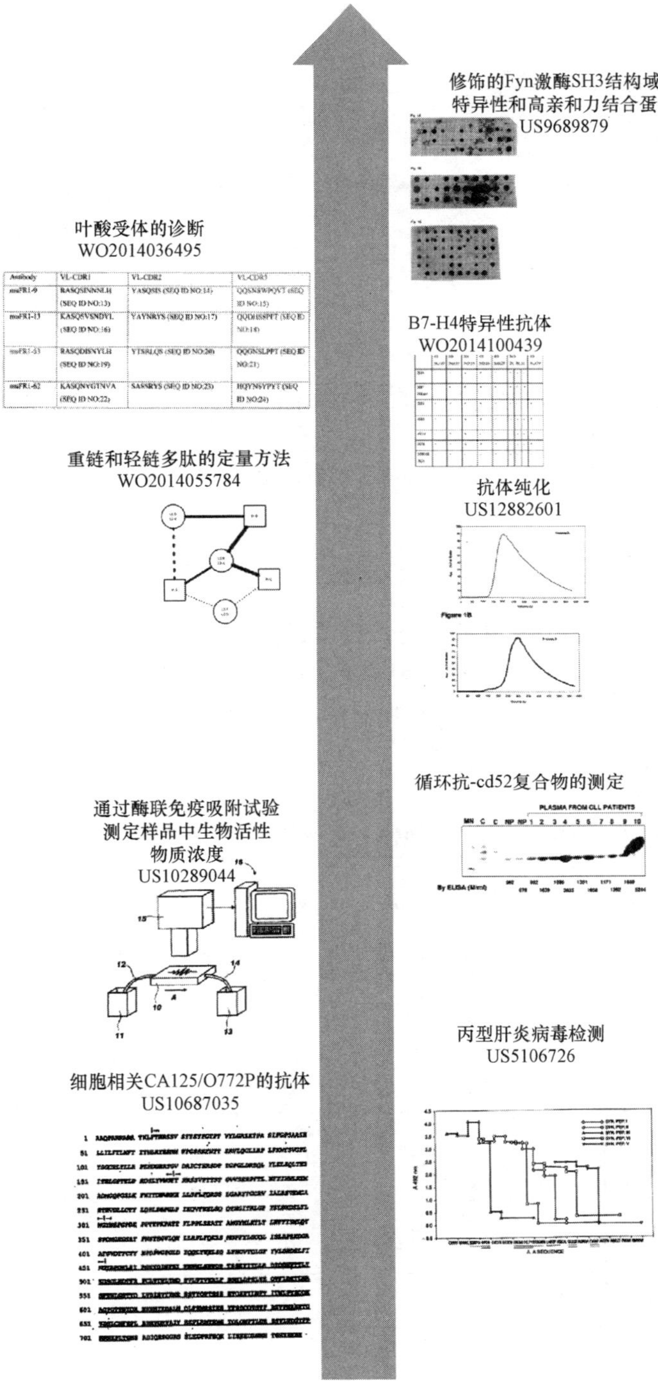

图5-4-1　酶联免疫吸附测定技术的部分代表性专利

从酶联免疫吸附测定技术专利公开量趋势可以看出，2011年之前酶联免疫吸附测定技术专利数量一直呈现上升趋势，但2011年之后，该技术发展没有出现新的突破，专利数量总体较为稳定（见图5－4－2）。

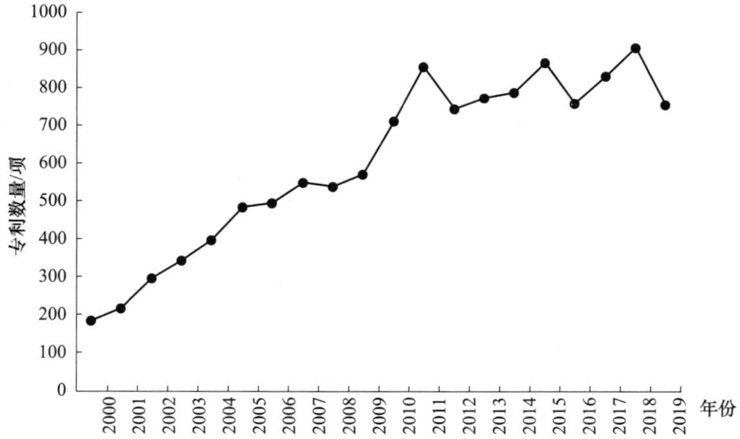

图5－4－2　酶联免疫吸附测定技术专利公开量趋势

5.4.2　专利竞争格局

总体上看，在当前有效或正在审查的酶联免疫吸附测定专利中，罗氏公司等全球领先的企业布局重点已呈现出向化学发光免疫分析转型的态势。在全球酶联免疫吸附测定技术专利中，罗氏公司、巴斯德研究所、加州大学、葛兰素史克公司和诺华公司仍然占据较大比例（见表5－4－1）。

表5－4－1　部分专利权人在酶联免疫吸附测定技术领域的专利公开量趋势　单位：项

年份	罗氏公司	巴斯德研究所	加州大学	葛兰素史克公司	诺华公司	浙江大学	辉瑞公司	韩国首尔国立大学	人体基因组科学有限公司	法国巴黎公立医院集团
2000	1	1	0	12	0	0	1	0	0	1
2001	3	0	0	1	0	0	3	0	0	1
2002	6	0	3	18	0	2	0	0	0	1
2003	2	8	0	5	9	4	9	0	0	0
2004	2	2	7	7	3	0	5	0	2	1
2005	8	5	6	5	2	0	5	1	8	0
2006	16	0	6	3	2	3	3	0	2	1
2007	8	6	7	1	2	2	5	0	3	0
2008	7	7	2	3	1	1	2	0	4	0

续表

年份	罗氏公司	巴斯德研究所	加州大学	葛兰素史克公司	诺华公司	浙江大学	辉瑞公司	韩国首尔国立大学	人体基因组科学有限公司	法国巴黎公立医院集团
2009	8	6	3	2	2	0	1	1	4	3
2010	3	4	3	1	3	1	0	0	3	5
2011	4	7	6	0	5	7	1	8	2	1
2012	3	6	5	0	2	1	0	5	2	8
2013	5	6	1	3	9	2	0	9	0	1
2014	6	10	6	0	5	1	0	2	0	2
2015	4	4	4	1	5	3	0	4	0	1
2016	6	1	3	1	2	4	0	1	0	0
2017	5	6	2	1	1	2	0	1	0	1
2018	6	5	2	1	0	5	1	0	0	1
2019	1	0	2	0	0	4	0	1	0	1

5.4.3　专利布局方向

从专利发展历程和布局现状来看，酶联免疫吸附测定技术尽管有被化学发光免疫分析替代的趋势，但仍在某些细分方向展现出发展的新空间。

5.4.3.1　单分子酶联免疫吸附测定

单分子检测（Single Molecule Detection，SMD）技术是一种超灵敏的检测技术，可以对单个分子进行检测。与传统的分析方法相比，单分子检测法研究体系处于非平衡状态下的个体行为，或平衡状态下的波动行为，因此特别适合重大疾病早期诊断、病理研究。单分子酶联免疫吸附测定技术是一种有潜力的蛋白质检测方法，通过分离单分子进行测量，实现精准定量。与传统酶联免疫吸附测定相比，单分子酶联免疫吸附测定技术具有高分辨率、灵敏、低背景信号、低样本量、分析时间短等优点，能在复杂样本中进行低浓度蛋白质的检测，能广泛应用于监测传染病早期感染、癌症化疗切除后复发、神经系统疾病以及炎性疾病的发生和发展等方面。

5.4.3.2　结合贵金属纳米粒子的检测

酶联免疫吸附测定技术在肿瘤的血清学诊断中，具有检测限度受限、检测过程烦琐、检测周期长等局限。酶标抗体不仅储存不方便，而且酶的活性容易受pH、温度等外部条件的影响，酶催化反应对实验条件的苛刻要求也限制了这种检测方法的广泛应用。贵金属纳米粒子（尤其是金纳米粒子），由于其独特的光学、电学性质以及良好的生物相容性，与其结合后或有助于实现更高灵敏度和更高特异性的检测。例如，通过复合体（CN102109517A）中的标记信号检测，或可实现高通量、高灵敏度和特异性、检测快速准确等目标。

例如，斑点酶联免疫吸附测定法因操作简单而被广泛应用于基层医疗机构，其操作简便性的优势得到很大的体现。然而，由于抗原不可像核酸一样被复制，如果对于鼻/咽拭子等来源的蛋白含量少的样本进行检测时，就很容易造成漏检，使得流感病毒等的最终定型及分型还需要通过核酸检测来完成。此时，如果能够通过合理使用纳米颗粒，提高斑点酶联免疫吸附测定法的检测限，或许可以提升检测效果。

5.4.3.3 细胞因子检测

细胞因子检测是炎性疾病诊断的热点，其对应的方法有免疫学检测法、胞内细胞因子检测法、生物活性检测法、分子生物学方法等，各种方法的检测各具优势和局限。例如，生物活性检测法灵敏度较高，但特异性差，而且受样本和环境湿度等影响，因而在临床应用中受限；基于流式细胞术的细胞因子检测特异性好、灵敏度高，但是操作烦琐、成本高昂，很难在现场检测中应用。生物学活性检测法，对温度、样品组成等外界环境要求较高。酶联免疫吸附测定技术目前是免疫学检测中的主流方法之一，其在很多特异性的细胞因子（例如 IL－1β 等）检测中仍然具有发展空间。

第6章 分子诊断技术专利分析

分子诊断（Macromolecular Diagnostics）技术主要是应用分子生物学方法检测生物体内遗传物质的结构或表达水平的变化而做出诊断的技术。正因为分子诊断可以从基因层次进行检测，所以其在检测的灵敏度和准确性上优势较为明显，能够在感染初期识别病毒或者提早确认基因缺陷，从而提供个性化的医疗诊断服务（如肿瘤缺陷基因检测）。

目前，全球主要的分子诊断技术可以分为核酸检测和生物芯片两大类。在核酸检测中，有PCR、荧光原位杂交技术、基因测序技术（Gene Sequencing）；在生物芯片技术中，又分为基因芯片（Gene Chip）和蛋白芯片技术，其中和基因相关的检测是分子诊断的最重要组成部分。

分子诊断细分领域众多，主要分为PCR、荧光原位杂交技术、基因芯片技术、转录介导扩增（TMA）和基因测序技术。

分子诊断子行业细分领域和基本原理如表6－0－1所示。

表6－0－1 分子诊断子行业细分领域和基本原理

<table>
<tr><th>子行业</th><th>细分领域</th><th>基本原理</th><th>应用领域</th><th>代表性检查项目</th></tr>
<tr><td rowspan="5">分子诊断</td><td>PCR</td><td>DNA高温下形成单链结构，在适当温度下按照碱基互补配对原则生成双链DNA</td><td>感染性疾病
肿瘤早期诊断</td><td rowspan="5">HIV病毒核酸检测，乙肝、丙肝病毒核酸检测，TP53基因突变检测</td></tr>
<tr><td>荧光原位杂交技术</td><td>通过荧光标记已知单链DNA与待测样本中DNA进行杂交，从而测定待测DNA结构</td><td>病毒检测</td></tr>
<tr><td>基因芯片技术</td><td>将已知序列DNA固定在表面作为探针，通过互补配对确定</td><td>药物筛选</td></tr>
<tr><td>转录介导扩增</td><td>利用RNA或DNA为模板，在等温条件下进行扩增，产物为RNA</td><td>细菌、
病毒检测</td></tr>
<tr><td>基因测序技术</td><td>分析待测样本中DNA序列，查找DNA缺陷，预测疾病</td><td>基因图谱测定
肿瘤预测</td></tr>
</table>

从分子诊断的发展历史分析，可将分子诊断分成三个阶段：1978 年简悦威等应用液相 DNA 分子杂交成功地进行了镰形细胞贫血症基因诊断，标志着分子诊断的诞生，此阶段分子诊断仅应用于检测遗传病以及产前诊断；1985 年 Kary Mullis 发明 PCR 技术，实现了 PCR－DNA/RNA 检测，标志着分子诊断进入了第二阶段，应用领域扩展到临床应用、商品检疫、法医鉴定等领域；1992 年美国 Affymetrix 公司制造出第一张基因芯片，标志着分子诊断进入生物芯片阶段，分子诊断应用领域进一步扩展（见表6－0－2）。

表6－0－2　分子诊断的三个发展阶段

时间	关键技术	标志性事件	应用领域
1985 年前	DNA 分子杂交	DNA 双螺旋结构发现，1978 年简悦威等应用液相 DNA 分子杂交成功地进行了镰形细胞贫血症的基因诊断	遗传病的基因诊断产前诊断
1985～1992 年	PCR 技术	Mullis 发明 PCR 技术，PCR－DNA/RNA 实时荧光定量检测	疾病检测、临床应用、商品检疫、法医鉴定、新药品的开发等
1992 年后	生物芯片	Affymetrix 公司制造出第一张基因芯片	疾病诊断、药物筛选、个体化医疗、基因测序、生物信息研究等

从分子诊断技术分支分析，PCR 技术发源于 1985 年，经历了从定性、荧光定量到数字 PCR 的发展过程；基因测序技术缘起于 1975 年之后，经历了从第一代 Sanger 测序（基于链终止法）、第二代高通量测序、第三代单分子测序到第四代纳米孔测序阶段；分子杂交技术缘起于 1975 年之后，经历了 DNA 印迹、反向斑点杂交到多重连接探针扩增技术阶段；正是技术上的不断革新，促使了分子诊断行业升级换代。

6.1　全球专利分析

6.1.1　发展态势

从分子诊断技术领域全球近 20 年专利数量趋势来看，该领域专利申请量在 2001 年达到一个高峰，之后有所下降，但每年申请量都保持在 6000 项以上，每年的公开量保持在 8000 项以上，说明该领域技术进入稳定发展阶段（见图6－1－1）。

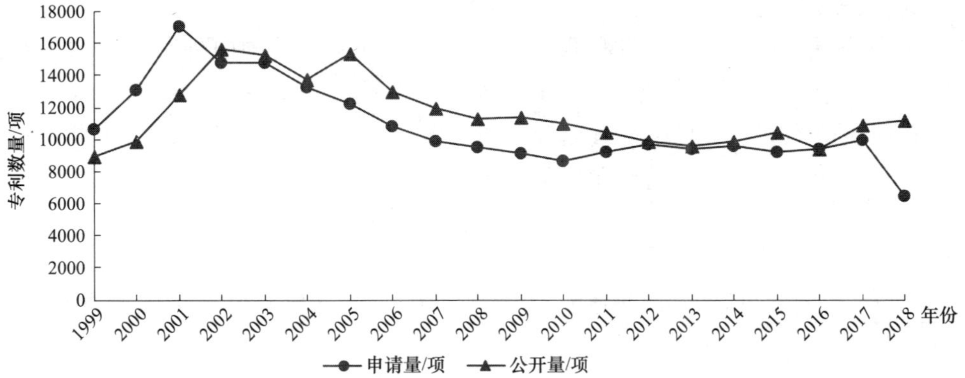

图6-1-1 分子诊断技术领域全球专利申请和公开数量趋势

6.1.2 主要申请人分析

6.1.2.1 申请人排名

从分子诊断技术领域全球专利主要申请人的申请量排名来看（见图6-1-2），罗氏公司在该领域的专利申请量占据绝对优势，为5334项，远超过排名第二的加州大学（2883项）；排名第三的是诺华公司，申请量为1800项。在分子诊断技术领域全球专利申请量前20的申请人中，只有一家大学，即加州大学；还有一家研究机构——巴斯德研究所，申请量为1298项；其余均为公司。

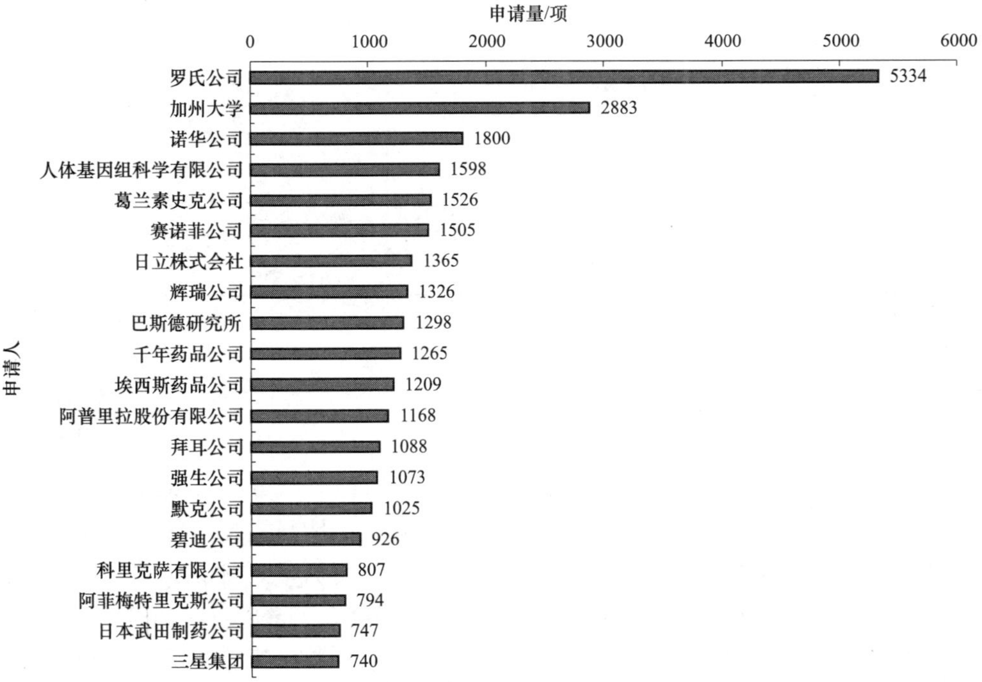

图6-1-2 分子诊断技术领域全球主要申请人的专利申请量排名

6.1.2.2 细分领域主要申请人对比

从杂交分析、核酸扩增反应和测序方法三个细分领域的国内外主要申请人对比分析发现，在每个细分领域，国外主要申请人均以罗氏公司为首，而国内主要申请人则以高校、科研机构为主，且申请量远低于国外申请人（见表6-1-1）。由此可见，国内企业在分子诊断领域的研发和专利布局意识还不够强。

表6-1-1 分子诊断细分领域国内外主要申请人申请量对比

领域	国外 Top5 申请人（申请量/项）	国内 Top5 申请人（申请量/项）
杂交分析	罗氏公司（175） 阿菲美特里克斯公司（89） 加州大学（81） 赛诺菲公司（66） 耶鲁大学（44）	清华大学（12） 中国科学院（9） 重庆医科大学（7） 东南大学（5） 浙江大学（5）
核酸扩增反应	罗氏公司（284） 阿普里拉股份有限公司（111） 碧迪公司（61） 阿克苏诺贝尔（59） 加州大学（46）	浙江大学（49） 中国科学院（24） 清华大学（24） 复旦大学（23） 中山大学（20）
测序方法	罗氏公司（258） 巴斯德研究所（189） 加州大学（138） 赛诺菲公司（96） 阿普里拉股份有限公司（93）	浙江大学（80） 复旦大学（55） 中山大学（54） 首都医科大学（50） 清华大学（36）

6.1.3 国家或地区分布分析

6.1.3.1 技术原创区域分布

从分子诊断技术领域全球专利申请量主要技术原创区域分布（见图6-1-3）来看，美国的原创数量最高，美国在首次申请国家/地区中明显占据了第一的位置，申请量为131068项。这说明美国在该领域投入了大量的科研力量。排名第二的是日本，其申请量为28509项。中国紧随日本，排名第三，申请量为25568项。美国、日本和中国的专利申请数量总和占据了总申请量的约75%。说明这3个国家在分子诊断领域具有领先及核心地位。

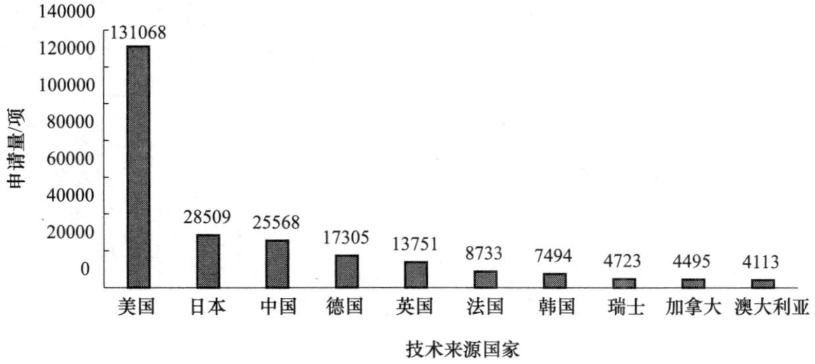

图6-1-3　分子诊断技术领域全球专利申请量主要技术原创区域分布

6.1.3.2　申请技术目标区域分布

从分子诊断技术领域全球专利申请量主要技术目标区域分布（见图6-1-4）来看，美国是最重要的目标市场，有42663项专利；其次是日本和欧洲地区，分别有37226项和36922项；然后是世界知识产权组织和中国、澳大利亚，分别为30181项、26246项和25746项。这几个国家或地区的申请量占据总申请量的82%。上面这些数据充分说明，美国、日本、欧洲、中国、澳大利亚是分子诊断的主要目标市场。

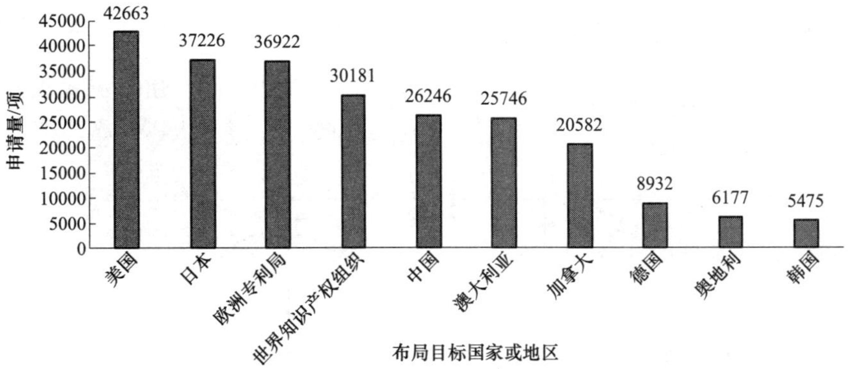

图6-1-4　分子诊断技术领域全球专利申请量主要技术目标区域分布

综合分子诊断领域专利申请量主要技术原创区域分布和目标区域分布，可以发现，美国、日本和中国既是该领域的核心技术研发国家，也是该领域的主要目标市场。

6.1.4　全球重要公开专利列举

表6-1-2列出了分子诊断领域全球重要公开专利。

表6－1－2　分子诊断领域全球重要公开专利列表

公开号	申请人	申请日	被引用数/次	同族专利数/项	技术方向
US5498392A	宾夕法尼亚大学	1994－09－19	1326	149	中尺度多核苷酸扩增装置和方法
US5632957A	纳米基因有限公司	1994－09－09	1150	446	包括电极分子生物学诊断系统
US6083763A	美国 Genometrix 公司	1997－12－31	765	25	多路复用分子分析装置和方法
US6150097A	纽约公共卫生研究所	1997－12－12	625	14	具有非 FRET 荧光淬灭的核酸检测探针以及包括这种探针的试剂盒和分析
US5620850A	哈佛大学	1997－04－15	577	7	自组装膜衍生表面的分子识别
US6054270A	牛津基因科技有限公司	1997－09－09	571	25	分析多核苷酸序列
WO9106678A1	斯坦福国际研究院	1990－10－26	548	4	DNA 测序
US5736330A	卢米尼克斯股份有限公司	1995－10－11	510	11	用于流式细胞术测定 DNA 序列的方法和组合物
US5849486A	纳米基因有限公司	1995－09－27	489	446	利用电控杂交进行杂交分析的方法
US6818395B1	加州理工学院	2000－11－06	473	418	分析多核苷酸序列的方法和装置
US5876930A	珀金埃尔默有限公司	1995－11－15	386	1	使用自淬灭荧光探针的杂交分析
US5210015A	罗氏公司	1990－08－06	1605	41	使用核酸聚合酶核酸酶活性的均相分析系统
US20030215857A1	罗氏公司	2003－04－03	123	19	DNA 分子的直接指数扩增和测序方法及其应用

6.2　中国专利申请分析

我国分子诊断技术是体外诊断领域增速最快的技术之一，近几年以20%左右的速度增长，行业目前正处于成长期，未来市场潜力较大。行业的快速增长导致大批分子诊断相关企业涌现，目前国内的分子诊断相关企业，多数规模较小，大部分集中在北京、上海、广东、江苏等经济相对发达的地区。随着达安基因、华大基因、贝瑞和康、科华生物、凯普生物等众多企业纷纷抢占分子诊断市场，国内分子诊断产品供给能力和产品多样性将会有较大改善。

6.2.1　发展趋势分析

从分子诊断技术领域中国近20年专利数量趋势（见图6－2－1）来看，1999～2013年中国在该领域的专利申请量与公开量呈现稳步上升的趋势，2013年之后，中国在该领域的专利申请量与公开量呈现快速上升的趋势。

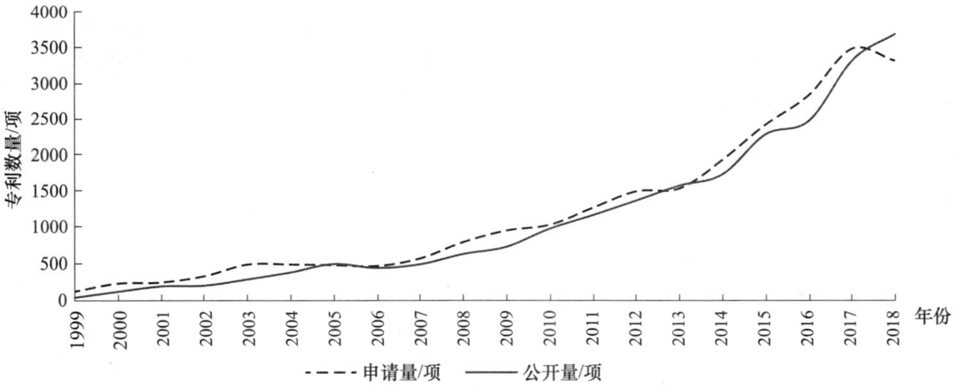

图6－2－1　分子诊断技术领域中国专利申请和公开数量趋势

6.2.2　区域分布分析

6.2.2.1　国内申请量主要省份分布

从分子诊断技术领域专利国内申请量主要省份分布（见图6－2－2）来看，上海和北京最早开始出现专利申请，并且上海在该领域专利申请量呈现稳步上升的趋势，北京自2009年开始在该领域内专利申请量呈现快速上升趋势。另外，江苏和广东在该领域专利布局也较早，并且自2007年开始，专利申请量稳步上升。广东和北京在该领域的专利申请量在2017年达到一个高峰。从近5年看，广东的申请量最多，其次是北京，然后是江苏、上海。

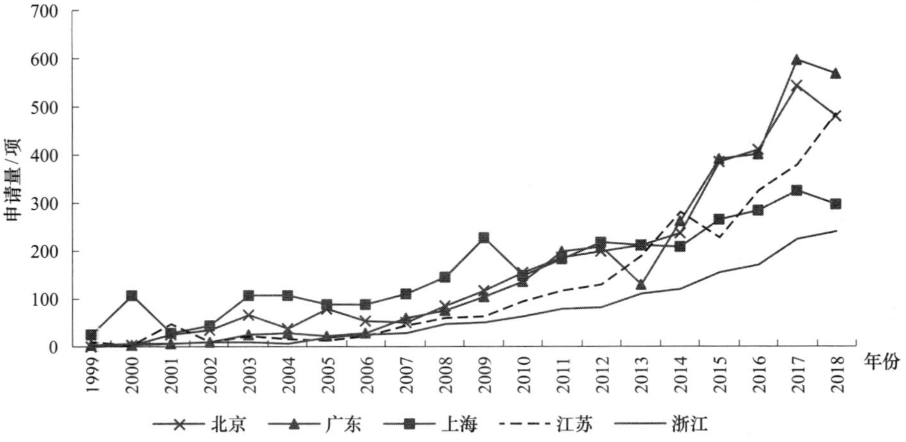

图6-2-2　分子诊断技术领域专利国内申请量主要省份分布

6.2.2.2　国外来华申请量主要国家分布

从分子诊断技术领域专利国外来华申请量主要国家分布（见图6-2-3）来看，美国在中国的专利布局量最大，有1081项专利；其次是日本，有628项专利；瑞士、韩国、英国和德国的专利布局量分别为250项、223项、189项和161项。由此可见，美国和日本在该领域中国的专利布局中占据了绝对优势，这说明美国和日本非常重视分子诊断技术在中国的市场。

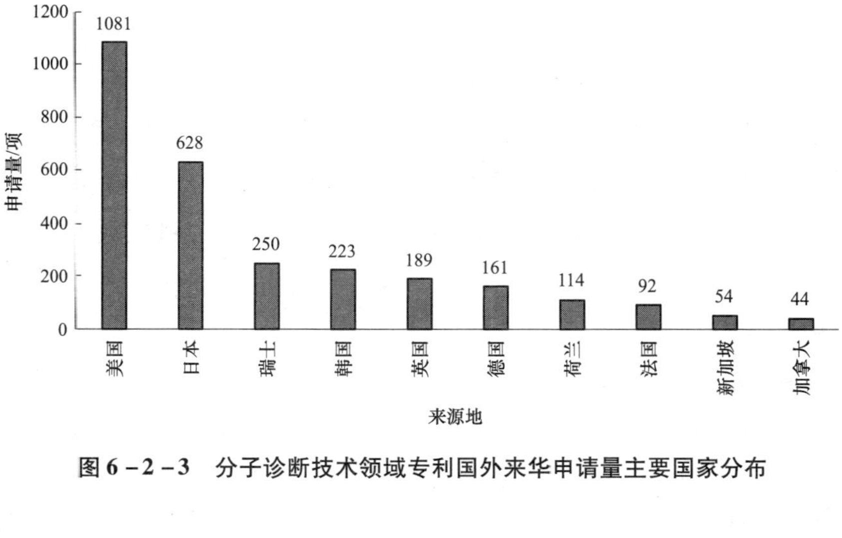

图6-2-3　分子诊断技术领域专利国外来华申请量主要国家分布

6.2.3　法律状态分析

从分子诊断技术领域中国专利法律状态分布（见图6-2-4）来看，有10294项专利正在进行实质审查，6291项专利已经授权，4058项专利已经撤回，2696项专利已经权利终止。由此可见，大量专利正在分子诊断领域布局。

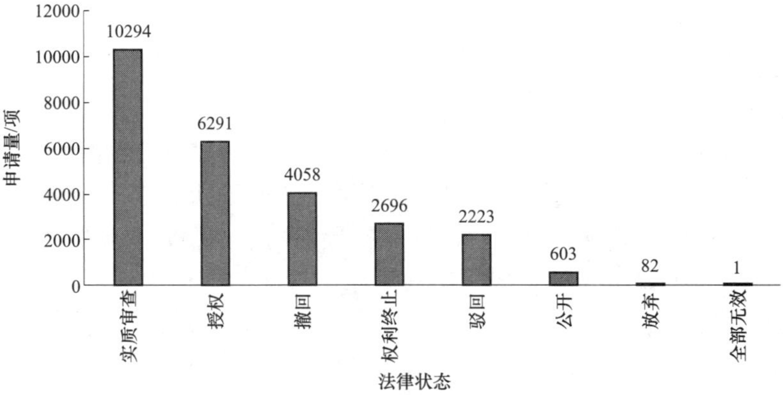

图6-2-4 分子诊断技术领域中国专利法律状态分布

6.2.4 国内主要申请人分析

从分子诊断领域中国专利主要申请人的申请量排名（图6-2-5）来看，中国的高校和科研机构申请量较大。其中，上海交通大学的申请量为404项，复旦大学的申请量为376项，浙江大学的申请量为373项，中国科学院的申请量为293项。排名第五至第九位的分别是中山大学、清华大学、首都医科大学、东南大学和南开大学。达安基因和上海复兴医药（集团）股份有限公司分别排名第10和第11位。在排名前20位的申请人中，有13家高校、2家科研机构和5家公司，可见，中国的高校在该领域投入了大量的科研力量。

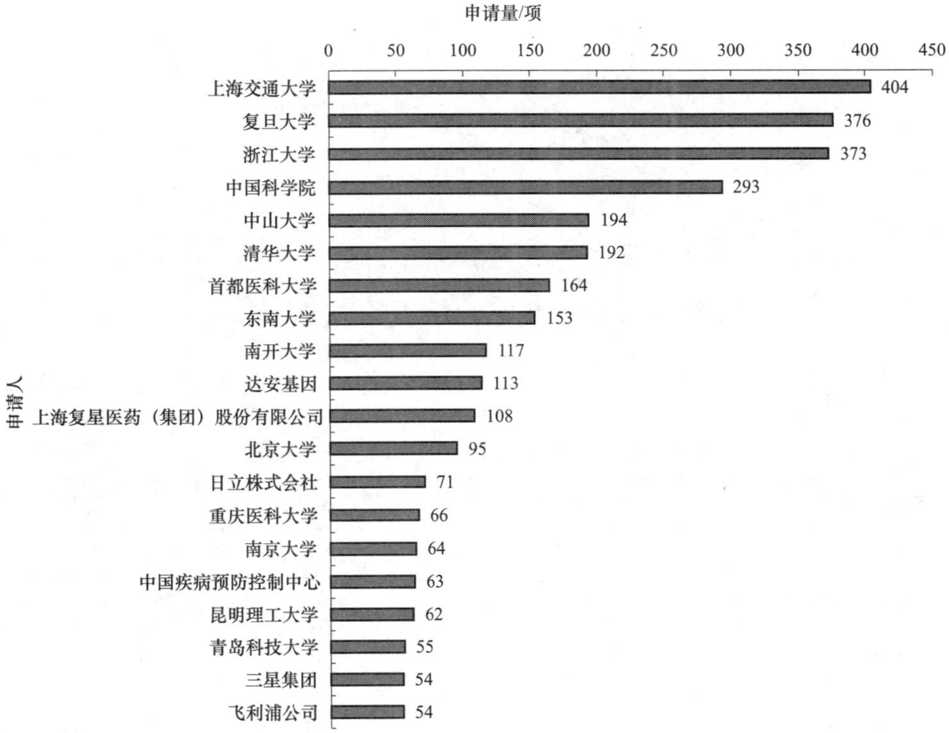

图6-2-5 分子诊断技术领域中国主要申请人的专利申请量排名

6.3 实时 PCR 技术

自 1985 年 PCR 开始发展以来，PCR 技术发展出第二代的荧光定量实时 PCR（qPCR）技术、第三代微滴式数字 PCR 等，广泛应用到遗传病、传染病、复杂疾病的诊断等领域。实时 PCR 技术具有灵敏度高、特异性高、检测时间短等优势，在微生物检测中应用广泛（例如在呼吸系统疾病的病原体检测的应用中，可用于病毒、细菌、支原体、衣原体和立克次氏体等多种病原体，而且很多病原体引起的临床症状相似，容易导致误诊或抗生素的滥用）。与之相比，不少传统的呼吸道病原体检测技术由于细菌或细胞培养周期长，无法满足短时快速检测要求；血清学检测灵敏度和特异度低，不适用于多种病原体的混合感染检测。

6.3.1 专利发展历程

从实时 PCR 技术专利公开量趋势（见图 6－3－1）可以看出，2000～2019 年实时 PCR 技术专利数量一直呈现上升趋势，除了实时 PCR 技术本身发展外，实时荧光 PCR 技术也在多种微生物检测方面进行了应用。

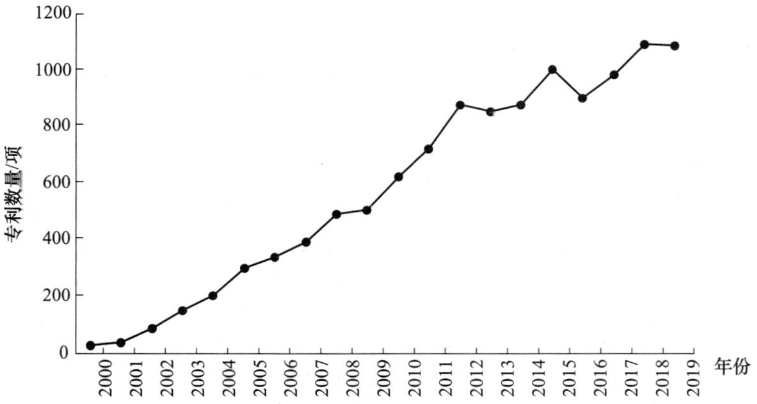

图 6－3－1 实时 PCR 技术专利公开量趋势

随着应用场景的扩展，实时 PCR 专利技术的内容进一步得到了扩展（见表 6－3－1）。

表 6－3－1 实时 PCR 专利技术的应用场景

专利公开号	申请人	申请年	应用场景
US13821537	Lophius 生物科学公司	2011	检测、分化和定量 T 细胞群
EP14736045	波兰雅盖洛大学	2014	生物制剂中的细菌和真菌
EP10727839	Seqirus 公司	2010	流感病毒
US13641444	美国卫生与公众服务部疾病控制与预防中心	2011	细菌性呼吸道致病菌

续表

专利公开号	申请人	申请年	应用场景
US13130346	美国卫生与公众服务部	2009	人α干扰素亚型
AU2011218215	碧迪公司	2011	人乳头瘤病毒（HPV）
CA2569747	美国卫生与公众服务部疾病控制与预防中心	2005	HIV－1 耐药性病毒
JP2015519266	芬兰 Mobidiag Oy 公司	2003	腹泻性病原体
KR1020180045118	Kogene Biotech 公司	2018	登革病毒
RU2018137612	俄罗斯联邦国家预算高等职业教育机构	2018	猪繁殖与呼吸综合征病毒 RNA

6.3.1.1 多重实时 PCR

早期的实时 PCR 主要针对单一的病原感染进行检测。随着进一步的发展，针对多种病原体感染的需求呈现，多重实时 PCR 技术得到发展：通过在单个反应管内同时检测多个靶序列，提高了检测效率，降低了检测成本。然而，早期的多重 PCR 检测也面临着一些局限，因而出现一批新专利布局（例如 JP5709897 的实时－时间多路复用的检测的靶核酸序列、US15019029 的随机寡核苷酸序列）：由于检测不同病原体的引物探针的混合容易造成假阳性，同时针对单个病原体检测的引物探针改变要求实验体系的优化，快速、灵敏、准确的现场和实验室病原体筛查技术专利得到了布局。例如，US6015664A 的多重 PCR 扩增和线性反向探针杂交检测技术的核酸检测方法，能够同时检测 7 种呼吸道病毒（甲型流感病毒、乙型流感病毒、甲型呼吸道合胞病毒、乙型呼吸道合胞病毒、副流感病毒Ⅰ型、副流感病毒Ⅱ型和副流感病毒Ⅲ型）。然而，传统多重 PCR 扩增法需要在同一 PCR 体系中加入大量引物序列，容易产生大量的引物二聚体，影响 PCR 扩增和后续检测的灵敏度和准确性。为此，低密度微流体芯片（TAC）技术等针对微量样品的多靶标筛查技术，也得到了发展。多重实时 PCR 技术的代表性专利如表 6－3－2 所示。

表 6－3－2 多重实时 PCR 技术的代表性专利

专利公开号	申请人	涉及内容	申请年
US6015664A	MCW RESEARCH FOUNDATION	使用不等引物浓度的多重 PCR 检测 HPIV1、2、3 和 RSVA、B 以及流感病毒 A、B	1996
EP16183121	路明克斯公司	实时多重分析 PCR 的系统和方法	2007
EP07874153	佳能公司	用于数字多重 PCR 分析的装置和方法	2007

续表

专利公开号	申请人	涉及内容	申请年
JP5709897	SEEGENE 株式会社	排除错误信号的靶核酸序列的实时多路检测	2010
US15250722	加州理工学院	多重 Q－PCR 阵列	2016
US15019029	霍尼韦尔国际公司	后处理系统建模与模型辨识方法	2016
JP2019514212	罗氏公司	实时多重 PCR 方法	2017
KR1020180108634	韩国 GENE SYSTEM 公司	单样本多重诊断实时聚合酶链式反应装置	2018
EP17768765	罗氏公司	进行多重 PCR 的方法	2017
US16284043	路明克斯公司	实时多重分析 PCR 的系统和方法	2019

6.3.1.2 荧光实时 PCR

在实时 PCR 方法中，通过使用荧光标记的寡核苷酸探针（例如 US5538848），可以避免由引物二聚体的非特异性扩增而导致的干扰信号，提高检测结果的特异性。对多重实时 PCR 而言，当使用多种靶序列特异性的寡核苷酸探针时，可使用不同的荧光基团标记每个寡核苷酸探针，因而每个探针所携带的独特荧光信号，可用于特异性识别。其中，靶序列的检测分析，可通过实时检测模式和扩增后的熔解曲线分析模式（post－PCR MCA）这两种模式两实现：实时检测模式简便直接，但是能检测的最大靶序列数量受限于荧光检测通道数量；熔解曲线分析模式需要增加由探针与靶序列构成的双链体熔点分析步骤，但是可提高能检测的最大靶序列数量（例如 US20130109588）。

然而，荧光探针的制备涉及复杂的化学修饰和纯化过程，不仅成本高，而且多荧光探针导致的背景荧光也会使得检测灵敏度下降。为此，基于媒介子探针（针对每个靶序列，均需要使用特异性的荧光探针，荧光信号的产生依赖于媒介子探针和荧光探针这两个探针；媒介子探针用作杂交探针，荧光探针与媒介子特异性结合）的实时 PCR 检测方法等得到了开发。在熔解曲线分析模式采用两种探针（分别与媒介子探针和荧光探针对应）来实现对靶序列的检测。该方法尽管可以提高特异性，然而操作复杂、成本高昂。

为此，新技术也在优化基于两种探针的方法，例如，US8809239 用探测和标记寡核苷酸（PTO）、捕获和模板化寡核苷酸（CTO）的组合检测靶核酸序列的其他方法。通过使用基于结构的寡核苷酸探针切割（US20140057264、US20140272955、US20150176075、US20150376681），实现了多重核酸靶标鉴定。这种模式尽管可以用于实时 PCR，但是不适用熔解曲线分析模式。此外，还有其他多种探针的方法（例如 US20150072887、US20150167060A1 和 US20160060690A1）也得到了开发。通过 PCR 后解链测定提供了使实时扩增反应多重化的能力（U200611474071），解链测定包括测定双链靶标或标记的探针和靶标之间的双链体的解链温度（解链点）（例如 US5871908 为了使用荧光标记的探针确定解链温度，在温度受控程序中逐渐加热靶核酸和探针之间的双链体），而相互作用的荧光团可以与分开的探针分子缀合（US6174670）或采用替代方案（US5871908）。

6.3.2 专利竞争格局

总体上看，在当前有效或正在审查中的实时 PCR 技术专利中，罗氏公司处于领先地位，其他申请人还有浙江大学、香港中文大学、三星集团、达安基因等（见表6－3－3）。

表6－3－3 部分专利权人在实时 PCR 技术领域的专利公开量趋势 单位：项

公开年	罗氏公司	浙江大学	香港中文大学	三星集团	达安基因	阿普里拉	埃佩多夫股份公司	韩国科学技术院	佳能公司	柏业公司
2000	0	0	0	0	0	0	0	0	0	0
2001	1	0	0	0	0	0	0	0	0	0
2002	2	0	0	0	0	0	0	0	0	0
2003	11	0	3	0	0	0	0	0	0	0
2004	6	0	2	4	0	0	1	0	0	0
2005	7	0	4	7	1	0	2	0	0	0
2006	17	0	2	6	0	0	8	0	0	0
2007	23	0	2	2	0	0	16	1	0	0
2008	19	8	4	7	6	0	5	3	9	1
2009	7	0	16	2	10	0	10	6	13	3
2010	18	5	5	7	13	8	7	1	2	6
2011	10	9	7	5	6	7	7	6	3	2
2012	13	12	5	13	17	11	5	8	1	10
2013	3	12	5	14	5	8	5	8	4	10
2014	10	14	9	7	4	6	1	8	4	5
2015	13	7	3	3	2	11	0	5	5	8
2016	6	3	8	1	3	4	0	6	6	3
2017	10	16	9	0	0	9	0	5	5	2
2018	9	6	6	1	0	1	0	1	5	5
2019	8	6	8	0	8	4	0	3	0	1

近年来来，罗氏公司在实时 PCR 方面进行了大量的专利布局，涉及多重实时 PCR（EP17073293）、多重实时荧光 PCR（US15705821）、实时 PCR 信号突变的检测和校正

（US20150186598）、实时 PCR 荧光数据中阶跃不连续性去除的系统和方法（US13688133）、确定实时 PCR 循环阈值的通用方法（US20190095576）等（见图 6－3－2）。

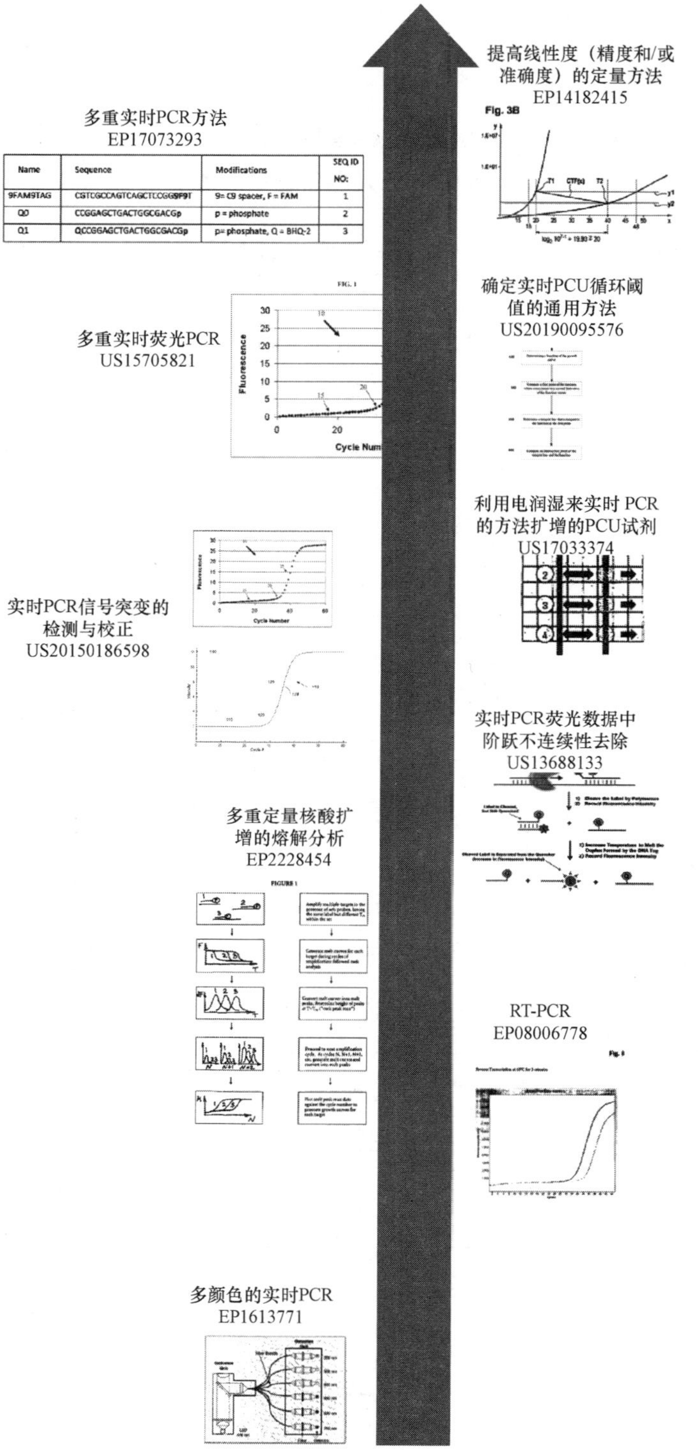

图 6－3－2　罗氏公司部分具有代表性的实时 PCR 专利

在具体的设计中，罗氏公司有不少独特的专利布局。例如，采用 Therma - Base 热循环技术、导热性能好的银质热循环模块和先进的光学检测系统，彻底消除边缘效应，保持稳定优质的检测结果（US7122321，见图 6 -3 -3）。

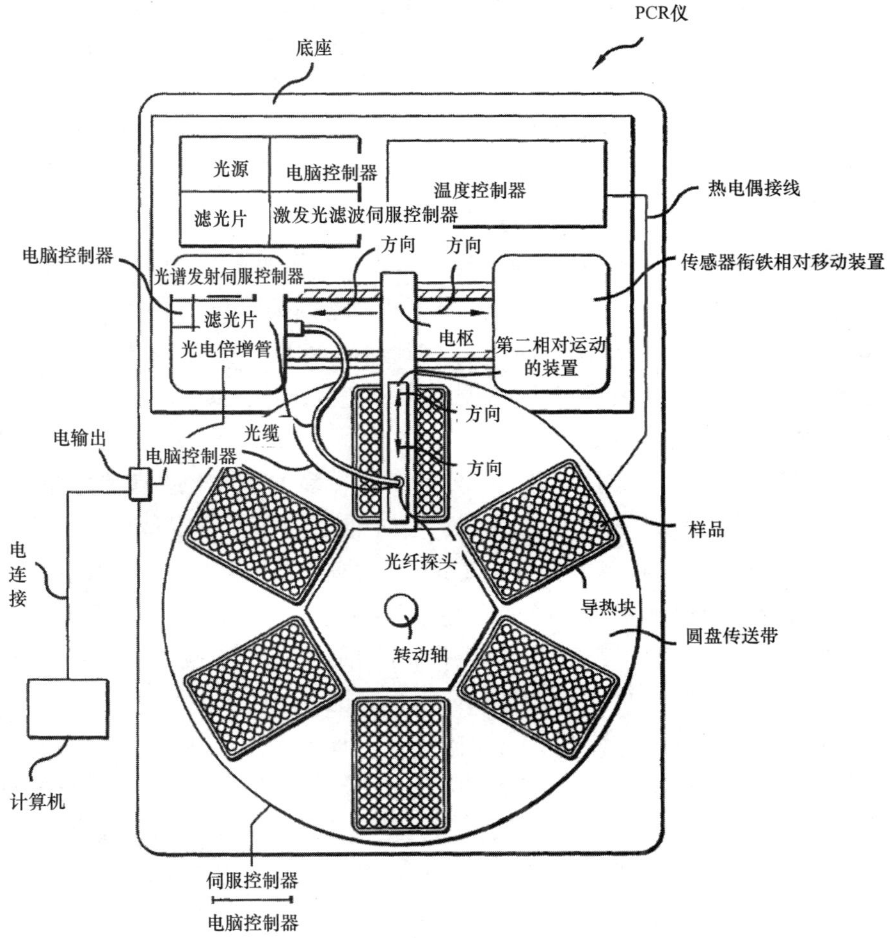

图 6 -3 -3　消除边缘效应的专利设计（US7122321）

除罗氏公司外，加利福尼亚州的高校在全球专利布局中也处于优势地位，加州大学、加州理工学院、南加州大学等高校均布局了不少相关专利，这其中不少专利得到了转化，包括多路 QPCR 阵列（US20190323070、US8048626、US20180251829）、基于发色团的表征和检测方法（US16109288、US20180030551）、用于唾液检测的方法（US20190010538）、PCR 的非热循环（US20130344539）、在光刻基质中通过大规模多重 PCR 检测液体样品中稀有细胞的高通量技术（US13763536）、用于 DNA 拷贝数计数的定量 PCR 方法（US6180349）等。

6.3.3 专利布局方向

从专利发展历程和布局现状来看，实时 PCR 专利在以下方向有发展的新空间。从专利发展历程和布局现状来看，实时 PCR 专利在以下方向呈现出发展的新空间“后面增加”早期实时 PCR 发展主要集中在自动 PCR 系统，包括使用加热和冷却步骤进行核酸序列的自动扩增和分析的装置和方法（US5333675）和核酸扩增监测方法（US6569627），随着半导体技术不断发展，如 US7948015 公开用于分析物测量的超大规模 FET 阵列有关的方法和设备。ChemFET 阵列可以使用基于改进的 FET 像素和阵列设计的常规 CMOS 处理技术来制造，该改进的 FET 像素和阵列设计提高了测量灵敏度和精度，同时促进显著小的像素尺寸和密集阵列。2015 年，TWIST BIOSCIENCE CORPORATION 描述了用于制造高质量构建块的装置，例如寡核苷酸，该装置使用微流控组件可以并行合成较长的核酸。随着纳米技术和基因编辑技术的发展，如纳米孔测序（US20090298072）和 CRISPR - Cas 系统（US8697359），实时 PCR 朝着微型化、智能化和便携化方向发展（见图 6 - 3 - 4，见文前彩色插图第 5 页）。

6.3.3.1 多重实时荧光定量 PCR

多重实时荧光定量 PCR 方法，兼具了实时 PCR、多重 PCR 以及荧光定量 PCR 的优点，因而可适用于多种病原体的综合检测，同时兼具特异性、定量化等优点。例如，CN105936945A 中公开了一种基于传统多重 PCR 扩增和四色实时荧光检测技术的核酸检测方法，其能够同时检测 4 重呼吸道病毒（流感病毒、呼吸道合胞病毒、腺病毒和人偏肺病毒）。实时荧光 PCR 技术作为新兴的呼吸道病毒核酸检测技术，具备灵敏度高、特异性好、操作简便和 PCR 产物污染风险小的优点。

随着技术的进一步发展，针对多病原体的多重检测技术，或将成为重要的发展方向。同时，针对表观遗传学（例如 DNA 甲基化）等方面的诊断，相比于已有的方法，多重实时荧光定量 PCR 具有很大的优势：①直接测序（主要是 Sanger 测序），优点是结果准确可靠，能读取到被检测序列信息，但其有效富集甲基化基因区域，在转换试剂盒转换效率不高、甲基化基因含量低的情况下面临极大的挑战，一般用来确认其他检测阳性结果；②荧光定量 PCR 利用特异的引物对 DNA 甲基化区域进行 PCR 扩增，利用荧光标记探针对扩增产物进行突变检测，这样的检测方法特异性强、灵敏度高，可检测到 DNA 含量低至 1% 的突变，但目前基因甲基化检测通常为单一 CpG 位点，即通过 MGB 探针区分单一 CpG 位点，甲基化信息不全面易造成假阳性结果，同时 q - PCR 平台单一检测通量不高，探针成本昂贵，很难适应临床大通量样本的风险预测；③PCR 高通量测序法是利用 PCR 技术对甲基化目标区域进行富集，然后构建适合高通量测序的文库并做测序，获得感兴趣的甲基化目标区域序列信息，但是在目前对甲基化目标区域富集过程中，富集的特异性和有效性在不同的实验平台差距大，而且普通的建库流程繁杂、周期长、成本高，这些都是甲基化基因高通量测序的限制因素。

6.3.3.2 微滴数字 PCR

微滴数字 PCR（droplet digital PCR，ddPCR）的原理是在反应前将反应体系进行微滴化处理形成几万至几十万个油包水的液化微滴，核酸分子分布于每个微滴中，经过PCR扩增后，经过微滴检测器检测，根据泊松分布原理和阳性微滴数即可计算出核酸初始拷贝数。与实时荧光定量PCR相比，同样是基于TaqMan探针法的qPCR，不过由于将反应体系进行微滴化处理，理论上该方法灵敏度会更高。但是ddPCR也存在一些不足，例如仪器设备昂贵，每一份的检测成本较qPCR高；微滴读取速度慢导致检测时间是qPCR的2~3倍；荧光通道少（目前只有FAM和VIC两通道）；样品需稀释到一定浓度方可检测；目前尚无成熟的ddPCR商品化试剂盒可供使用。

6.3.3.3　新型荧光纳米材料的应用

早在20世纪60年代，就有研究者发现金、银、铜等金属有较弱的荧光，但其荧光产率特别低。随着研究的不断发展，目前已研究发现的荧光纳米材料主要有有机染料、碳量子点、聚合物点、半导体量子点、荧光铜属纳米簇（FMNCs）等。这些新型材料，在未来的荧光探针中的应用，或可产生诸多的潜在新专利。

6.3.3.4　解链曲线函数等计算

扩增后解链测定常用于鉴定靶核酸（例如US6174670、US6427156和US5871908），而解链曲线函数的导数要用于获得解链峰。例如使用双链体-插入染料扩增后解链测定产生导数解链峰（US6245514），计算峰的积分用于获取扩增效率和扩增核酸的相对量。

6.4　基因测序技术

基因测序是指通过测序设备对DNA分子的碱基排列顺序进行测定，即测定和解读DNA分子中腺嘌呤（A）、胸腺嘧啶（T）、胞嘧啶（C）和鸟嘌呤（G）四种碱基的排列顺序，从而解读DNA的遗传密码，可以用于鉴定、诊断遗传性疾病和传染性疾病等。

6.4.1　专利发展历程

基因测序技术的发展经历了迭代的发展历程，与之相对应的专利布局也在稳步增长。2008~2019年，全球基因测序技术专利呈现稳步上升趋势（见图6-4-1）。

6.4.1.1　第一代测序技术

基因测序的源头可以追溯至1954年Whitfeld等对多聚核苷酸序列的测定。1977年，Frederick Sanger在引入双脱氧核苷三磷酸（ddNTP）后，形成了双脱氧链终止法，使得DNA序列测定的效率和准确性大大提高。Walter Gilbert发明的是化学降解法测定DNA序列。化学降解法刚刚问世时，准确性较好，但化学降解法操作过程较麻烦，逐渐被简便快速的Sanger法代替。两人都被授予1980年的诺贝尔化学奖。1983年，美国生物化学家Kary Mulllis发明了PCR技术。该技术对生命科学研究是一项革命性技术，也是目前绝大多数基因测序技术的核心。一系列的DNA测序方法，包括加减法、双脱氧核苷酸末端终止法、化学降解法、荧光自动测序技术、杂交测序技术等，均是在化

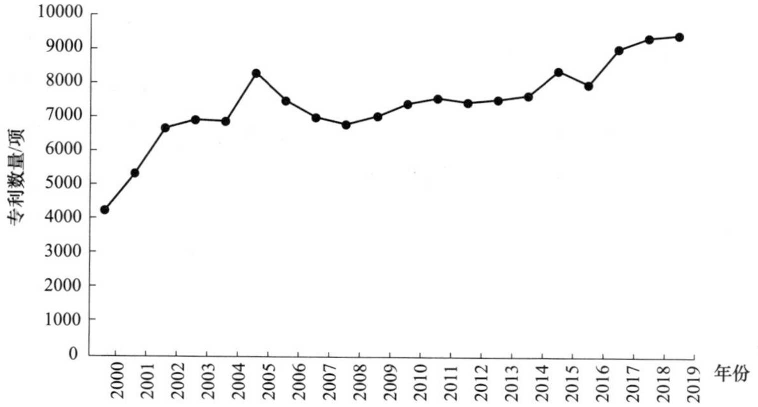

图6-4-1　基因测序技术专利公开量趋势

学降解法及双脱氧核苷酸末端终止法的基础上发展起来的，人们将这些DNA测序技术统称为第一代DNA测序技术。

第一代测序技术主要基于Sanger双脱氧链终止法的测序原理，结合荧光标记和毛细管阵列电泳技术来实现测序的自动化，基本方法是链终止或降解法，人类基因组计划就是基于第一代测序技术。第一代Sanger测序技术的优点是，测序读长长，能达到800~1000 bp，且测序用时短，只需要几十分钟即可完成一次测序，测序准确度高，准确性高达99.999%，目前仍是测序的金标准；缺点是通量低、成本高，影响了其真正大规模的应用。

6.4.1.2　第二代测序技术

第二代测序技术自2005年由454公司首次推出后，在几年内便迅速地应用在生命科学领域，其典型特点是：①通量高，一次运行可以产生GB级数据量；②价格便宜，相对于获得的海量数据其价格比Sanger测序法低很多；③测序周期较短，在短短的几天甚至是几小时内便产出数据；④挖掘的信息多，因其采用了多通道测序，能反映丰富的物种信息，加之愈发丰富的各种数据库，能直接反映出代谢情况及信号通路等。第二代测序技术出现之初，并没有引起多大的轰动，主要是当时的测序技术相对于传统的Sanger测序法来说，尽管在数据量和成本上占有优势，但仅为100bp的读长太短，在生物信息分析上不占有优势。然而，其发展速度给人们带来了信心，16个月后，读长便达到了250bp，到目前为止，罗氏公司454测序的读长更是达到了1000bp以上，足以与Sanger测序法相媲美。由于其突出的优势，第二代测序市场迅速打开，各种第二代测序技术相继开发出来。目前，全球测序业务被Illumina、Life Technologies（2014年被赛默飞公司收购）、罗氏公司三巨头所垄断。

6.4.1.3　第三代测序技术

由于第二代测序技术在测序之前都有一个PCR扩增的建库过程，这就可能引入外源的碱基突变，并且PCR过程的非均一性，也会改变原始核酸的比例结构，加之二代测序技术普遍读长较短，无关信息较多，后续生物信息分析复杂繁重，而Helicos的单分子 DNA 测序（Single - Molecular DNA sequencing）、PacBio 的实时 DNA 测序（Real - time DNA Sequencing）和 Oxford Nanopore 公司的单分子纳米孔 DNA 测序（Single - molecule Nanopore DNA Sequencing）则很好地解决了这些问题，因此这些新型的测序法区别于第二代测序技术，被称为第三代测序技术。

2008 年，美国 Harris 等发明了一种单分子测序技术（Single - Molecule Sequencing, SMS），并成功对 M13 病毒的基因组进行了重测序，因此也拉开了以单分子测序为标志的基因测序帷幕。第三代测序技术最大的优点在于：①不需要经 PCR 建库的过程，直接对样品中的 DNA 分子进行测序，因此能真实地反映样品中 DNA 分子比例情况；②独特的测序机理使得读长有很大的改进，目前已经突破 1000bp；③测序速度的提高使得整个运行时间逐渐缩短；④准确度高，能很好地进行 SNP 检测，及各种突变体的筛查；⑤上样标准低，没有对上机总量的要求，因此也更易于处理样品；⑥成本更低，使得 100 美元测一个人的全基因组成为可能。三代测序技术重点参数对比见表 6 -4 -1。

表 6 -4 -1　三代测序技术重点参数比较

测序技术	公司产品	测序原理	序列长度/bp	通量	准确率	缺点
第一代测序	ABI	桑格 - 毛细管电泳测序法	600 ~ 1000	0. 0002Gb/run	99. 9999%	成本高，通量低
第二代测序	Illumina Solexa	可逆链终止物和合成测序法	75/100（x2）	18 ~ 35BGb/run	>99%	读长略短
	Illumina Hiseq	可逆链终止物和合成测序法	50/75/150（x2）	750 ~ 1500Gb/run	>99%	
	Life Tech SOLiD	连续测序法	50	30 ~ 50Gb/run	>99%	
	Roche 454	焦磷酸测序法	200 ~ 600	0. 45Gb/run	>99%	通量略低
第三代测序	PacBio RS	DNA 单分子实测序	1000 ~ 10000	0. 5 ~ 9Gb/run	85%	准确度低
	Oxford Nanopore MinIon	纳米孔测序技术检测电流	约 5400	30 ~ 400bp/秒	70%	准确度低

在第三代测序技术中，近十年来基于纳米孔的单分子合成测序（SBS）技术得到了开发（例如 US2013/0244340A1、US2013/0264207A1、US2014/0134616A1）。基于纳米孔的单分子合成测序包括使用 DNA 聚合酶（或其他链延伸酶）来合成与靶序列模板互补的 DNA 链，和并行地随着每个核苷酸单体添加至生长中的链而确定其身份，由此确定靶序列。通过在合成链时随时间监测穿过位于聚合酶活性部位附近的纳米孔的电流，检测每个添加的核苷酸单体。得到准确的信号要求将聚合酶活性部位适当定位在纳米孔附近和在每个添加的核苷酸上使用标记物，标记物可以进入纳米孔并提供穿过孔流动的电流的可鉴别的变化。通过控制 DNA 聚合酶链延伸反应的参数，包括核苷酸单体

结合速率、持续合成能力、转变速率和总体阅读长度。

在进一步的发展中，使用纳米孔来区分经由末端5’-氨基磷酸连接至dG核苷酸的四种不同长度PEG-香豆素标记物，进一步提升了其准确性（US2013/0244340A1、US2013/0264207A1、US2014/0134616A1）。通过标记核苷酸，基于纳米孔的单分子合成测序连接至包含支链PEG链的单个标记物得到了有效运用（WO2013/154999、WO2013/191793）。这些技术与其他的标记的核苷酸（例如WO2015/148402），大多通过增加标记物的大小和结构可变性，以此促进基于纳米孔的单分子合成测序检测。

6.4.2 专利竞争格局

总体上看，在当前有效或正在审查中的基因测序技术专利中，罗氏公司处于领先地位，其他还有太平洋生物科学公司、加州大学、阿普里拉股份有限公司、赛默飞公司等（见表6-4-2）。

表6-4-2 部分专利权人在基因测序技术领域的专利公开量趋势 单位：项

公开年	罗氏公司	太平洋生物科学公司	加州大学	阿普里拉股份有限公司	赛默飞公司	日立株式会社	香港中文大学	诺华公司	赛诺菲公司	巴斯德研究所
2000	127	0	62	0	0	28	0	45	44	32
2001	169	0	73	0	0	31	0	33	41	16
2002	118	0	67	0	0	49	3	35	37	23
2003	136	0	72	0	0	43	4	52	77	39
2004	167	0	74	0	0	27	2	38	30	46
2005	132	0	82	1	1	40	12	42	33	45
2006	262	8	66	1	1	42	6	46	50	36
2007	178	61	68	1	47	41	7	41	33	38
2008	137	73	54	4	68	24	10	49	21	61
2009	146	83	51	20	71	47	23	32	35	58
2010	119	95	67	79	46	23	18	27	41	36
2011	90	88	42	113	50	19	25	26	28	24
2012	71	98	40	97	94	16	28	24	32	21
2013	65	79	37	79	90	22	47	15	9	6
2014	75	87	51	83	98	30	56	15	11	9
2015	62	101	36	98	88	26	55	17	9	8

续表

公开年	罗氏公司	太平洋生物科学公司	加州大学	阿普里拉股份有限公司	赛默飞公司	日立株式会社	香港中文大学	诺华公司	赛诺菲公司	巴斯德研究所
2016	58	94	42	93	67	26	47	4	5	8
2017	65	120	55	100	67	24	73	2	1	12
2018	75	76	52	80	77	22	65	4	1	6
2019	52	78	42	111	61	20	77	0	0	0

当前，Illumina、Ion Torrent/LifeTechnologies（2014 年被赛默飞收购）、454 Life Sciences/Roche 以及 Pacific Biosciences 等跨国企业在全球的专利中占据优势。随着三代测序技术的兴起，一些新兴企业在打破这些跨国企业的专利竞争优势上发力。基因产业龙头企业主要设备与仪器如表 6－4－3 所示。

表 6－4－3 基因产业龙头企业主要设备与仪器

公司名称	主要仪器名称	技术	优势
Illumina	Illumina HiSeq 2000	二代测序技术	测序读长适中，通量高，每 G 数据量试剂费用低
	Illumina Genome Analyser		
	Illumina MiSeq		
	Illumina NextSeq		
赛默飞公司	Ion Proton	二代测序技术	测序时间段，每 G 数据试剂费用适中
	Ion Torrent		
	ABI SOLiD		错误率低：可用于基因组的反复测序以检测变异位点
罗氏公司	Roche 454	二代测序技术	测序读长长：可用于基因组的重头测序和转录组的拼接
Helicos	Heliscope	三代测序技术	通量高、测序操作简易
Oxford Nanopore	Oxford Nanopore MinION	三代测序技术	测序速度快、测序序列长、测序费用低
太平洋生物科学公司	PacBio SMRT	三代测序技术	测序速度快、测序序列长、测序费用低
Polonator	Polonator	三代测序技术	测序操作简易、测序快速、测序费用低

来源：公开资料整理。

6.4.2.1 第二代测序企业

20世纪90年代，人类基因组计划完成后，人们迫切要求对基因突变、甲基化、RNA表达以及蛋白质与核酸相互作用等基因功能进行研究，第一代测序技术在应用及通量上已经不能满足更高的重测序和深度测序的要求，从而需要更高通量的核酸测定手段。在其他相关学科与技术的支持和推动下，边合成边测序的第二代测序技术应运而生。经过不断的技术开发和改进，以罗氏公司的454技术、Illumina公司的Solexa、Hiseq技术和ABI公司的Solid技术为标志的第二代测序技术，在大大降低测序成本的同时，还大幅提高了测序速度，并且保持了高准确性，以前完成一个人类基因组的测序需要3年时间，而使用二代测序技术仅仅需要1周，但在序列读长方面比起第一代测序技术要短很多。高通量是第二代测序技术的特点。自2005年454公司推出第一台基于焦磷酸测序二代测序仪开始，到2017年Illumina推出NovaSeqTM系列，高通量测序技术（又称为下一代测序，Next Generation Sequencing，NGS）经历了十几年的技术发展过程，NGS测序平台也经历了一系列的收购和合并，最终形成三家测序平台，包括Illumina的Solexa平台、Life Technologies的Ion Torrent平台和华大基因的Complete Genomics平台。

随着人类基因组计划的完成，人们的研究已延伸到全基因组和转录组水平，传统的Sanger测序法越来越无法满足技术的要求，尤其是其速度慢、成本高和通量低的缺点成为应用的瓶颈。进而，人们需要自动化程度高、并行性强（通量高）、成本低、工厂化的测序技术。2005年，454公司便推出了里程碑式的测序革新技术，这种技术采用乳液PCR（emulsion PCR）和焦磷酸测序法原理，其初始版本一次运行便轻易地获得50倍ABI 3730测序仪的数据量，且其成本仅为ABI 3730测序的1/6，因其数据产出是常规测序方法无法比拟的，因此也被称为高通量测序。在随后的几年里，以罗氏公司454、Illumina Solexa、ABI SOLiD为代表的二代测序技术呈现出“三足鼎立”的发展势头，并且在后基因组时代展现出广泛的应用范围与强大的测序能力。

6.4.2.2 下一代测序企业

Helicos公司的Heliscope单分子测序仪、Pacific Biosciences公司的SMRT技术和Oxford Nanopore Technologies公司的纳米孔单分子技术，被认为是第三代测序技术。与前两代技术相比，它们最大的特点是单分子测序，测序过程无须进行PCR扩增，其中，Heliscope技术和SMRT技术利用荧光信号进行测序，而纳米孔单分子测序技术利用不同碱基产生的电信号进行测序。

随着靶向药物和个体化的治疗方案不断增加，多基因联合检测需求不断增加。相较于传统的PCR方法，NGS测序用于肿瘤多基因检测更有优势，应用场景更加广泛。

2017年11月美国食品药品管理局（FDA）先后批准MSK基于二代测序技术的癌症基因检测分析平台MSKIMPACT™和Foundation Medicine公司针对多种实体瘤的NGS产品——Foundation One CDx（F1CDx）。这是FDA首次批准综合大Panel肿瘤多基因检测产品上市。随后，国内基于NGS的肿瘤检测产品审批也明显提速，目前已有4家企业通过国家药品监督管理局（NMPA）批准，广州燃石的EGFR/ALK/BRAF/KRAS基因突变联合检测试剂盒（可逆末端终止测序法）于2018年7月获批；诺禾致源的人EGFR、KRAS、BRAF、PIK3A、ALK、ROS1基因突变检测试剂盒（半导体测序法）于2018年8月获批；南京世和基因的EGFR/ALK/ROS1/BRAF/KRAS/HER2基因突变检测试剂盒（可逆末端终止测序法）于2018年9月获批。

艾德生物与Illumina战略合作、自主创新的NGS产品（维惠健™），获批诊断肺癌、肠癌2个癌种，5个伴随诊断，10个基因，覆盖了肺癌、结直肠癌目前已上市及未来3~5年可能上市靶向药物所有的治疗靶点。艾德生物的人类10基因突变联合检测试剂盒二代测序技术产品上市将会对肿瘤检测竞争格局产生巨大的影响，具有先发优势的公司预计将会获得竞争优势。

6.4.3　专利布局方向

从专利发展历程和布局现状来看，基因组测序技术专利在以下方向呈现出发展的新空间。

6.4.3.1　下一代测序

目前，主流的二代测序的鉴定通常从样本到结果的周期较长，测序读长短，通常需要多样本合并测序以降低成本等不足，而纳米孔测序等第三代测序方法超长序列读长、实时数据产生和生信分析、设备小巧便携等优点，其应用将带来诸多的衍生发展。

6.4.3.2　宏基因组测序

宏基因组测序鉴定相较于传统的培养鉴定方法，克服了很多不能培养的微生物的鉴定弊端，被越来越多地应用于微生物鉴定中（尤其是不明原因病原微生物的鉴定）。目前主流的宏基因组测序方法主要是高通量测序方法，但样本基因组中存在大量的宿主DNA，因而得到的测序数据中只有很小的一部分能够用于真正的物种和耐药基因鉴定，并且从大量的原始数据中通过生物信息学方法，过滤掉宿主序列需要大量的计算能力且耗时较长，也会影响临床样本中低丰度病原体鉴定的敏感性。这也意味着，未来需要新型的宏基因组研究方法。

6.4.3.3　新衍生检测技术

基于基因测序与基因芯片技术的发展，一些基因检测领域的衍生检测技术也蓬勃发展，为疾病检测带来了重大的机遇，包括液态活检技术中的循环肿瘤DNA（ctDNA）与循环肿瘤细胞（CTC）、游离DNA（cfDNA）检测等。

第二代测序是新衍生检测技术中潜力最大的平台之一，其检测灵敏度较高。即使在ctDNA含量很低情况下，也能检出，保证了检出下限，而其他技术很难从正常组织中检测出异常的ctDNA。ctDNA含量通常在晚期或转移性肿瘤中较高，而在早期或局限性肿瘤中含量较低。在不同类型肿瘤中，ctDNA水平也存在差异。目前，ctDNA可以作为肿瘤预后的标志物，而且也能够用来预测药物治疗的效果，这也是ctDNA作为肿瘤检测应用非常重要的一个方面。另一方面，cfDNA是血液中游离的DNA片段，肿瘤患者外周血中的cfDNA总量高于健康人，因此cfDNA的含量增多可作为初筛的手段，但其精确度不高，且主要用于晚期肿瘤的检测。肿瘤患者外周血中的cfDNA总量高于健康人，因此cfDNA的含量增多可作为初筛的手段，但其精确度不高，且主要用于晚期肿瘤的检测。CTC可用于肿瘤的早筛，但较多应用于特定类型肿瘤的高危人群（例如慢性阻塞性肺病和肺癌）。但就检测到CTC所选取的特征值（如数量、CD45抗原阴性、EpCAM阳性等）只能推断这种细胞可能是恶性肿瘤细胞，而不能进一步确诊为何种肿瘤细胞。且CTC在肿瘤患者外周血中含量很低，在癌前病变或肿瘤早期数目更加稀少。因此对检测设备提出了极大的要求。此外，基因测序在无创产前检测（NIPT）也发挥了巨大的作用，该技术主要用于判断胎儿是否患有唐氏综合征等遗传性疾病。

6.5 基因多态性检测与伴随诊断

单核苷酸多态性CSNP是指在基因组水平上由单个核苷酸的变异所引起的DNA序列多态性，SNP在基因组中分布广泛，它是人类可遗传变异中最常见的一种，也是基因测序最常用的突变类型，对于多种疾病的检测具有较好的指示意义。伴随诊断（companion diagnostic，CD）是一种体外诊断技术，能够提供有关患者针对特定治疗药物的治疗反应的信息，有助于确定能够从某一治疗产品中获益的患者群体，从而改善治疗预后并降低保健开支。伴随诊断除可以为患者筛选出有效的治疗方案、节省无效治疗的时间和费用外，还可以从药物安全性和疗效的角度出发，也能提高患者服药的依从性，降低不必要的毒副作用。基于对多个生物标志物及基因多态性进行实时监控，通过伴随诊断快速判断药物是否适用于患者，帮助医生制定出最合适、有效的治疗方案，是个性化医疗时代的发展之路。

6.5.1 专利发展历程

随着PCR技术的发展，聚合酶链式反应－限制性片段长度多态性分析法的专利得到了布局，实现了基因多态性的检测。然而，该方法存在操作步骤烦琐、灵敏度有待提高等局限，这也驱动了新专利的布局。

这些新专利的布局，大体上从三方面展开：①等位基因特异性聚合酶链反应。等位基因特异性聚合酶链反应（allele specific PGR，AS－PCR）较为简易，其基本原理是根据SNP位点的碱基类型设计引物，野生型和突变型特异性引物链在两个不同的PCR环境中进行反应，随后通过对目的PCR产物的检测，来达到基因分型的目的。②荧光聚合酶链式反应。荧光PCR是在扩增时加入特异性的荧光探针，采用“等位基因特异PCR”技术结合荧光探针检测特异性扩增产物，因而是上一技术的进一步发展。荧光定量PCR方法具有灵敏度高、分型准确、操作简便快捷等优点，但是对于多基因、数十个位点的检测无法达到临床要求。③测序法。将可能的SNP位点进行PCR扩增，通过直接测序方法找到单核苷酸多态性位点，并确定碱基替换类型。测序法又可分为直接测序法和PCR－高通量测序法。其中，直接测序法是应用最多的一种检测方法，主要是Sanger测序，当组织样本DNA经过甲基化转换试剂盒处理后，经过有效富集才能被测序，优点是结果准确可靠，能读取到被检测序列信息，但其有效富集甲基化基因区域，在转换试剂盒转换效率不高、甲基化基因含量低的情况下面临极大的挑战，一般用来确认其他检测阳性结果。PCR－高通量测序法利用PCR技术对甲基化目标区域进行富集，然后构建适合高通量测序的文库并作测序，获得感兴趣甲基化目标区域序列信息。但是在目前对甲基化目标区域富集过程中，富集的特异性和有效性在不同的实验平台差距大，而且普通的建库流程繁杂、周期长、成本高，这些都是甲基化基因高通量测序的限制因素。

在这些基础上，一系列的专利得到了布局。以肥厚型心肌病的检测为例，针对TAZ基因新突变位点的专利（CN107058538A）、针对MYH7、PRKAG2和TNNI3基因的引物或探针（CN106868175A）、针对MYH7、MYBPC3和SCN5A三个基因进行全外显子测序（CN106191290A）、靶向MYH7、TNNT2等基因（CN105695606A）、针对SCN5A、MYH7、MYBPC3、MYPN基因的筛查试剂（CN103509867B）相关专利已经得到了布局。

6.5.2　专利竞争格局

自1998年赫赛汀及其伴随诊断试剂获美国FDA批准上市以来，伴随诊断在美国得到迅速发展，而后扩展至全球。目前美国伴随诊断市场中的竞争者，主要是罗氏公司、安捷伦（丹科）、雅培公司、凯杰、赛默飞公司等。

6.5.2.1　罗氏公司

罗氏公司拥有从分子生物学到细胞组学再到蛋白质组学的仪器和科研试剂类产品，包括实时荧光定量PCR系统、全自动样本制备系统以及454、三代、四代测序仪等，在基因多态性检测和伴随诊断上提供的解决方案较为齐全。在伴随诊断方面，罗氏的专利覆盖阿尔茨海默氏病（AD）和单纯疱疹病毒－1（HSV－1）（WO2019126472）、哮喘（WO2018195472）、红斑狼疮（JP2018050492）、肿瘤（KR1020147013725）、丙型肝炎（MX2013011127）、风湿性关节炎（US20090204489）等。

6.5.2.2　凯杰（QIAGEN）

凯杰是全球领先的样本制备和分析技术供应商，其伴随诊断项目涵盖一系列分子检测平台，其中有很多实时PCR检测可依托凯杰Rotor－Gene Q实时荧光定量PCR分析仪进行分析。例如，凯杰therascreen® KRAS RGQ PCR Kit是早期通过美国FDA审批的产品，用于指导不同药物的应用，可在Rotor－Gene Q实时荧光定量PCR分析仪上运行。凯杰在开发针对二代测序平台的通用型解决方案方面处于行业领先地位，产品覆盖了与大量癌症相关基因或基因区域的多种检测产品。目前，凯杰与礼来、阿斯利康、诺华等制药企业拥有诸多的合作项目，共同开发、鉴定和推广用于指导癌症等疾病治疗的伴随诊断检测。凯杰的专利布局示例包括腹主动脉瘤相关SNP位点rs10757278的检测引物（CN109971859）、高ω－3－脂肪酸（N－3－FA）饮食相关疾病的诊断（EP2930246）、核酸分离和纯化新方法（WO20111040270）、基因组突变识别方法（JP2018081698）、CMET改变（拷贝数和表达水平的变化，和/或突变的存在，包括点突变）检测（US20160130660）、cMET核酸的多模态分析（KR1020160106040）、熔融曲线分析方法（EP140567650）、DNA 图谱分析方法（US8771952）、多模态 PCR 靶点检测（US20150011416）等。

6.5.2.3 其他体外诊断企业

除上述专利权人外，安捷伦、雅培公司，以及 Ac Immune、Atyr Pharma、Astute Medical、Caris Life Sciences、Celgene、Decode Genetics、Eisai R&D、Expression Pathology、Febit Holding、Foundation Medicine、Illumina、Myriad Genetics、Nestec - Prometheus、Nodality、Nuclea Biotechnologies、Protagen、Somalogic 等体外诊断企业专利布局的重点方向之一，也是安进公司、阿斯利康公司、拜耳公司、勃林格殷格翰、百时美施贵宝公司、葛兰素史克公司、强生公司、默克公司、诺华公司、辉瑞公司、罗氏公司、赛诺菲公司、武田制药公司等跨国制药企业的专利布局重点。

在国内，艾德生物、透景生命、凯普生物、金域医学等企业也布局了一定数量的专利。

6.5.3 专利布局方向

目前的基因多态性检测仍有局限：①PCR - 直接测序法是检测基因点突变的金标准，该方法属于定性检测，优点是直接获取序列，可发现新的变异位点，但灵敏度不高，操作复杂，成本相对较高，速度慢、通量低；②PCR - 高分辨率熔解曲线（HRM）法，该方法操作简便、快速、通量大、使用成本低，但对仪器的灵敏度和分辨率有较高要求；③PCR - 基因芯片法，该方法通量高，可同时对多个待测 SNP 位点进行检测，但成本高，需要特殊仪器和设备；④实时荧光 PCR 法，通量较高，操作简单，仪器设备易普及，但探针较昂贵；⑤PCR - 限制性片段长度多态性方法，无须特殊的仪器设备，成本较低，实验过程简单，可操作性强，但通量低，只适用于部分 SNP 分型；⑥ARMS - PCR 法，该方法可以用于检测各种类型的 SNP，其优势是灵敏度高，特别适合于对肿瘤组织中的体细胞突变进行检测；缺点是可能出现假阳性。立足多种方法，基因多态性检测技术的发展，为多个细分领域的检测和伴随诊断提供了新手段。

6.5.3.1 营养诊断

营养元素在人体中发挥着不可替代的作用，乳糖、胆固醇、碳水化合物等营养元素的缺乏和过量补充，都会引发生理机能紊乱或导致其他疾病。多种营养元素的吸收和代谢与基因的多态性有关，营养成分相关的代谢途径中关键酶表达受基因多态性的影响，基因的变异会导致合成的代谢酶活性出现差异，从而使机体对营养物质的代谢和吸收产生差异。因此通过基因检测可以评估个体对不同营养物质的吸收代谢能力，及时进行饮食干预，以指导合理补充缺乏的营养元素。

例如，叶酸是人体细胞生长、分裂和繁殖过程中必需的物质。研究显示，在胚胎发育早期出现的两次表观在遗传编程当中起着重要的作用，其代谢受基因多态性的影响，主要影响叶酸代谢途径两个关键酶的活性［一是亚甲基四氢叶酸还原酶（MTHFR），主要作用是催化 5，10 - 亚甲基四氢叶酸还原为 5 - 甲基四氢叶酸，从而维持血液同型半胱氨酸的正常水平，其活性降低可导致孕妇妊娠期高血压、自发性流产、新生儿神经管缺陷、先天性心脏病、唇腭裂、唐氏综合征等疾病的发病率升高；二是甲硫氨酸合成还原酶（MTRR）]，进而导致血清中的叶酸发生改变。

营养代谢基因检测的位点属于点突变，且为胚系检测。用于单核酸苷多态性检测的方法主要有Sanger测序、Taqman法、高分辨率溶解曲线（HRM）、等位基因特异性PCR（ARMS）、基因芯片法等。其中，Sanger测序虽为测序的金标准，可检出未知突变，但是该方法存在通量低、操作烦琐、上样量高等缺点；Taqman法只能检出已知突变，且探针合成价格较高；ARMS法检测灵敏度高，但引物设计困难，对技术人员要求较高等等。

目前，营养代谢相关的检测都是基于某一类或某一种营养元素，无法综合评估个体对多种营养元素的吸收和代谢能力。因此，需要开发经济、快速、易操作的新检测方法，为不同个体制定相应的营养补充方案，以满足合理膳食以外对维生素、微量元素等的需求。

6.5.3.2 疾病筛查

单核苷酸多态性检测用于疾病筛查的过程，需要进一步提升特异性和灵敏度，同时简化操作流程。究其原因，当前的外周血样本提取的基因组方法，在现场操作中受到成本、效率、样本保存条件和提取效果等多方面的掣肘，因而在大规模的人群筛查中仍有限制。反过来，高特异性、高灵敏度、操作简单的检测，则将成为重要的发展方向。

6.5.3.3 个性化用药

基因多态性造成了人与人之间药物反应个体差异，从而导致治疗效果、毒副作用和药物耐受性的不同。以精神疾病类用药为例，该类疾病治疗以药物治疗为主，而且患者的药物依赖性和黏性高。然而，在挽救患者的同时，精神类药物引起的不良反应也不容忽视。尽管传统的PCR-测序法是基因分型检测的金标准，但是检测周期长、通量低，因而很难适用于多基因多位点。

6.5.3.4 多指标联检（核酸和蛋白的综合检测）

基因多态性分析与其他手段的联用，或将为伴随诊断带来新的空间。以Luminex的xMAP平台为例，在不断涌现的筛查诊断需求和药物发现需求面前，通过开放式结构的设计，利用单个技术平台满足多指标联检的需求，具有自由组合、高通量、高速度、低成本、准确性高的特点，还可在同一平台上完成蛋白质和核酸的检测。

6.6 循环肿瘤细胞检测技术

传统获得肿瘤患者组织样本的活检方法主要为穿刺活检，穿刺活检的局限性在于：穿刺活检的创伤大、重复取样不方便、穿刺自身的临床风险等。传统活检的局限性限制肿瘤精准化医疗的进程，包括无法便利地实现肿瘤的实时监测、无法实现肿瘤的早期诊断等。液体活检是指从血液中捕捉自由游走的癌细胞或癌细胞中的DNA，以获得关于小肿瘤或潜藏肿瘤的信息，从而对癌症等疾病做出诊断，如果配合传统检测技术，更具有临床指导意义。液体活检目前包括循环肿瘤细胞（Circulating Tumor Cells，CTCs）、循环肿瘤DNA（ctDNA）碎片、循环RNA（Circulating RNA）和外泌体（携带有细胞来源相关的多种蛋白质、脂类、DNA、RNA等）等主流技术。相比于传统检测手段，液体活检具有微创、可重复进行的特点，可实时监测肿瘤治疗的疗效和肿瘤的进展。循环肿瘤细胞是外周血中所有肿瘤细胞的统称，因自发或者诊疗手段从实体瘤肿瘤病灶（原发灶、转移灶）脱落进入外周血循环。大量临床研究表明，对CTC数量进行跟踪、监控有助于癌症早期诊断，预后判断和药效评估。ctDNA是肿瘤细胞体细胞DNA经脱落或者当细胞凋亡后释放进入循环系统，是特征性的肿瘤生物标记物。循环肿瘤DNA检测技术近年来正逐渐成为国际上具有重大潜力的肿瘤诊断新技术。

6.6.1 专利发展历程

研究者很早便在肿瘤患者的血液中检测到CTCs，并且发现在肿瘤发生早期即有循环肿瘤细胞通过血液循环发生全身扩散的现象，开启了研究热潮。1948年，科学家便在人类血液中检测到cfDNA的存在，但是早期并未受到较多重视。然而，早期的研究以基础研究为主，很少有对应的专利布局。

1977年，科学家发现肿瘤患者外周血中存在较高水平的cfDNA，其后肿瘤患者血液循环中的cfDNA受到了研究重视。ctDNA是坏死或凋亡的肿瘤细胞释放到外周血中的肿瘤DNA片段，被包含于cfDNA中，是肿瘤患者cfDNA中的一部分。近年来，ctDNA的相关检测技术受到了重视，其重点是针对主要瓶颈加以开发：一是ctDNA在血液中的浓度低；二是ctDNA易被其他更高浓度的循环DNA干扰；三是肿瘤细胞的基因变异（包括点突变、删除、插入、扩增、DNA修饰等）信息复杂，已知信息不全面，从而使得检测的灵敏度及准确率受到限制。在此情形下，针对ctDNA的富集成为专利布局的重点，包括用于稳定循环肿瘤细胞的组合物（CA2917912）、循环肿瘤细胞分析中假阳性识别（WO2015161231）、用于检测和分离循环肿瘤细胞磁性纳米结构（US20180059114）等。

同时，许多用于CTCs的检测技术得到了开发，例如密度梯度分离技术、基于尺寸的过滤技术、基于免疫的分离技术、免疫磁分离技术（CN107858144）等，通过细胞的物理性质（例如大小、密度、电荷、变形性等）（JP6535050、US20110294206）或生物特性将其与正常细胞分开。

以CTC、cfDNA、外泌体等肿瘤液体活检，被列为2015年十大突破技术之一，进一步加速了专利布局的热潮。就循环肿瘤细胞的分析技术而言，肿瘤分子标志物的检测是基础的方法，但是CTC单细胞基因组测序能够读取单个循环肿瘤细胞特异性信息，发展潜力巨大。对于异质性很强的肿瘤，CTC相比组织单一取材，更能全面反映肿瘤组织的异质性，更适合于评估肿瘤的分子特征及评估肿瘤进展。因此，一些特定的标志物相关专利得到了布局（例如US10234447、EP2529030等）。常见的循环肿瘤细胞分子标志物及其检测应用如表6-6-1所示。

表6-6-1 常见的循环肿瘤细胞分子标志物及其检测应用

分类	标志物	功能	已有的富集方法	检测	相关疾病分类
生存期	Survivin	细胞凋亡抑制剂	—	qPCR	乳腺癌
	端粒酶	端粒延长，衰老抑制	—	Telomerase PCR ELISA	晚期前列腺癌
	KRT19	潜能干细胞标志物	—	qPCR，ELISPOT，RTPCR	晚期非小细胞肺癌，乳腺癌
干细胞相关	BMI1	染色质水平的基因调控	—	qPCR	晚期乳腺癌
	EpCAM	上皮细胞表面标记	免疫磁性	半自动CTC检测系统中的免疫细胞化学	转移性乳腺癌，结肠癌，前列腺癌
	PTEN，BRCA1	微卫星不稳定性	密度梯度，免疫磁性	免疫细胞化学，微卫星PCR	前列腺癌
治疗	ERBB2	癌生长因子受体	密度梯度，免疫磁性	免疫细胞化学，PCR，FISH	乳腺癌
	IGFR1	胰岛素样生长因子1型受体	免疫磁珠（EpCAM）	免疫细胞化学	激素难治性前列腺癌
多标志物组合	TERT，KRT19，KRT20，CEA	多种功能	—	RT-PCR	术后结直肠癌
	TERT，KRT19，CEA，MUC1	多种功能	—	比色膜阵列方法	胃癌和健康人（术后标志物组合）

6.6.2 专利竞争格局

综合专利分析表明，全球有诸多的专利权人布局循环肿瘤细胞的分离和鉴定，这些布局基于不同的原理加以开发：①基于细胞大小不同，如英国ANGLE公司开发的名为Parsortix的新型细胞捕获技术；②基于免疫的富集技术，如美国强生公司开发的计数分析循环肿瘤细胞CellSearch系统，其是全球第一个经过FDA（2004年获批）和原国家食品药品监督管理总局（2012年获批）批准用于恶性肿瘤疾病管理的检测循环肿瘤细胞的商业化产品；③基于成像技术的平台，如不需要富集的FASTcell，利用光纤扫描，优点是减少曝光时间，因为它使用了激光光源和光电倍增管检测器。不过，缺点是高速成像有可能降低分辨率。分辨率较低会影响准确性，因此需要通过显微镜来确认；④其他平台，如基于细胞介电性质的双向电泳技术，目前商业化的双向电泳技术主要有 ApoCell 公司的 ApoStream、SiliconBiosystems 公司的 DEPArray（见图 6－6－1）。

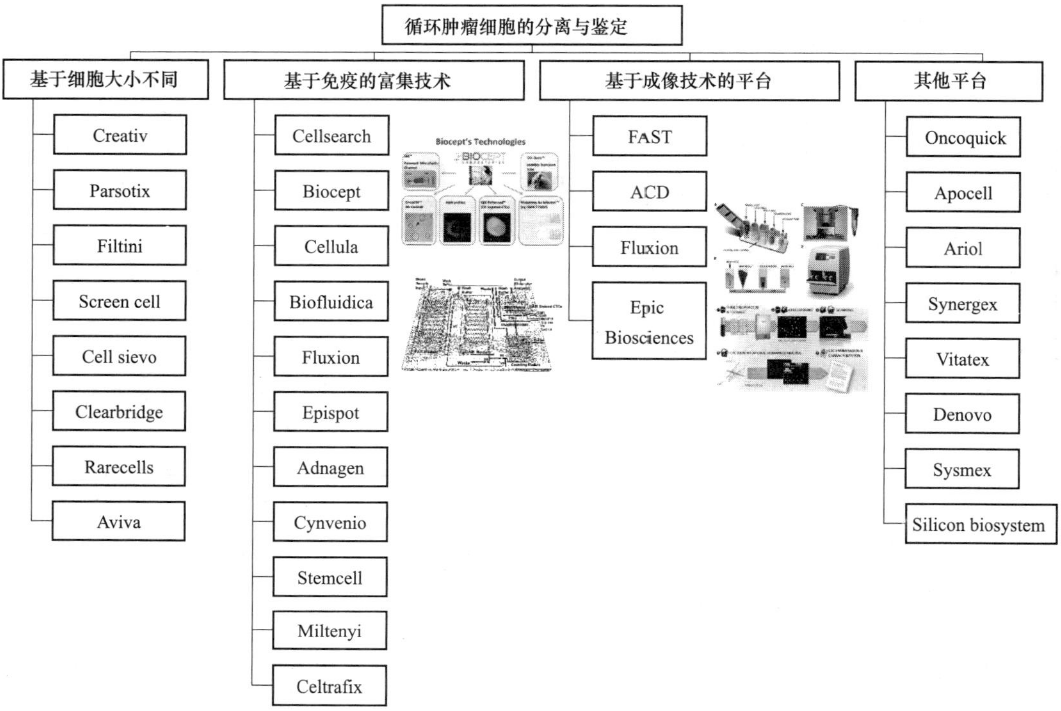

图 6－6－1　循环肿瘤细胞分离和鉴定的专利权人技术分类

6.6.3　专利布局方向

常见的循环肿瘤细胞分离方法及其优缺点如表 6－6－2 所示。从专利发展历程和布局现状来看，循环肿瘤基因检测技术专利在以下方向呈现出发展的新空间。

6.6.3.1　富集与检测技术结合

血液中循环肿瘤细胞含量极低，如何富集成为关键技术。在加速循环肿瘤基因在临床实践中的应用，结合富集和检测技术的自动化检测系统已被用于提高检测的灵敏度和特异度。例如，采用纳米级免疫磁性平台，或可用于快速、高效捕获以及温和释放循环肿瘤细胞。

表 6－6－2　常见的循环肿瘤细胞分离方法及其优缺点

方法	策略	优势	局限
Oncoquick	细胞密度	保存活性可供后续分析	不灵敏、不稳定，遗漏 CTCs

续表

方法	策略	优势	局限
ISET	细胞大小	分离计数可操作性强，保存活性	直径较小的 CTCs 会遗漏
MACS	免疫磁珠	保存活性可供后续分析	假阳性（正常细胞表达）、假阴性（变型异质性）
Cellsearch	基于肿瘤特异性的基因表达分析	半自动、高灵敏、可重复、标记和鉴定有明确标准	假阳性、假阴性 难以进一步分析
RT - PCR	基于特定抗原和肿瘤标志物分离，提取 RNA 作 RT - PCR 分析	高灵敏	假阳性（非肿瘤细胞表达）、假阴性（变型异质性）
AdnaGen	含 EpCAM 抗体微柱阵列的芯片	高灵敏、特异性	纯度低（白细胞的非特异性吸附），芯片抗体修饰烦琐且不宜长期保存
CTC - chin	具周期性表面凹凸结构的“鱼骨型”芯片	高灵敏、高检出率 便于技术和分子表型分析	

6.6.3.2 特异性的生物标志物发现

就目前的循环肿瘤细胞的捕获和分离技术而言，细胞表面标志物有很多种，如根据标志物类型来分，有上皮细胞标志物（上皮细胞黏附因子和细胞角蛋白）、器官特异性标志物、上皮细胞转化（EMT）标志物；根据抗体类型来分，有单一抗体、“鸡尾酒”、复合物（抗体 - 多核酸复合物、生物素标记的抗体、氨基化树状分子）；根据策略类型来分，有免疫磁珠、免疫细胞化学、微流控等（见图 6 - 6 - 2）。尽管基于上皮细胞标志物的捕获技术仍然是“金标准”，但是很难找到灵敏性和特异性兼顾的生物标志物，因而假阳性和假阴性的局限仍然难以避免。可能用于循环肿瘤细胞检测的常见分子标志物如图 6 - 6 - 3 所示。

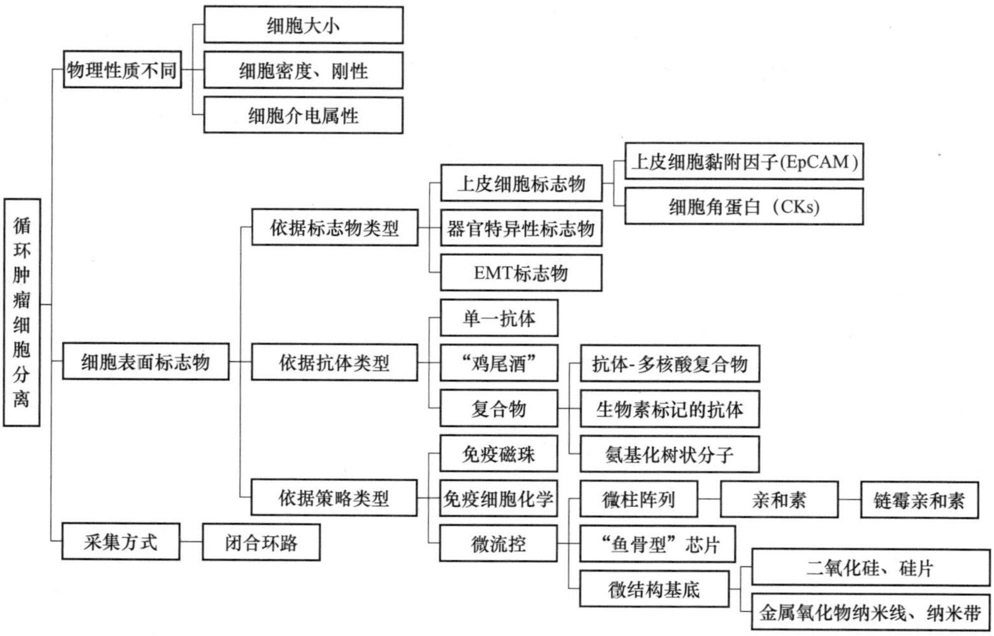

图6-6-2　循环肿瘤细胞的捕获和分离技术原理分类

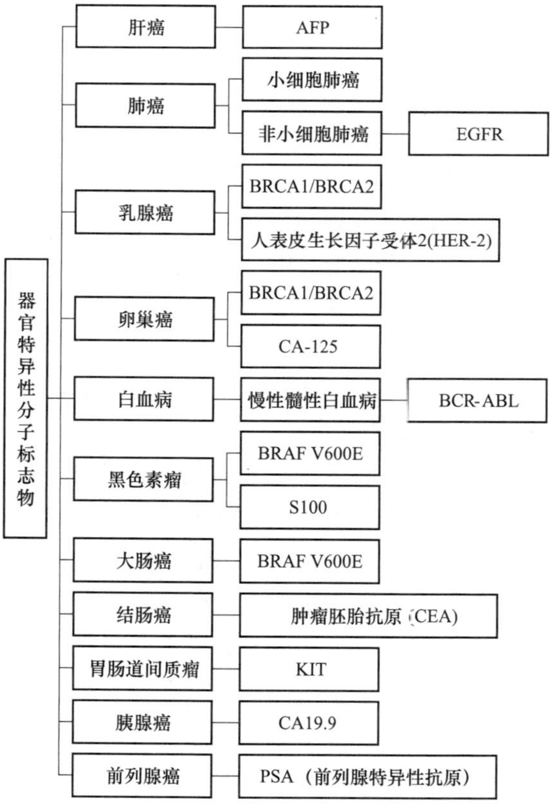

图6-6-3　可能用于循环肿瘤细胞检测的常见分子标志物

6.6.3.3 循环肿瘤 RNA 的检测

存在于血清、血浆、尿液、胸腹水、脑脊液等体液中的循环肿瘤 RNA（circulating cell - free RNA，cfRNA），也已逐渐成为新兴的液体活检分子标记。与传统分子诊断技术相比，基于 cfRNA 的液体活检能够克服肿瘤的异质性，更全面地反映肿瘤特性，并具有非侵入性，便于多次取样，可对患者进行实时监控。目前在基因融合突变检测中常用的染色体显带技术、荧光原位杂交、免疫组化只能用于检测染色体或组织细胞（无法适用于 cfRNA），荧光定量 PCR 需要标准曲线确定待测样本的拷贝数（无法检测到 cfRNA 中的稀有突变），高通量测序方法的读长较短，测序结果并不精准。因而，针对样本丰度低、半衰期短的 cfRNA，需要开发新的基因融合突变检测方法。

6.6.3.4 作为生物标志物的广泛运用

肿瘤循环细胞作为生物标志物，在筛查、药物评价、预后等方面也有着广泛的应用前景（见表6－6－3），未来也有较广阔的专利布局空间。

表6－6－3 肿瘤循环细胞作为生物标志物的研究和应用

类型	用途
预后标志物	用于评估患者的生存概率，或评估疾病的进展
预测标志物	用于预测药物或其他疗法是否会有效
分级标志物	用于预测可能的药物反应
临床终点	反映治疗干预的效果
替代标记或替代终点	用于替代临床终点的标志物
疗效标志物	用于评估治疗效果，但不能作为替代终点
诊断标志物	疾病诊断
早期标志物	癌症早期筛查
药效学标志物	用于临床试验的最高剂量确定，或时间相关的药效学评价
动力学标志物	疾病或治疗的关键途径通量的体内评估
毒性标志物	用于评估体外、临床前或临床研究中的不良影响
远期标志物	反映疾病进展
筛选标志物	用于区分健康状态和早期疾病状态的标志物
靶点标志点	用于评价药物与特定的分子靶标或受体的相互作用
转化标志物	用于评价临床前（动物）和临床研究的共同终点
可信标志物	用于揭示疾病活动或治疗反应中的途径
常规标志物	实验室分析中的标志物
机制标志物	证明药物与预期途径的相互作用
鉴定标志物	用于生理、毒理、药理、临床上公认的检测或分析

续表

类型	用途
潜在标志物	用于生理、毒理、药理、临床上的可能的检测或分析
探索标志物	用于生理、毒理、药理、临床上的探索性的检测或分析

6.6.3.5 样本采集来源的拓展

除了血液外，粪便既含有脱落的正常结直肠上皮细胞和游离的DNA，也含有从结直肠癌上脱落的特别浆细胞和肿瘤DNA。由于肠道是碱性环境（有利于DNA保存），从粪便中提取的DNA作为无创性结直肠肿瘤标志物，在研究中得到了应用。

第 7 章　POCT 技术专利分析

POCT，又称为即时检测，或现场快速检测，是指在采样现场进行的、利用便携式分析仪器及配套试剂快速得到检测结果的一种检测方式。

POCT 突破了体外诊断专用实验室的限制，拓展了体外诊断的应用场景，成为一个非常重要的发展方向。POCT 由于诊断时间短、检测便捷等优势，成为近年来体外诊断行业的重要应用和增长最快的领域。鉴于此，本章主要针对 POCT 这一体外诊断产品的相关专利展开分析。主要针对 POCT 技术全球和中国的发展态势，对我国在该领域研发方面的技术实力和专利实力加以分析，并就 POCT 技术的重点技术进行深入分析，以期为我国在相关领域的技术研发提供参考。

7.1　全球专利分析

7.1.1　发展态势

鉴于上文中已经对体外诊断技术领域进行了全局的描绘，因此本章对 POCT 技术检索的限定范围较窄，截至 2019 年 10 月 15 日，涉及 POCT 体外诊断的全球专利申请共计 21780 项，中国专利申请共 2491 项。

在此基础上从专利申请整体发展趋势、专利申请国家或地区分布、主要申请人等角度对 POCT 技术的相关专利进行分析。

早期的 POCT 技术发展始于 20 世纪中期，主要是以干化学试纸检测血糖及尿糖。此后免疫层析和斑点金免疫渗滤等免疫测定技术推动了感染性疾病、心脏标志物等 POCT 技术的发展。基于微流控技术的生物传感器的出现对 POCT 技术是一个重大转折，从此 POCT 技术小型化、智能化发展进入快车道。目前，POCT 技术已经逐步能够实现高通量、多靶向检测，并且在通信技术逐步成熟的基础上，POCT 技术正在向远程数据中心等方向发展。未来的 POCT 产品能够在便捷快速检测分析的同时，整合远程数据终端和医疗资源进行最佳治疗，从而实现构建真正的大健康体系。

从图 7－1－1 中可以看出，体外诊断领域的各大企业在不断增加对该领域的技术研发力量的投入，POCT 技术的研究呈现出整体高速发展态势。从专利公开情况来看，近 20 年的公开量基本上逐年递增，至今仍然处于上升期。

作为技术驱动型产物，POCT 技术是基于物理量、化学量和生物量技术的体内外检测试剂、仪器和设备，是生物、纳米、计算机等多技术融合的产物。其在生化诊断、免疫诊断、分子诊断三个方面，也在不断深入发展。

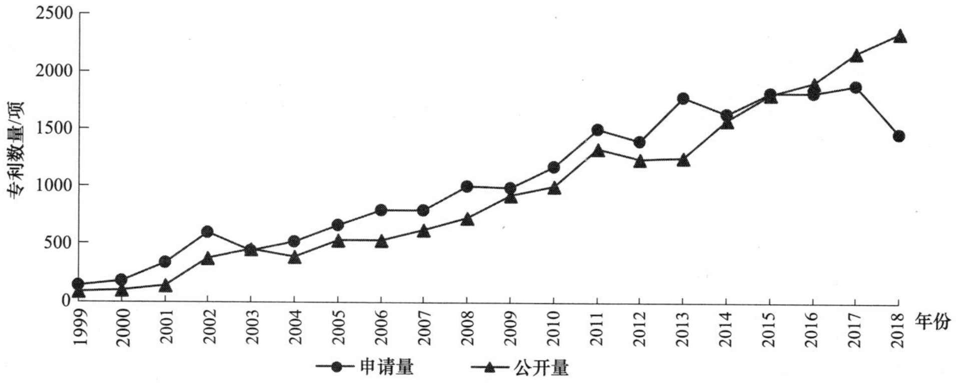

图7－1－1 POCT技术领域全球专利申请和公开数量趋势

目前市面上POCT主要使用的检测方法学有：胶体金层析、荧光免疫定量层析、小型化学发光平台、干化学法、基于微流控平台的POCT方法、小型核酸检测平台等。

从应用领域看，POCT当前的产品有：血糖测试、血气和电解质分析、快速血凝测试、快速心脏标记物诊断、药物滥用检查、尿液带测试、怀孕测试、粪便隐血分析、食品病原体检查、血红蛋白诊断传染病胆固醇测试和筛选等。

而从产业发展看，无创和微创化检测是近年来得到较大发展的体外诊断方向。无创检测可以减少检测对象的采样痛苦、风险并提高其参与检测的意愿，适用于POCT，特别是家庭内的POCT，而且皮肤渗出汗液、泪腺分泌物等最有可能作为可穿戴式设备的检测标本。除了真正的无创采样外，能显著降低标本采集风险或降低采集难度的微创检测方法也在快速发展中，如在液体活检中大量应用的循环肿瘤细胞、循环肿瘤DNA、外泌体的检测。基于第二代高通量测序技术的染色体非整倍体（T21、T18、T13）无创产前筛查已在临床实现广泛应用。

7.1.2 主要申请人分析

与体外诊断行业整体领域的主要申请人的布局相对一致，POCT技术领域的主要申请人呈现出以美国高校和医药企业为主，排名第一的是加州大学。此外，在排名较为靠前的高校里，麻省理工学院、加州理工学院、西北大学都是专利申请量较多的高校。

排名前20位的专利申请人中，飞利浦公司、赛拉诺斯公司、碧迪公司以及强生公司、西门子公司、罗氏公司都布局了大量的专利。

作为长期居于体外诊断领域第一位置的巨头，罗氏公司诊断业务依靠优势产品线和超前的战略眼光牢牢把握住了市场的领先地位。其POCT产品主要有cobas b 123全自动血气、电解质和生化分析仪，Accutrend Plus爱康全代谢检测仪，CoaguChek XS康固全凝血检测仪，cobas b 121血气和电解质分析仪，cobas h 232心脏标志物检测仪等。罗氏公司于2016年收购Alere，积极布局POCT技术领域。

雅培公司的Abbott i－STAT System是一个实现以患者为中心、走向患者的血液状态监测系统，也是当前在POCT领域实现在患者身边快速完成对患者血液状态较为全面监测的检测设备。

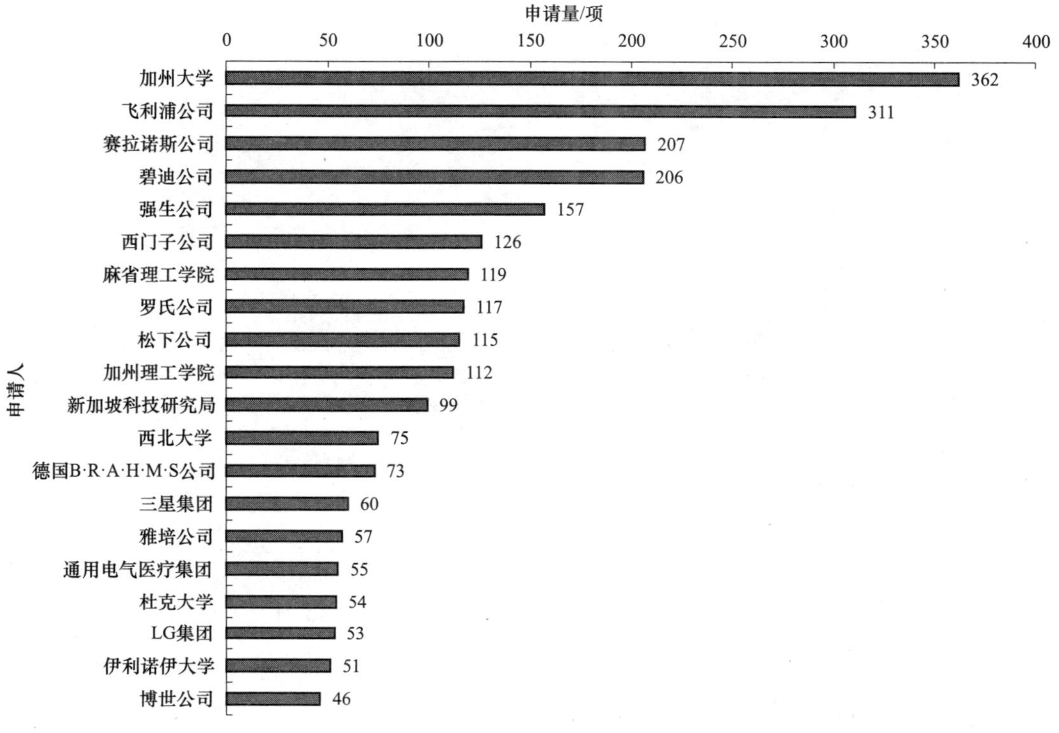

图7-1-2　POCT技术领域全球主要申请人的专利申请量排名

7.1.3　国家或地区分布分析

7.1.3.1　技术原创区域分布

从POCT技术领域全球专利申请量主要技术原创区域分布（见图7-1-3）来看，美国的原创数量最高，美国在首次申请国家/地区中明显占据了第一的位置，超过总申请量的60%。这说明美国在该领域投入了大量的科研力量。排名第二的是中国，其申请量占到全部申请量的7%，说明中国在转型发展中注重创新，不断增加在新兴领域的投入，提升申请量。

美国、日本、德国和中国的专利申请数量总和超过了总申请量的80%。说明这4个主要国家在POCT技术领域具有领先及核心地位。

7.1.3.2　申请技术目标区域分布

从POCT技术领域全球专利申请量主要技术目标区域分布（见图7-1-4）来看，美国是最重要的目标市场，占据总申请量的37%；其次是中国、日本，各占据17%和8%。

从该领域有21%的专利通过PCT途径申请可以看出，各申请人非常重视创新技术在世界范围内的保护。

上述数据充分说明，美国、中国、日本、欧洲是POCT技术领域的目标市场。

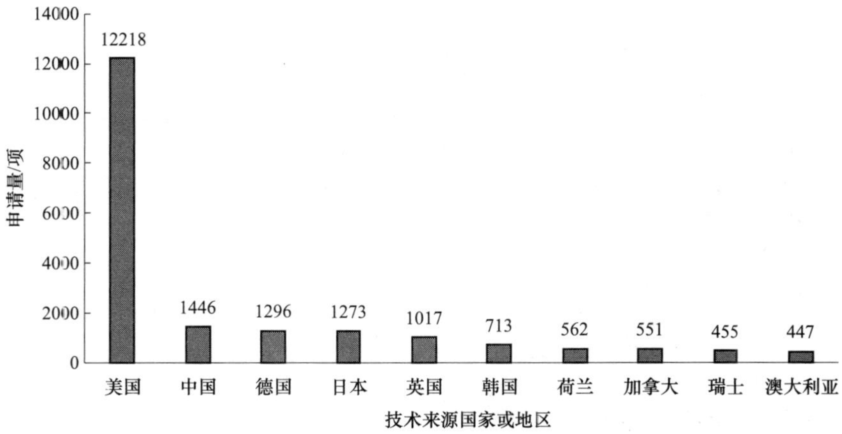

图7－1－3　POCT技术领域申请量主要技术原创区域分布

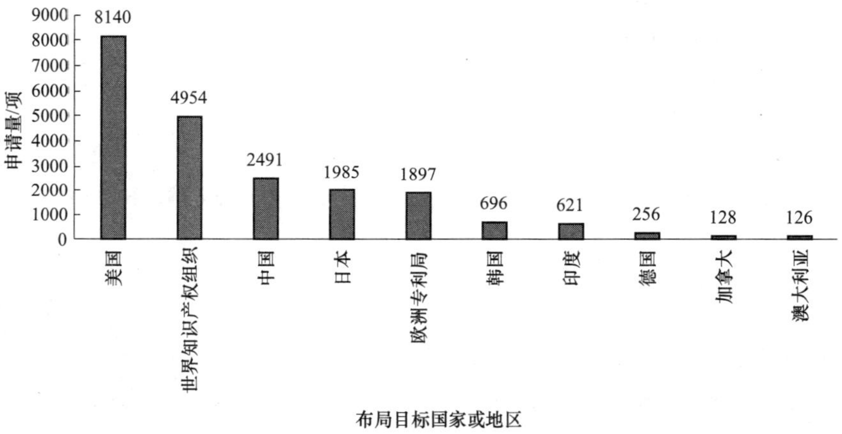

图7－1－4　POCT技术领域全球专利申请量主要技术目标区域分布

7.1.4　全球重要公开专利列举

本节列出了POCT技术领域的重点专利（见表7－1－1），重点专利的分析在后续章节的专利布局方向上进行具体介绍。

表7－1－1　POCT技术领域全球重要公开专利

公开号	申请人	申请日	被引用数/次	同族专利数/件	技术方向
WO2018215640A1	罗氏公司	2018－05－25	0	2	多重核酸扩增测定
US9322052B2	Cepheid公司	2014－03－18	6	124	用于进行化学反应盒

续表

公开号	申请人	申请日	被引用数/次	同族专利数/件	技术方向
US20150209510A1	碧迪公司	2015-01-29	16	32	用于在临床使用点确保患者药物和流体递送的系统和方法
WO2013075031A1	碧迪公司	2012-11-16	14	12	用于检测样品中分析物的方法和系统
US20100227838A1	雅培公司	2009-12-04	79	21	用于治疗癌症组合疗法和其中使用的诊断分析
US7077328B2	雅培公司	1999-07-29	423	27	包括数据管理系统的分析物测试仪器系统
US6197595B1	昂飞公司	1999-04-19	508	28	一体化核酸诊断装置
US5653939A	麻省理工学院	1995-08-07	896	23	用于分子检测的光电方法和装置
US5096669A	I STAT公司	1988-09-15	1112	18	用于实时流体分析的一次性传感装置
US5063081A	I STAT公司	1990-08-15	868	34	制造具有固定配体受体的多个均匀微制造感测器件的方法
WO2018215640A1	罗氏公司	2018-05-25	0	2	多重核酸扩增测定
US9322052B2	Cepheid公司	2014-03-18	6	124	用于进行化学反应盒
US20150209510A1	碧迪公司	2015-01-29	16	32	用于在临床使用点确保患者药物和流体递送的系统和方法

7.2　中国专利申请分析

7.2.1　发展趋势分析

作为体外诊断技术小型化应用的典型代表，近20年，POCT技术的专利数量在国内也呈现稳步上升的态势，目前年申请量已经超过350项（见图7-2-1）。

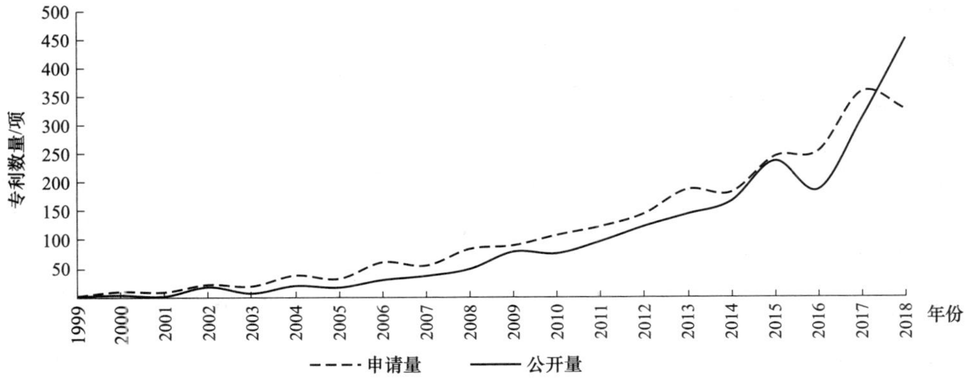

图7-2-1　POCT技术领域中国专利申请和公开数量趋势

7.2.2　区域分布分析

7.2.2.1　国内申请量主要省份分布

从POCT技术领域国内申请量主要省份分布（见图7-2-2）来看，上海和北京最早开始申请专利，并且在该领域内专利申请量呈现稳步上升的趋势。另外，江苏和广东在该领域专利布局也较早，并且自2007年开始，专利申请量稳步上升。广东和北京在该领域的专利申请量在2017~2018年达到一个高峰。从近5年看，广东的申请量最多，其次是江苏、北京。

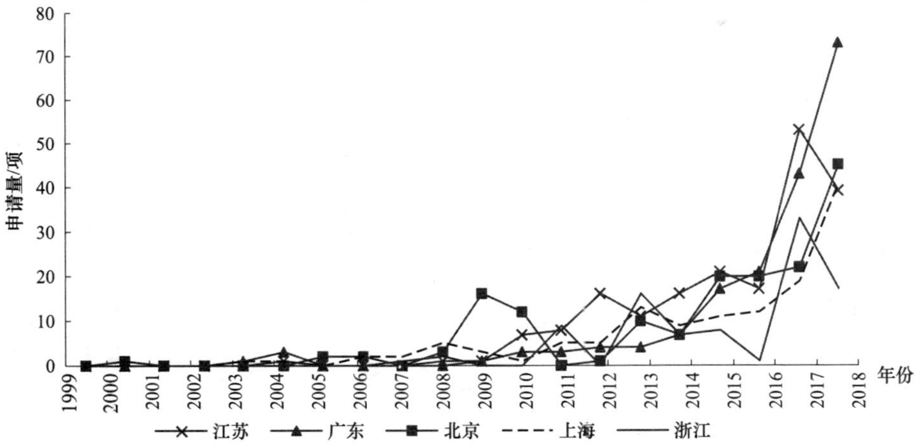

图7-2-2　POCT技术领域国内申请量主要省份分布

7.2.2.2　国外来华申请量主要国家分布

从POCT技术领域专利国外来华申请量主要国家分布（见图7-2-3）来看，美国在中国的专利布局量最大，占国外来华申请量的52%，其次是日本，占11%。荷兰、德国、英国和瑞士分别占8%、7%、6%和5%。由此看见，美国和日本在中国的专利布局占据了绝对优势，这说明美国和日本非常重视POCT领域产品在中国的市场。

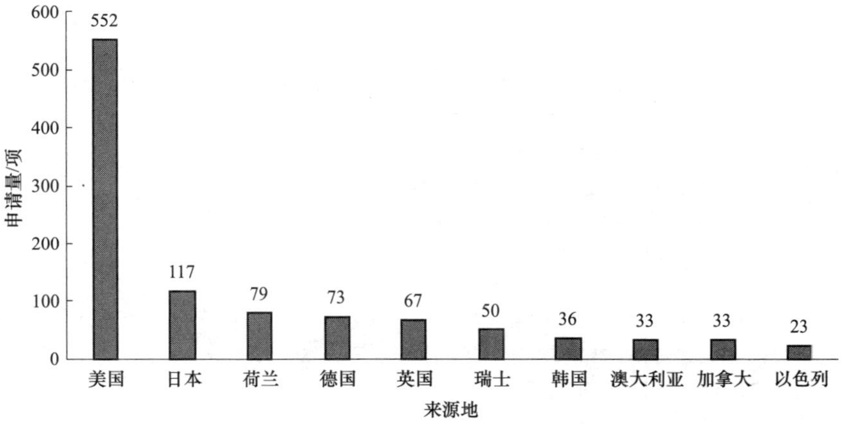

图 7-2-3 POCT 技术领域专利国外来华申请量主要国家分布

7.2.3 法律状态分析

从 POCT 技术领域中国专利申请法律状态分布（见图 7-2-4）来看，有 908 项专利申请正在进行实质审查，887 项专利申请已经授权，344 项专利申请已经撤回。由此可见，在 POCT 技术领域，当前授权专利所占比重并不高，未来有大量专利正在布局。

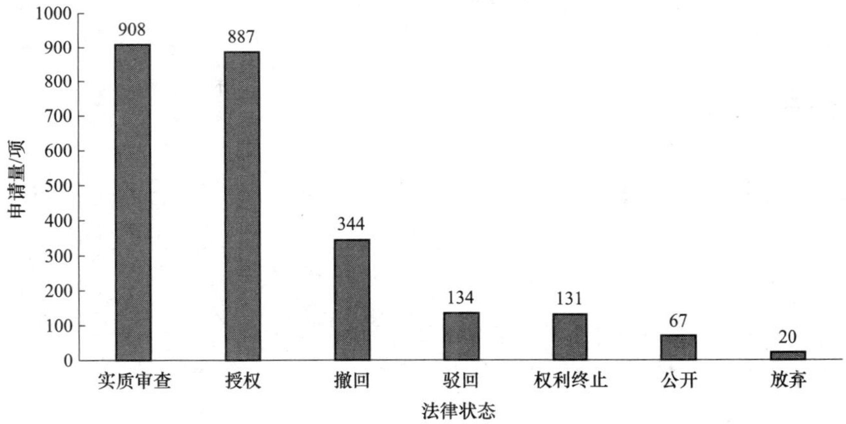

图 7-2-4 POCT 技术领域中国专利法律状态分布

7.2.4 国内主要申请人分析

从 POCT 技术领域中国专利主要申请人的申请量排名（见图 7-2-5）来看，国外不管是公司还是高校都非常重视中国市场的专利布局，飞利浦公司、雅培公司、加州大学、松下集团以及强生公司占据了国内专利主要申请人的前五位。

此外，国内具有技术研发优势的主要是科研机构和高校，包括中国科学院、清华大学、复旦大学、东南大学等。

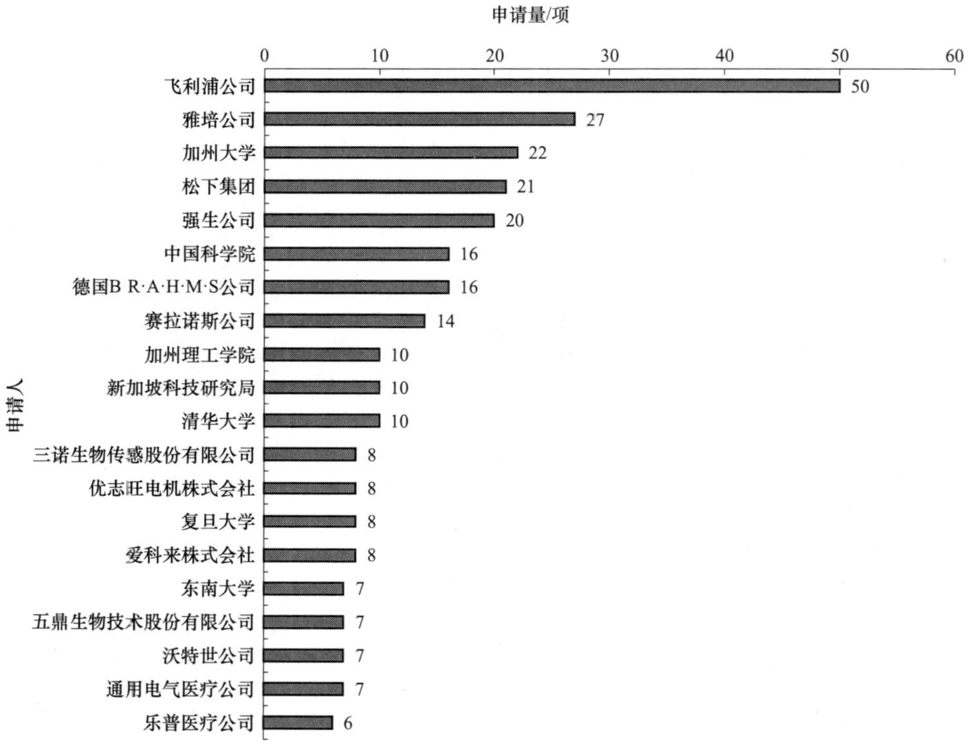

图 7-2-5　POCT 技术领域中国主要申请人的专利申请量排名

7.3　重点技术分析

美国国家临床生化科学院（NACB）将 POCT 定义为："在接近患者治疗处，由未接受临床实验室学科训练的临床人员或者患者（自我检测）进行的临床检验。POCT 是在传统、核心或中心实验室以外进行的一切检验。"

POCT 产品在三个方面具备显著的优势。一是快速检测，将检验时间压缩至传统检验方法的 1/4 以下。二是实现现场检测，避免样本运输期间的污染风险。三是操作简单，全自动程度高，非专业人士经过短期培训后均可便捷操作。从空间角度看，是指在患者身边进行的检验，即床边检测；从时间角度看，是指患者需要时可以即时检验。

POCT 是快速得到检验结果的一类新方法，实现在患者旁边进行快速诊断，现场采样即刻进行分析，省去标本在实验室检测时的复杂处理程序，在急救、危重病抢救及其他需要快速诊断的场景中尤其具备极高的适用性。此外，通过搭配不同的试剂，可以应用于不同科室与场所。与专业实验室诊断相比，POCT 仅保留了最核心的"样本收集—样本分析—质量控制—得出有效结果—解释报告"步骤，从而相比传统体外诊断大幅缩减了等待时间。

7.3.1　专利发展历程

早期的 POCT 以层析法或渗滤法定性检测为主（生化和大分子抗体检测，如 US5063081）；1995 年麻省理工学院申请的专利 US5653939 显示多个测试点阵列的装置，每个测试位点包括在其中形成的探针，以与预定的目标分子结构键合。将信号施加到测试位点，并检测测试位点的某些电学、机构和/或光学性质，以确定哪些探针与相关的靶分子结构键合；1999 年昂飞公司申请的专利 US6197595 所示的设备可以在单个集成单元内集成样品采集和存储、样品制备和样品分析中涉及的几个或所有操作；此后，可用于实时光学检测的微流控筒（US9322052），多重杂交的引物和探针（WO2018215640）等技术的发展，使检测核酸等更为复杂的生物标示物成为可能，目前已拓展至核酸测序和蛋白分析，未来可拓展至智能分析。图 7－3－1 示出了若干具有代表性的 POCT 专利。

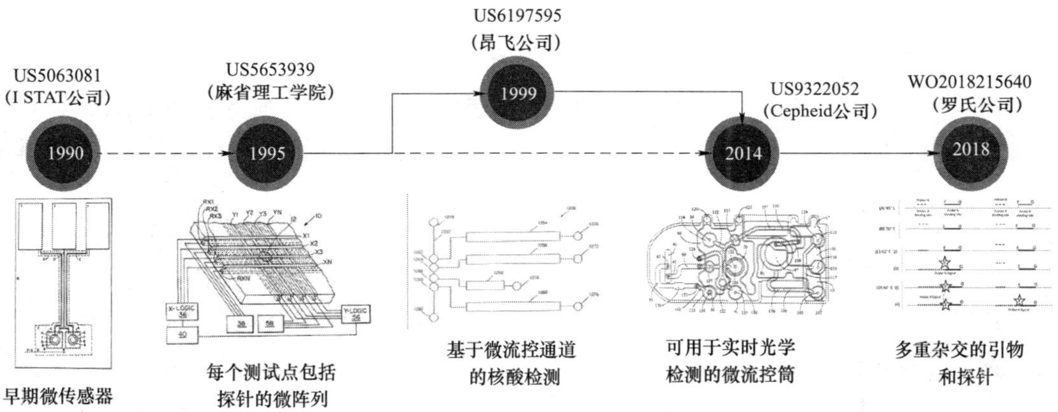

图 7－3－1　若干具有代表性的 POCT 专利

注：图中数字表示年份。

从专利分析来看，POCT 涉及的方法包括干化学、胶体金法、免疫层析技术、斑点金渗滤法、放射免疫法、化学发光免疫测定技术、发光酶免疫测定法、电化学发光免疫测定技术等。同时，与之相配套的数学、计算等相关技术也得到了布局。

与此同时，POCT 所需的微流控等技术以及微型泵等构件相关专利也得到了布局。例如，在设计上微型泵可以在液体流动方向上与柔韧表面成锐角（US20030143754）。当刚性构件扫过储存器和通道时，刚性构件在流动方向上产生压力。垂直于柔韧表面的柱塞的泵送机构中，柱塞可以通过向下压在柔韧表面上而使储存器和储物筒的通道壁塌陷，使得通道壁在所需流体流动方向上逐渐关闭。又如，蠕动泵可以具有支撑多个辊的辊筒机头（EP1829568），使辊筒机头与盒的柔性流体通道接触和旋转，使得多个辊接触流体通道并且使流体流过流体通道。再如，流体控制装置（包括可变形部分和致动器）（US20150306596）可通过蠕动运动而使流体移动通过导管，致动器经由至少一个滚动元件接合并且在可变形部分上施加压力。

在微流控结构的优化上，可以通过使用具有齿轮形状的转子在微通道上方的壁上施加外部（机械）力来输送流体（US20030026719），或借由功能化微长度导管形成之玻璃纳米微流控反应器用于光学检测（US20140377852）。

此外，与POCT的发展相对应，其他配套相关专利也得到了布局。例如新型的刺血针（例如US9380975）也得到了发展，其特征在于穿刺或切割元件从装置中自动弹出以及自动缩回装置中。该刺血针装置包括壳体和具有穿刺元件的刺血针结构。刺血针结构设置在壳体内并适于在保持或预致动位置和穿刺位置之间移动，在保持或预致动位置中穿刺元件保持在壳体内，在穿刺位置中穿刺元件延伸穿过壳体的前端。刺血针装置包括驱动弹簧，驱动弹簧设置在壳体内，以用于将刺血针结构偏压朝向穿刺位置；以及保持毂，其抵抗驱动弹簧的偏压将刺血针结构保持在缩回位置。保持毂包括与刺血针结构干涉接合的枢转杆。壳体内的致动器使杆枢转，从而使刺血针结构朝向壳体的后端移动，以至少部分地压缩驱动弹簧，并使杆从与刺血针结构的干涉接合释放。

7.3.2 专利竞争格局

POCT产品品类丰富，从检测项目来分，主要集中在血糖、血气和电解质、血凝、心脏标志物、传染病、血常规、妊娠/排卵等，罗氏公司、西门子公司、强生公司、雅培公司等企业占据主导，其中雅培公司的专利最具代表性。雅培公司、罗氏公司、西门子公司的代表性POCT专利、POCT设计和POCT集式见图7-3-2～图7-3-4（其中图7-3-2、图7-3-4见文前彩色插图第5页和第6页）。从专利的细分来看，雅培公司在血气、电解质、心脏标志物等方面具有优势，如雅培公司提供了一种用于分析生物流体样本的方法（CN108709834），包括以下步骤：a）提供在空间上映射的腔室；b）提供样本内的一种或多种成分的预定可重复的非均匀空间分布，分布指示在每一个腔室子区域中样本内的统计上显著数量的成分的存在或不存在；c）基于由分布指示的在子区域中统计上显著数量的一种或多种成分的存在或不存在，针对每个子区域选择一种或多种成像技术；d）使用为子区域所选择的一种或多种成像技术创建表示在子区域中的生物流体样本的图像数据；以及e）分析样本。而西门子则在尿液领域领先，如西门子公司提供用于检测被湿度损害的尿测试条的装置和方法（EP2382322A4），用于检测被分析物（例如尿样中的白细胞）存在的湿气敏感性试剂的反应计时被用来检测试剂何时已经被过度的湿度损害。在尿样已经施用到测试条之后，在两个预定的时间测量试剂与被分析物之间的反应产物和红外线参比染料在特性波长的光反射率的比率，并且用于确定试剂是否已经被过度的湿度所损害。由在470nm和625nm的反射光来确定异常的深色样品的存在，来确认测试条被湿度所损害。

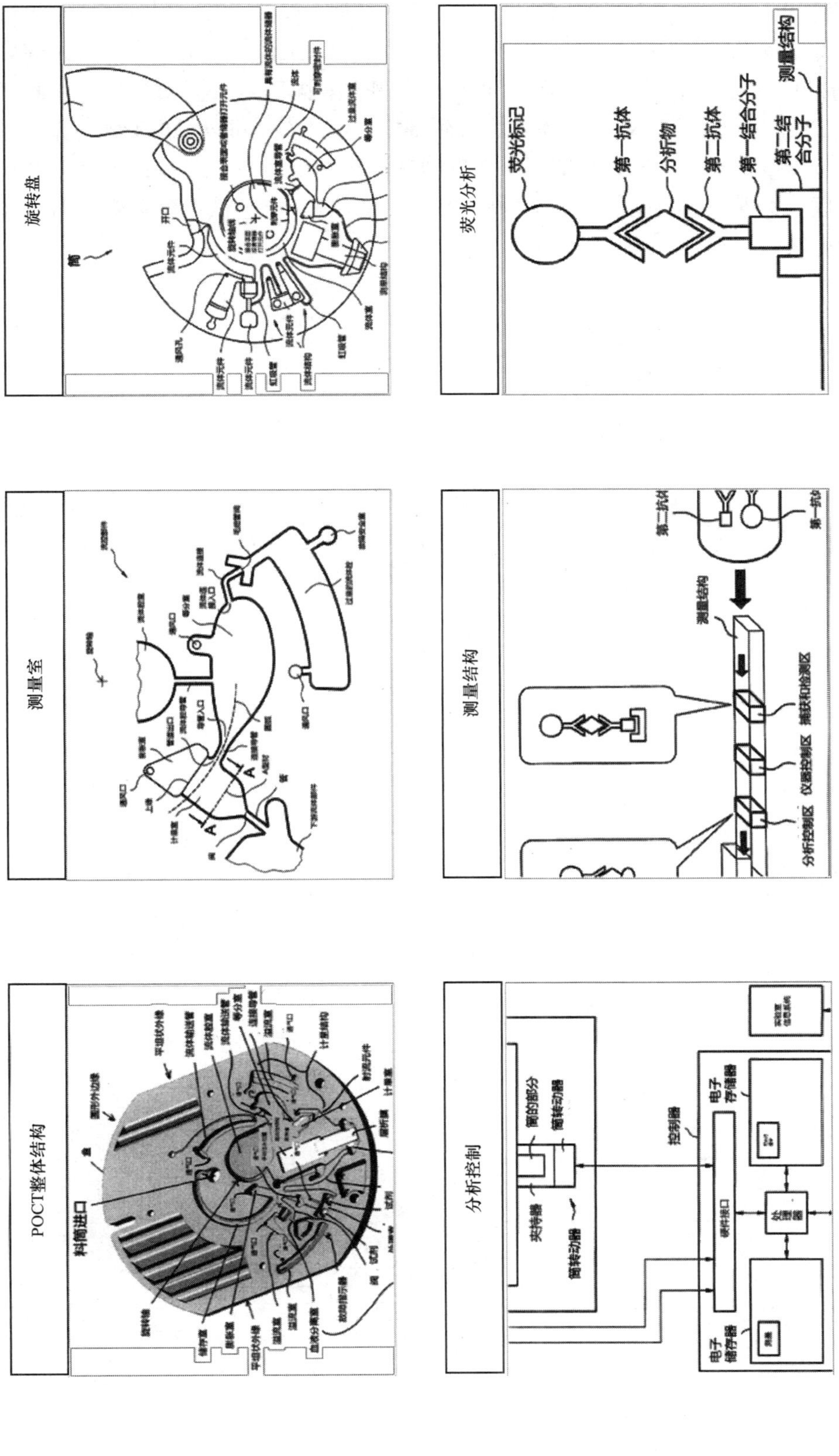

图7－3－3 罗氏公司专利中的POCT设计

雅培公司的检测检验样本中的分析物的检验筒包括电化学传感器、层析测定、导管（导管包括用于竞争性测定的标记分析物和/或用于夹心式测定的标记抗体，竞争性测定可以包括发荧光的或发磷光的标记，夹心式测定可以包括发荧光的或发磷光的标记）。典型的侧流检验中，检验样本经由毛细管作用沿着固态基板流动实现免疫测定（见图7－3－5）。例如，一旦检验样本被涂覆到基板，该样本就可以经由毛细管作用横越基板，遇到与该样本混合的有色试剂，随后到达已经用抗体或抗原进行预处理的检验线或检验区。根据分析物在检验样本中的存在或不存在，有色试剂可以变为结合在检验线或检验区处（见图7－3－6）。

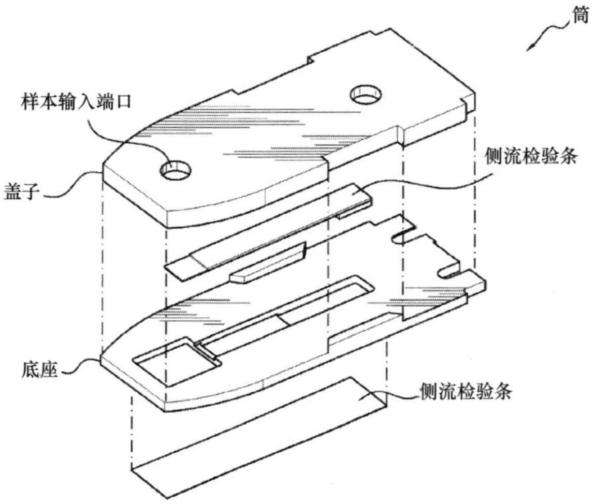

图7－3－5　雅培公司POCT的侧流检验设计

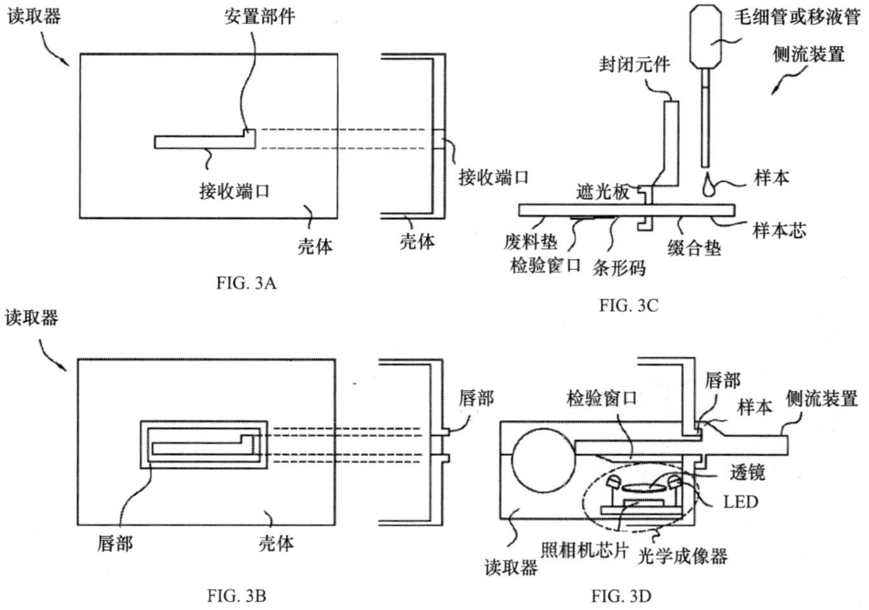

图7－3－6　雅培公司POCT的反应和光学读取设计

在国内的企业中，三诺生物、鱼跃医疗在血糖领域的专利布局较为集中，万孚生物［专利覆盖妊娠检测、传染病检测、毒品（药品滥用）检测、慢性病检测等领域］、基蛋生物（专利覆盖心血管检测、炎症检测和肾脏检测等领域）、明德生物（专利覆盖心脑血管疾病、感染疾病、肾病、糖尿病等领域）、瑞莱生物等专利权人在非血糖领域布局了较多的相关专利。

7.3.3　专利布局方向

从专利发展历程和布局现状来看，POCT技术专利在以下方向呈现出发展的新空间。

7.3.3.1　基于纸或膜的诊断平台

基于纸或膜的诊断平台因其低成本、简单的操作和无须读出设备的信号而成为被广泛采用的技术，市场需求很大。其中，一个实例是侧流测定（LFA），其是充分确立的基于纸的平台（例如CN107003272），应用广泛多样，包括用于生育问题、代谢综合征和器官功能的医疗点诊断。包括LFA的此类诊断平台经常依赖于配体－受体相互作用以识别目的靶标。俘获剂通常是抗体或高亲和力结合蛋白（诸如链霉抗生物素蛋白），形成俘获－检测剂对从而将靶标分子固定在测试带处并且将它们与报告缀合物连接。许多类型的报告缀合物，包括荧光分子、量子点、上转换无机发光材料、酶和胶体粒子，已经用在包括LFA的诊断平台中。

7.3.3.2　多重诊断平台

多重诊断平台（其中在单一平台上分析大量靶标）是高度需要的配置，因为其将大幅度地提高诊断效率并减少所需要的样品体积。目前诊断平台中使用的多重技术是有限的，因其受到空间约束，通过沿测试条从空间上分开测试线来实现。

7.3.3.3　检测物的拓展

随着POCT的发展，检测物也在不断拓展。例如，D－二聚体（D－Dimer）的定量检测卡已经广泛应用于深静脉血栓、肺栓塞的早期排除诊断，弥漫性血管内凝血的早期诊断和动态监测，外科手术后的血栓监测，妊娠高血压、先兆子娴的监测，恶性肿瘤、白血病的早期识别及血栓监测，肝脏疾病、肾脏疾病的监测，溶栓治疗评估及血栓复发的监测，心血管疾病病情评估，脑梗死鉴别和治疗监测等。

7.3.3.4　微流控的广泛运用

微流控是指在微米尺度空间对流体进行操控的一种技术，该技术可以将化学、生物等实验室的基本功能微缩到一个几平方厘米芯片上，因此又被称为芯片实验室（Lab-on－a-chip）。微流控芯片系统可以在几十到几百微米的微小通道或构件中操控流体的流动，它把样品反应、制备、分离、检测等生化实验的基本操作集成到很小的芯片上，以可控流体由微通道形成网络贯穿于微流控系统，在实现了常规生化实验室各项功能的同时，降低了分析检测的成本，加快了反应速度，提高了反应效率，使得实验可控性更强。微流控芯片制作简单、成本低廉、分析速度快，现已广泛应用于生物、化学和医学等研究领域。

在 POCT 中，微流控技术作为一种精确控制和操控微尺度流体的技术，可以把生化分析过程中的样品制备、反应、分离、检测等基本操作单元集成到一块微米尺度的芯片上，自动完成分析全过程。微流控技术具有样品消耗少、检测速度快、操作简便、多功能集成、体积小和便于携带等优点，成为 POCT 必不可少的技术。

目前国外的雅培公司、艾利尔、生物梅里埃和罗氏公司在微流控细分市场中逐渐增长；近年来中国微流控相关专利数仅次于美国，但在商业化方面还具有一定的差距。目前国内引入微流控技术的企业如表 7-3-1 所示。

表 7-3-1　中国微流控技术的公司及其代表性专利

技术	代表性公司	代表性专利	专利简述
微流控核酸检测	博晖创新	CN201710433604.9	一种全集成核酸检测微流控芯片及其使用方法
	博奥生物	CN201910500251.9	一种高通量微流控快速核酸提取及检测装置
		CN201710438293.5	一种基于微流控芯片的用于多重核酸扩增产物荧光检测的方法
	百康芯	CN201710525140.4	耐药基因微流控芯片快速检测试剂盒及检测方法
		CN201710433604.9	一种薄膜式核酸扩增微流控芯片及其制备方法
微流控免疫诊断	华迈兴微	CN201821990506.1	一种自动开关门化学发光免疫分析仪
		CN201910566929.3	一种用于微流控芯片的液体储存结构及微流控芯片
		CN201520828236.4	基于磁微粒化学发光的多目标物定量检测的微流控芯片（有效）
	普施康	CN201710447419.5	基于微流控技术的化学发光免疫盘片及其工作方法
		CN201610268795.3	全自动凝血检测分析仪、方法（有效）
		CN201710965882.9	基于离心微流控技术的化学发光免疫盘片及其工作方法

续表

技术	代表性公司	代表性专利	专利简述
微流控生化诊断	霆科生物	CN201910595671. X	一种具有过滤功能的集成微流控农残检测芯片（审中）
		CN201610268972. 8	一种离心式微流控芯片电化学检测装置
	微纳芯	CN201810030992. 0	微流控芯片试剂的预封装装置及其开启方法
		CN201510240355. 2	便携式全自动生化分析装置
	国盛医学	CN201410590606. 5	一种采用微流控芯片分析血清脂蛋白亚型精细亚组分的方法
	中新科炬	CN201822024226. 1	一种可组合式微流控芯片嵌套装置
		CN201822236537. 4	基于两步加样实现微量全血检测的微流控芯片
		CN201821331656. 1	一种用于检测甲状腺功能的微流控荧光免疫试剂盒
微流控细胞检测	卓微生物科技	CN201820874937. 5	细胞计数仪及细胞计数检测系统（有效）
		CN201820875717. 4	微流控芯片加样密封系统及包含其的细胞分析仪（有效）
	美晶医疗	CN201720371980. 5	一种用于筛选定位及检测血液中稀有细胞的生物芯片（有效）
		CN201710100274. 1	一种基于微流控及免疫磁分离的血液中稀有细胞的负相富集方法及试剂盒

第8章　结论和建议

8.1　体外诊断技术专利分析工作总结

8.1.1　专利分析工作特点

（1）全球范围市场参与者高度集中

从全球范围来看，市场集中度较高，据有关数据显示，在全球体外诊断行业市场中，2017年五大巨头罗氏公司、丹纳赫公司、西门子公司、雅培公司及赛默飞公司总计占据了56.4%的市场份额。

从全球市场看，寻找体外诊断行业领域的领头羊企业，并对其相关产品和技术开展研究，有助于快速了解该领域的技术特点。

而体外诊断试剂行业在我国属于新兴产业，与欧美国家相比起步晚，产业化发展相对滞后。相比之下，国内体外诊断行业集中度较低。但是国内优质的体外诊断公司如迈瑞生物、科华生物、达安基因、新产业等组成了第二梯队，虽然在经营规模和产品种类方面稍逊于海外巨头，但随着我国体外诊断行业的快速增长，国内体外诊断龙头也在飞速成长当中。

比较全球市场和国内市场的市场集中情况，可以看出，研究海外巨头的专利布局情况，有助于为国内企业提供技术启示，避免侵权风险。

（2）市场产品高度同质化

通过对体外诊断领域的整体调研，结合对《医疗器械分类目录》中体外诊断仪器产品的分类以及《6840体外诊断试剂分类子目录（2013版）》体外诊断试剂产品的分类，课题组发现体外诊断行业同其他快速发展的行业一样，面临着同质化竞争的问题。

而就全球十大企业的体外诊断仪器来看，实际上低端市场还是有很多的同质化竞争。

因此，在传统体外诊断仪器上，需要借助专利信息作出创新；在跟踪新兴体外诊断技术方面，了解全球的体外诊断专利布局就尤为重要。

（3）产品所含技术高度交叉

课题组在完成了产业调研以及相应的初步工作后，对全球领先的十余家企业的体外诊断产品所涉及的技术进行了分析，得到的初步结论是：

体外诊断领域的产品所含的技术高度交叉。以体外诊断小型化最为典型的产品POCT为例，作为技术驱动型产物，POCT体外诊断技术是基于物理量、化学量和生物量技术的体内外检测试剂、仪器和设备，是生物、纳米、计算机等多技术融合的产物，其在生化诊断、免疫诊断、分子诊断三个方面，也在不断深入发展。

作为一个进行体外诊断的设备，其势必在物理结构方面有技术创新；作为一个医疗领域的诊断产品，其必然也包含生物方面的酶反应原理、化学检测等方面的技术。

因此，实际上体外诊断行业所包括的产品汇集了各种技术创新的成果。

（4）专利信息数据量大

在初步梳理了体外诊断的相关技术后，仅仅借助非常相关的 IPC 分类号例如 G01N 33 的一些分支技术开展检索，就可以获得大量的数据。

而体外诊断的基本原理又包含了生化诊断、免疫诊断和分子诊断，在梳理各个分支的检索思路后，汇集所有分支技术的数据结果，最后得到体外诊断领域的专利量超过了 100 万项。

因此，针对体外诊断领域大体量的专利数据，课题组把工作重心放在处理数据时寻找分析侧重点，获得有益的创新启示上。

8.1.2 专利分析方法总结

（1）依托重点产品认知技术

为了快速对这个市场参与度高度集中、市场产品有相对同质化的领域的技术发展进行分析，课题组首选梳理了体外诊断行业领域十余家主要企业的体外诊断设备产品，并基于产品关联的专利，对该领域的技术有了初步认知。

例如，本书第 3 章的第 3.1.4 节、第 3.2.4 节、第 3.3.4 节以及第 3.4.4 节对其中 4 家主要企业的主要产品进行了产品和专利的分析。

（2）准确寻找分析框架

课题组在课题开展中期，曾经形成了三个版本的技术分解表：

① 按照体外诊断行业监管的规则，将体外诊断技术划分为产品（近 200 类体外诊断设备和试剂），以期梳理该领域产品对应的技术；

② 初步分为设备和试剂两大类，仍然以产品的思路归并其下位的相关技术内容，以期分别对设备和试剂开展研究。

但通过深入的分析以及专家咨询工作后发现，该两者分解思路虽然能够拆分得比较细，却对后续的工作可行性造成了重大的障碍。

一方面，设备和试剂之间的技术分析其实存在大量的交叉；另一方面，由于划分过细，后续的工作量会成倍增加。

最终，课题组成员在讨论后，决定仍然遵从专利是解决技术问题的本质这一理论，并认真梳理了体外诊断技术领域相关技术方面的内容，最终将该领域从两个维度划分为 30 个子类（虽然生化诊断和免疫诊断领域仍然存在交叉，但是这种分类方法认可度比较高）。

（3）多维度开展专利检索

在针对解决特定技术问题，采用特定技术方案，获得特定技术效果的内容的专利检索时，通常比较容易列出与技术问题、技术方案、技术效果相关的检索要素，并据此开展专利检索，优化检索式，以得到范围适当的专利检索结果。

然而，鉴于体外诊断领域是个高度交叉的领域，且从技术分支入手也存在多个维度的检索要素的组合。

因此，课题组通过以下思路开展宏观层面的专利检索工作：

思路一：在专利全文中检索含有“体外诊断”元素的专利；

思路二：通过“酶”“微生物”“免疫蛋白”“抗原抗体”等一系列检索元素（包括相应的IPC分类号），合并“体外”“诊断”的检索元素，开展专利检索；

思路三：梳理体外诊断一般检测的样本来源，例如：“血液”“尿液”“脂肪组织”等，合并“体外”“诊断”类元素开展专利检索；

思路四：梳理体外诊断一般功能及采集的指标项，合并“诊断”等元素开展专利检索。例如：“肝功能”“肾功能”“传染病”以及“血红蛋白”“血凝类指标”等。

思路五：汇总体外诊断所涉及的方法，开展专利检索。

基于上述各种维度的思考，课题组开展了相应的专利检索工作。

（4）细化分析切入点

在进一步开展工作时，鉴于体外诊断领域是个高度交叉的领域，获得的专利数量非常庞大。这就很难直接通过人工标引进行相关技术领域的细致分析。本课题期望对各子领域提出技术研发的启示。

因此，一方面，课题组通过自上而下的方式，对全局的专利开展了检索，并对各分领域的专利进行了定量分析；另一方面，课题组通过自下而上的方式，在确定了各个领域的重要申请人或重要技术分支后，通过阅读具体专利，解读专利信息的方式，初步梳理了100余条技术启示，进一步归纳总结形成报告中第4章至第7章的重点技术分析。

8.2 体外诊断技术专利分析总结

8.2.1 体外诊断领域专利申请态势

（1）体外诊断已成为全球发展最快的生物医药领域之一

体外诊断行业伴随生物化学、免疫学、分子生物学等领域的发展而发展，从专利技术的发展来看，体外诊断的专利技术伴随着20世纪之前的传统医学诊断技术，20世纪初期现代医学的发展及酶催化反应与抗原抗体反应的发现，1953年后DNA双螺旋结构、单克隆抗体技术、大分子标记技术等技术的运用等不同阶段生物医药领域技术与工具的突破性进步呈现跨越式增长模式。截至2019年10月15日，全球涉及体外诊断技术的专利申请共计98万项。其中，1999～2018年，全球涉及体外诊断技术的专利申请共计75万项。全球体外诊断设备相关专利的申请与公开总体呈现平稳增长态势。

我国体外诊断行业起步于20世纪80年代，近年来随着下游需求的高速增长得到快速的发展。截至2019年10月15日，我国涉及体外诊断技术的专利申请共计13.4万项。其中，1999～2018年，我国涉及体外诊断技术的专利申请共计12.5万项。近10年，我国体外诊断技术的专利数量增长显著高于全球，成为全球重要的体外诊断新兴市场。

（2）生化诊断、免疫诊断、分子诊断是体外诊断最主要的关注领域

在体外诊断设备研究方面，全球的目光多集中于生化、免疫与分子类体外诊断技术的研发，对这三个主要的技术领域进行分析，1999～2018年，生化诊断技术领域共有专利93016项，占体外诊断专利总数的12%；免疫诊断技术领域共有专利255140项，占体外诊断专利总数的34%；分子诊断技术领域共有专利219711项，占体外诊断专利总数的29%。随着技术融合趋势的演变，生化诊断、免疫诊断、分子诊断与其他新兴诊断技术的融合成为体外诊断器械研发的新趋势。

国内体外诊断市场处于快速发展期，随着方法学的不断迭代和诊断需求的持续扩张，进口替代水平低、创新类体外诊断产品将持续放量。具体来看，免疫诊断是目前最主流的检测方式，也是我国体外诊断行业中占比最大的细分领域，国内分子诊断起步较晚但增速迅猛，未来有赶超之势。1999～2018年，我国生化诊断技术领域共有专利27056项，占体外诊断专利总数的21%；免疫诊断技术领域共有专利18546项，占体外诊断专利总数的14%；分子诊断技术领域共有专利26041项，占体外诊断专利总数的20%。

（3）美国、中国与日本是全球体外诊断最主要的布局地区

从体外诊断行业领域的专利申请国家或地区分布来看，无论是生化诊断领域、免疫诊断领域还是分子诊断领域，美国、欧洲、中国、日本是最热门的布局地。其中，在生化诊断领域，中国成为全球专利布局最多的国家，共布局专利27056件。目前，生化诊断也是我国国内企业布局最多的区域，技术壁垒较低，而免疫诊断和分子诊断技术，尤其是分子诊断领域，均被国外的医疗器械公司垄断。从我国体外诊断的主要省份分布来看，无论是生化诊断领域、免疫诊断领域还是分子诊断领域，广东省、江苏省、上海市、北京市均是最热门的布局地。

（4）全球体外诊断技术集中度较高，形成多巨头垄断格局

经过多年的并购整合，全球体外诊断领域市场呈现出被四大巨头垄断的格局，罗氏公司、雅培公司、西门子公司、丹纳赫公司占据了全球52.4%的市场份额。从专利申请来看，企业亦是体外诊断领域专利申请的主体。1999～2018年，从全球专利申请数量来看，罗氏公司申请了14418项专利，稳居排行榜第一位。虽然加州大学、强生公司、诺华公司、辉瑞公司、拜耳公司、赛诺菲公司等医药巨头也进入了专利权人前20位的排名，但巨头企业主要贡献了大量疾病靶点领域的专利，其他主要企业主要针对这些靶点形成药物，而非诊断产品。

从我国体外诊断领域的专利权人竞争格局来看，企业与机构各占据半壁江山。1999～2018年，联合基因有限公司的专利申请量排在第一位，中国科学院、复旦大学、浙江大学、清华大学、北京大学等高校与研究机构的专利申请量也在我国体外诊断的

专利申请中排名靠前，但本土企业的申请量较少，技术创新与知识产权保护意识有待进一步增强。其次，国外的体外诊断巨头，例如，强生公司、罗氏公司、飞利浦公司等也在我国专利申请中占据重要的位置。

8.2.2 体外诊断领域重点申请人

（1）罗氏公司

罗氏公司是全球制药和诊断领域的领导者，集团的核心业务包括制药和诊断两个部分，其中诊断业务占比23%，罗氏公司是全球体外诊断领域专利申请量最大的专利权人。

对罗氏公司体外诊断专利的申请现状与布局地区进行分析，罗氏公司涉及体外诊断技术的专利申请共计2.3万项。罗氏公司从20世纪50年代开始在体外诊断领域进行专利申请，专利数量增长迅速，并在2002年达到顶峰，为1829项。但在此后，该领域的专利数量开始回落。可见，在21世纪初，罗氏公司在体外诊断领域布局了大量的核心专利，导致在专利量下降的情况下，罗氏公司仍在体外诊断领域处于绝对的优势地位。美国、欧洲、日本是罗氏公司最主要的布局地。

罗氏公司体外诊断的核心产品包括以免疫生化体外诊断产品、糖尿病POCT产品为主的POCT产品以及分子诊断产品。从产品技术的布局重点来看，在生化体外诊断产品领域，罗氏公司从单纯光强度的检测技术向通过原件稳定性与数据分析提升测量精度的方向转变，而在“治未病”全球趋势的引导下，营养诊断成为未来发展的目标。在分子诊断领域，纳米孔测序技术是近5年罗氏公司重点布局的领域。在POCT领域，罗氏公司从生物传感器技术与疾病标志物的构建向POCT个体化应用的拓展发展。

在重点产品领域，本书总结了罗氏公司CoaguChek XS凝血检测仪系列产品、实时荧光定量PCR仪和Cobas系列产品的技术发展脉络，并筛选出核心专利US7122321B2、US20020168686A1、US20020114734A1等，为相关企业同类产品的发展提供参考。

（2）雅培公司

雅培公司是一家全球性、多元化医疗保健公司，其业务主要分为制药业务（占28%）、医疗设备业务（占38%）、体外诊断业务（占34%），并通过收购美国艾利尔成为POCT领域的霸主。

对雅培公司体外诊断专利的申请现状与布局地区进行分析，截至2019年10月15日，雅培公司涉及体外诊断技术的专利申请共计3566项。从趋势来看，雅培公司从20世纪60年代开始在体外诊断领域进行专利申请，此后，该领域专利数量增长迅速，并分别在1994年和2010年达到顶峰，专利数量分别为173项和196项。但在此后，该领域的专利数量开始回落，这两个高峰象征着雅培公司在传统生化诊断领域与POCT领域技术创新成果的爆发性增长。美国、加拿大、欧洲、日本是雅培公司最主要的布局地。

POCT是雅培公司体外诊断的绝对优势领域，从产品的技术布局重点来看，雅培公司POCT领域的技术从产品的应用研究转向体外诊断元器件、样品预处理工艺等技术领域的升级，从而形成体外诊断领域的区别竞争优势。

在重点产品领域，本书总结了雅培公司 i－STAT 测试盒的技术发展脉络，并筛选出核心专利 US5096669A、US5200051A 等，为相关企业同类产品的发展提供参考。

（3）丹纳赫公司

丹纳赫公司是全球领先的科学与技术创新产品与服务的设计商及制造商。丹纳赫公司在体外诊断中的布局包括专注于临床诊断分析仪的 Beckman Coulter、专注于分子诊断的 Cepheid、专注于血液学检测的 HemoCue、专注于光学检测的 Leica Biosystems 以及专注于危重症检测仪器的 Radiometer 等 5 家分公司，业务遍布体外诊断的全产业链。

对丹纳赫公司体外诊断专利的申请现状与布局地区进行分析，截至 2019 年 10 月 15 日，丹纳赫公司涉及体外诊断技术的专利申请共计 2034 项。从趋势来看，丹纳赫公司从 20 世纪 60 年代开始在体外诊断领域进行专利申请，此后，在该领域的专利数量增长迅速，并在 2006 年达到顶峰。此后，该领域的专利数量开始回落。美国、欧洲、日本是丹纳赫公司最主要的布局地。

在重点产品领域，本书总结了该公司重点产品血气分析仪、白细胞计数仪、血气采样器的技术发展脉络，并筛选出核心专利 US6551833、US7348157、US7922986 等，为相关企业同类产品的发展提供参考。

（4）西门子公司

西门子公司是全球领先的技术企业，专注于电气化、自动化和数字化领域。2015 年，西门子医疗从集团内独立出来后，继续保持其在影像诊断和体外诊断领域的优势，同时还大力拓展诸如床旁治疗和分子诊断等业务。西门子医疗拥有最齐全的体外诊断产品线，包括免疫诊断、生化诊断、分子诊断、血球诊断、POCT 等，是体外诊断领域布局最齐全的厂家。

对西门子公司体外诊断专利的申请现状与布局地区进行分析，截至 2019 年 10 月 15 日，西门子公司涉及体外诊断技术的专利申请共计 2699 件。从 20 世纪 50 年代开始在体外诊断领域进行专利申请，此后，该领域专利数量增长迅速，并在 2017 年达到顶峰。美国、欧洲、日本是西门子公司最主要的布局地。

对西门子公司的化学发光免疫体外诊断设备与新兴领域 POCT 设备的技术布局进行分析，在化学发光领域，西门子公司的专利技术从电化学测量、红外光谱等分支技术向化学发光免疫分析仪等一体化、集成化器械发展。在 POCT 领域，西门子公司布局热点从微流控领域向数字全息显微成像技术转变。

在重点产品领域，本书总结了该公司重点产品血气分析仪和全自动生化分析仪的技术发展脉络，并筛选出核心专利 CN346757、CA108408S、EM0002187060 等，为相关企业同类产品的发展提供参考。

8.2.3 体外诊断细分技术领域专利情况

（1）生化诊断专利技术

全球生化诊断相关专利的公开总量呈现平稳增长态势。从样本模块、试剂模块、反应模块、清洗模块及系统控制模块五个细分领域的国内外主要申请人对比分析发现，在每个细分领域，国外主要申请人以罗氏公司、强生公司为首的企业为主，而国内主要申请人则以高校、科研机构为主。美敦力公司的制造薄膜电化学传感器的方法、松下公司的生物传感器及其制备方法、罗氏公司的糖尿病管理系统均为该领域的核心专利。

（2）免疫诊断专利技术

免疫诊断是全球与我国细分规模最大的体外诊断子行业并仍处于快速发展之中。对免疫化学试验物质制备、抗原或抗体的扩散与迁移、免疫化学用品的固定载体等细分领域进行分析，这些领域主要被国外生物医药巨头所主导，其中，罗氏公司与雅培公司处于绝对的优势地位。

（3）分子诊断专利技术

分子诊断技术起始于20世纪90年代，在2001年达到高峰后有所下降。从杂交分析、核酸扩增反应和测序方法三个细分领域的国内外主要申请人对比分析发现，在每个细分领域，国外主要申请人以罗氏公司为首的企业为主，而国内主要申请人则以高校、科研机构为主。

（4）POCT专利技术

POCT发展始于20世纪中期，相关研究呈现出整体高速发展阶段。排名前20位的专利申请人中，飞利浦公司、赛拉诺斯公司、碧迪公司以及强生公司、西门子公司、罗氏公司都布局了大量的专利。从技术原创区域与申请目标区域来看，美国、日本和中国既为创新来源地又是市场的重点布局地。特别需要注意的是，在申请企业中，雅培公司尽管专利数量不多，但多项专利成为核心专利，其专利布局极为缜密。

8.3 发展建议

8.3.1 提升行业分工与产业合作

由于体外诊断技术和产品的多样性、市场的广泛性，国内的企业不仅要加强自主开发，还要靠各种联合发展之路，联合研发、合作生产、共同市场推广、产业整合等。

通过对国内体外诊断产品的市场占有情况开展分析，国内一半以上的市场由海外巨头占据；国内的企业目前居于第二梯队，虽然在飞速成长，但经营规模和产品种类方面都逊于海外巨头。

从国内体外诊断技术的专利布局方面看，国内企业还有较大的提升空间。一方面，国内体外诊断技术专利申请量排名靠前的申请人以国内高校和科研机构为主，例如在各细分领域申请量较大的有中国科学院、复旦大学、浙江大学、清华大学、上海交通大学等；另一方面，即使在某些细分领域有企业布局了相关专利，但专利质量不容乐观，有效专利量相对较少。

综合上述分析可见，体外诊断行业的国内企业可从以下角度寻求发展：

（1）体外诊断产品作为研发周期短、技术更新迭代速度快的一类产品，为创新型企业的发展留有空间，企业可在某一应用场景上打造特色技术，提升自身的行业分工能力，从而建立起优势和壁垒。

（2）鉴于体外诊断行业的产品相对同质化，因此跟紧技术潮流与时俱进对于成熟期企业突破发展瓶颈、往头部企业靠拢也具备积极的意义。

① 新技术的跟踪，即在检测精度、速度、成本以及自动化程度方面进行突破，例如化学发光、分子诊断等。

② 产品的新指标跟踪，例如，国内高校、科研机构通过基础学科研究开发出来的、能够突破原有市场需求，甚至颠覆原有产品检测效率的技术。例如，中国科学院、复旦大学、浙江大学、清华大学、上海交通大学等的相关研究成果。

（3）借助外力实现企业的飞跃。对进行重点企业的产品和专利分析，可见海外巨头的并购发展之路非常丰富。例如，罗氏公司于1997年收购Boehringer Mannheim奠定其龙头基础；雅培公司虽然最早进入体外诊断领域，仍需并购助力；丹纳赫公司、西门子公司没有自主产品，依靠并购实现从无到强。

8.3.2 加快体外诊断器械的多学科交叉融合开发与临床应用

我国众多科研院所、高校、医院开展的体外诊断的器械领域技术攻关，已奠定了良好的研发基础。但是临床对接不够，缺少临床需求导向和大样本、多中心的临床应用评价研究。

结合针对核心技术的分析给出建议如下：

（1）生化诊断技术领域

① 聚集诱导发光技术领域

全球生化诊断技术领域的专利发展展现出高荧光量子产率、高吸收系数、良好的水溶性、高稳定性等技术发展需求。从技术发展来看，尺寸形貌精准可控的、荧光强度可精准量化的荧光探针仍有较大的开发空间和专利布局空间。

② 生化分析仪共性模块领域

该领域主要被跨国公司主导，高精度、高稳定性以及封闭化是专利发展的方向。旋转式机械结构优化，调度和控制方案定制，多功能、全自动模块仍有较大的开发和专利布局空间。

（2）免疫诊断技术领域

① 化学发光技术领域

该技术是公认最先进的免疫诊断技术，对其他免疫诊断有极强的替代性。目前，该领域跨国企业已形成较为完整的专利布局，在细分领域的方向上需集成材料（新纳米材料）、液面检测/液路系统等多学科力量整体突破。

② 酶联免疫分析技术领域

因其检测速度快、费用低廉，目前仍在广泛使用。罗氏公司等全球领先的企业布局重点已呈现出向化学发光免疫分析转型的态势。在单分子酶联免疫吸附测定、结合贵金属纳米粒子的检测、用于细胞因子的检测等领域仍有较大的发展空间。

（3）分子诊断技术领域

① 实时 PCR 技术领域

在遗传病、传染病、复杂疾病的诊断等领域的应用中有较多的布局拓展空间，其中荧光材料、结构设计和数字技术的集成是我国当前的短板。

② 基因测序技术领域

正在经历从第二代测序技术向第三代测序技术的迭代，第三代测试仪的专利布局竞争中我国仍存在极大短板，需集成多方力量联合攻关。

③ 基因多态性检测与伴随诊断技术领域

针对具体的突变位点和应用领域，有较大的排列组合布局空间。

④ CTC 检测技术领域

CTC 的富集和分离仍有许多关键瓶颈待解决，分离原理等方面的关键技术待开发。

（4）POCT 技术领域

POCT 技术仍然处于快速发展阶段，相关核心技术领域包括基于纸或膜的诊断平台、多重诊断平台、检测物的拓展、微流控的广泛运用等。

8.3.3 聚焦“个性化医疗”等新兴产业业态

随着“个性化医疗”时代的来临，医学的各个领域都发生了巨大变化，临床药物的研发和应用也开始从通用性医疗逐步向个性化医疗转变。为了将药物更好地应用于目标患者，且避免不必要的医疗资源浪费，“伴随诊断”等迎合新市场需求的技术领域不断崛起，这些领域专利壁垒较少，将为我国企业提供机会。

附　　录

外国申请人名称约定表

约定名称	申请人的中文名称	申请人的外文名称
罗氏公司	罗氏公司	F HOFFMANN LA ROCHE AG
	豪夫迈－罗氏有限公司	ROCHE DIAGNOSTICS GMBH
	弗·哈夫曼·拉罗切有限公司	HOFFMANN LA ROCHE
	赫孚孟拉罗股份公司	F HOFFMANN LA ROCHE AKTIENGESELLSCHAFT
	罗切格利卡特公司	ROCHE DIAGNOSTICS OPERATIONS INC
	罗赫诊断器材股份有限公司	GENENTECH INC
	福·赫夫曼·拉瑞奇股份有限公司 F	ROCHE MOLECULAR SYSTEMS INC
	上海罗氏制药有限公司	HOFFMANN LA ROCHE INC
	罗氏格黎卡特股份公司	ROCHE DIABETES CARE INC
	罗切诊断学有限公司	ROCHE GLYCART AG
	霍夫曼－拉罗奇有限公司	ROCHE DIABETES CARE GMBH
	F. 霍夫曼－拉罗驰股份公司	ROCHE DIAGNOSTICS CORP
	罗切维他命股份公司	ROCHE DIAGNOSTICS CORPORATION
	罗氏创新中心哥本哈根有限公司	F HOFFMANN LA ROCHE CO AG
	F. 霍夫曼－拉罗奇股份有限公司	F HOFFMANN LA ROCHE ACCESSION CHEN GESELLSCHAFT
	罗什诊断学股份有限公司	
	罗奇诊断公司	
	弗·哈夫曼·拉罗彻公司	
	罗氏血液诊断股份有限公司	
	豪夫迈－罗氏公司等	
雅培公司	雅培制药有限公司	ABBOTT LABORATORIES
	艾博特公司	ABBOTT LAB
	艾博特心血管系统公司	ABBOTT DIABETES CARE INC
	雅培糖尿病护理公司	ABBOTT POINT OF CARE INC
	雅培心血管系统有限公司	ABBOTT MOLECULAR INC
	ABBVIE 公司	ABBOTT GMBH CO KG
	雅培医护站股份有限公司	ABBOTT BIOTECHNOLOGY LTD
	艾伯维公司	ABBOTT BIOTECH LTD
	艾博特健康公司	ABBOTT LABORATORIES ABBOTT PARK ILL US
	艾博特股份有限两合公司	ABBOTT BIOTHERAPEUTICS CORP
	艾博特生物技术有限公司	ABBOTT LABORATORIES ABBOTT PARK
	雅培股份有限两合公司雅培实验室	ABBOTT JAPAN CO LTD

续表

约定名称	申请人的中文名称	申请人的外文名称
雅培公司	阿伯特有限及两合公司 雅培分子公司 雅培心血管系统公司 ABBVIE 德国有限责任两合公司 ABBVIE 公司 艾伯维生物技术有限公司 艾伯维巴哈马有限公司 艾伯特糖尿病护理公司等	ABBOTT POINT OF CARE INCORPORATED ABBOTT LABORATORIES NORTHCHICAGO ILL US ABBOTT LABORATORIES INC ABBOTT LAB BERMUDA LTD 等
丹纳赫公司	贝克曼考尔特公司 雷迪奥米特医学公司 贝克曼库尔特有限公司 拜克门寇尔特公司 雷迪奥米特巴塞尔股份公司 徕卡仪器（新加坡）有限公司 莱卡生物系统里士满股份有限公司 贝克曼库尔特公司 贝克曼考尔特生物医学有限公司	BECKMAN COULTER INC BECKMAN INSTRUMENTS INC RADIOMETER AS RADIOMETER MEDICAL APS BECKMAN COULTER INCORPORATED RADIOMETER A/S RADIOMETER MEDICAL A/S RADIOMETER MEDICAL AS BECKMAN COULTER INCORPORATED ROYALTY DE REI BECKMAN INSTRUMENTS INC FULLERTON CALIF US LEICA MICROSYSTEMS CMS GMBH BECKMAN RES INST CITY HOPE BECKMAN COULTER INCORPORATED RETIDDO LEICA MICROSYSTEMS LEICA MICROSYSTEMS HEIDELBERG GMBH BECKMAN COULTER LEICA MICROSYSTEMS INC 等
西门子公司	西门子公司 西门子医疗保健诊断公司 西门子医学诊断产品有限责任公司 西门子（中国）有限公司 西门子保健有限责任公司 美国西门子医疗解决公司 西门子医疗有限公司 西门子保健诊断产品有限责任公司 西门子保健诊断控股有限责任公司 西门子医疗诊断产品有限责任公司 西门子股份公司 西门子（深圳）磁共振有限公司 上海西门子医疗器械有限公司	SIEMENS HEALTHCARE DIAGNOSTICS INC SIEMENS AKTIENGESELLSCHAFT SIEMENS AG SIEMENS HEALTHCARE DIAGNOSTICS PRODUCTS GMBH SIEMENS HEALTHCARE DIAGNOSTICS SIEMENS MEDICAL SOLUTIONS USA INC SIEMENS HEALTHCARE GMBH SIEMENS ELEMA AB SIEMENS HEALTHCARE DIAGNOSTICS GMBH SIEMENS MEDICAL SOLUTIONS DIAGNOSTICS SIEMENS HEALTHCARE DIAGNOSTICS INCORPORATED SIEMENS HEALTHCARE DIAGNOSTICSHOLDING GMBH SIEMENS CORPORATION

续表

约定名称	申请人的中文名称	申请人的外文名称
西门子公司	美国西门子医学诊断股份有限公司 西门子 IT 解决方案和服务有限责任公司 西门子共同研究公司等	SIEMENS MEDICAL SYSTEMS INC SIEMENS MEDICAL SOLUTIONS SIEMENS MEDICAL SOLUTIONS DIAGNOSTICS GMBH BSH BOSCH UND SIEMENS HAUSGERÄTE GMBH SIEMENS AKTIENGESELLSCHAFT BERLIN UND MUNCHEN 等
强生公司	强生研究有限公司 森特克公司 森托科尔奥索生物科技公司 森托科尔公司 生命扫描苏格兰有限公司 生命扫描有限公司 维里德克斯有限责任公司 西拉格国际有限责任公司 詹森药业有限公司	JANSSEN BIOTECH INC JANSSEN PHARMACEUTICA N V JANSSEN PHARMACEUTICA NV JANSSEN PHARMACEUTICALS INC JOHNSON JOHNSON JOHNSON JOHNSON CLIN DIAG JOHNSON JOHNSON CLINICAL DIAGNOSTICS INC JOHNSON JOHNSON CONSUMER JOHNSON JOHNSON CONSUMER COMPANIES INC JOHNSON JOHNSON MEDICAL JOHNSON JOHNSON MEDICAL INC JOHNSON JOHNSON RES PTY LTD JOHNSON JOHNSON RESEARCH PTY LIMITED LIANG BAILIN LIFESCAN INC LIFESCAN SCOTLAND LTD
诺华公司	诺瓦提斯公司 诺华有限公司 诺华疫苗和诊断公司 诺华公司 希龙股份有限公司 希龙公司 启龙股份公司	NOVARTIS AG NOVARTIS ERFINDUNGEN VERWALTUNGSGESELLSCHAFT M B H NOVARTIS PHARMA GMBH NOVARTIS VACCINES DIAGNOSTIC CHIRON CORP CHIRON S P A CHIRON SRL CIBA GEIGY AG
拜耳公司	先灵公司 拜尔健康护理有限责任公司 舍林股份公司 拜尔保健有限公司 拜耳保健公司 拜耳公司 拜耳知识产权有限责任公司 拜尔公司 拜耳先灵医药股份有限公司 拜耳医药保健有限公司 拜耳医药保健股份公司	BAYER HEALTHCARE AG BAYER AG BAYER HEALTHCARE LLC BAYER CORP BAYER SCHERING PHARMA AG BAYER TECHNOLOGY SERVICES GMBH SCHERING AG SCHERING CORP

续表

约定名称	申请人的中文名称	申请人的外文名称
辉瑞公司	辉瑞产品公司 辉瑞大药厂 辉瑞公司 辉瑞股份有限公司 辉瑞有限公司 美国辉瑞有限公司 惠氏公司 惠氏控股有限公司 惠氏有限责任公司	PFIZER PFIZER INC PFIZER LIMITED PFIZER LTD PFIZER PROD INC PFIZER PRODUCTS INC PHARMACIA AB PHARMACIA CORP WARNER LAMBERT CO
赛诺菲公司	赛诺菲 赛诺菲 安万特 赛诺菲阿凡提斯德意志有限公司 赛诺菲阿凡提斯公司 赛诺菲公司 法商赛诺菲公司 建新公司 安万特药物公司	SANOFI SANOFI AVENTIS SANOFI AVENTIS DEUTSCHLAND GENZYME CORPORATION GENZYME CORP AVENTIS PHARMA S A AVENTIS PHARMA SA AVENTIS PHARMA GMBH AVENTIS PHARMA INC AVENTIS PHARMA LTD AVENTIS RES TECH GMBH CO
日立株式会社	株式会社日立高新技术 株式会社日立制作所 日立化成工业株式会社 株式会社日立医药 株式会社日立医疗器械 日立化成株式会社 日立化成研究中心公司	HITACHI LTD HITACHI HIGH TECHNOLOGIES CORPORATION HITACHI CHEMICAL CO LTD HITACHI MEDICAL CORP HITACHI HIGH TECH CORP HITACHI SOFTWARE ENG HITACHI CHEMICAL RESEARCH CENTER INC HITACHI MEDICAL CORPORATION
加州大学	加利福尼亚大学董事会 加州大学评议会 美国加利福尼亚大学董事会 加州大学董事会	THE REGENTS OF THE UNIVERSITY OF CALIFORNIA UNIV CALIFORNIA UNIVERSITY OF CALIFORNIA

图 索 引

表 索 引

书　号	书　名	产业领域	定价	条　码
9787513006910	产业专利分析报告（第 1 册）	薄膜太阳能电池 等离子体刻蚀机 生物芯片	50	9 787513 006910 >
9787513007306	产业专利分析报告（第 2 册）	基因工程多肽药物 环保农业	36	9 787513 007306 >
9787513010795	产业专利分析报告（第 3 册）	切削加工刀具 煤矿机械 燃煤锅炉燃烧设备	88	9 787513 010795 >
9787513010788	产业专利分析报告（第 4 册）	有机发光二极管 光通信网络 通信用光器件	82	9 787513 010788 >
9787513010771	产业专利分析报告（第 5 册）	智能手机 立体影像	42	9 787513 010771 >
9787513010764	产业专利分析报告（第 6 册）	乳制品生物医用 天然多糖	42	9 787513 010764 >
9787513017855	产业专利分析报告（第 7 册）	农业机械	66	9 787513 017855 >
9787513017862	产业专利分析报告（第 8 册）	液体灌装机械	46	9 787513 017862 >
9787513017879	产业专利分析报告（第 9 册）	汽车碰撞安全	46	9 787513 017879 >
9787513017886	产业专利分析报告（第 10 册）	功率半导体器件	46	9 787513 017886 >
9787513017893	产业专利分析报告（第 11 册）	短距离无线通信	54	9 787513 017893 >
9787513017909	产业专利分析报告（第 12 册）	液晶显示	64	9 787513 017909 >
9787513017916	产业专利分析报告（第 13 册）	智能电视	56	9 787513 017916 >
9787513017923	产业专利分析报告（第 14 册）	高性能纤维	60	9 787513 017923 >
9787513017930	产业专利分析报告（第 15 册）	高性能橡胶	46	9 787513 017930 >
9787513017947	产业专利分析报告（第 16 册）	食用油脂	54	9 787513 017947 >
9787513026314	产业专利分析报告（第 17 册）	燃气轮机	80	9 787513 026314 >
9787513026321	产业专利分析报告（第 18 册）	增材制造	54	9 787513 026321 >

书　号	书　名	产业领域	定价	条　码
9787513026338	产业专利分析报告（第 19 册）	工业机器人	98	9 787513 026338 >
9787513026345	产业专利分析报告（第 20 册）	卫星导航终端	110	9 787513 026345 >
9787513026352	产业专利分析报告（第 21 册）	LED 照明	88	9 787513 026352 >
9787513026369	产业专利分析报告（第 22 册）	浏览器	64	9 787513 026369 >
9787513026376	产业专利分析报告（第 23 册）	电池	60	9 787513 026376 >
9787513026383	产业专利分析报告（第 24 册）	物联网	70	9 787513 026383 >
9787513026390	产业专利分析报告（第 25 册）	特种光学与电学玻璃	64	9 787513 026390 >
9787513026406	产业专利分析报告（第 26 册）	氟化工	84	9 787513 026406 >
9787513026413	产业专利分析报告（第 27 册）	通用名化学药	70	9 787513 026413 >
9787513026420	产业专利分析报告（第 28 册）	抗体药物	66	9 787513 026420 >
9787513033411	产业专利分析报告（第 29 册）	绿色建筑材料	120	9 787513 033411 >
9787513033428	产业专利分析报告（第 30 册）	清洁油品	110	9 787513 033428 >
9787513033435	产业专利分析报告（第 31 册）	移动互联网	176	9 787513 033435 >
9787513033442	产业专利分析报告（第 32 册）	新型显示	140	9 787513 033442 >
9787513033459	产业专利分析报告（第 33 册）	智能识别	186	9 787513 033459 >
9787513033466	产业专利分析报告（第 34 册）	高端存储	110	9 787513 033466 >
9787513033473	产业专利分析报告（第 35 册）	关键基础零部件	168	9 787513 033473 >
9787513033480	产业专利分析报告（第 36 册）	抗肿瘤药物	170	9 787513 033480 >
9787513033497	产业专利分析报告（第 37 册）	高性能膜材料	98	9 787513 033497 >
9787513033503	产业专利分析报告（第 38 册）	新能源汽车	158	9 787513 033503 >

书　号	书　名	产业领域	定价	条　码
9787513043083	产业专利分析报告（第 39 册）	风力发电机组	70	9 787513 043083 >
9787513043069	产业专利分析报告（第 40 册）	高端通用芯片	68	9 787513 043069 >
9787513042383	产业专利分析报告（第 41 册）	糖尿病药物	70	9 787513 042383 >
9787513042871	产业专利分析报告（第 42 册）	高性能子午线轮胎	66	9 787513 042871 >
9787513043038	产业专利分析报告（第 43 册）	碳纤维复合材料	60	9 787513 043038 >
9787513042390	产业专利分析报告（第 44 册）	石墨烯电池	58	9 787513 042390 >
9787513042277	产业专利分析报告（第 45 册）	高性能汽车涂料	70	9 787513 042277 >
9787513042949	产业专利分析报告（第 46 册）	新型传感器	78	9 787513 042949 >
9787513043045	产业专利分析报告（第 47 册）	基因测序技术	60	9 787513 043045 >
9787513042864	产业专利分析报告（第 48 册）	高速动车组和 高铁安全监控技术	68	9 787513 042864 >
9787513049382	产业专利分析报告（第 49 册）	无人机	58	9 787513 049382 >
9787513049535	产业专利分析报告（第 50 册）	芯片先进制造工艺	68	9 787513 049535 >
9787513049108	产业专利分析报告（第 51 册）	虚拟现实与增强现实	68	9 787513 049108 >
9787513049023	产业专利分析报告（第 52 册）	肿瘤免疫疗法	48	9 787513 049023 >
9787513049443	产业专利分析报告（第 53 册）	现代煤化工	58	9 787513 049443 >
9787513049405	产业专利分析报告（第 54 册）	海水淡化	56	9 787513 049405 >
9787513049429	产业专利分析报告（第 55 册）	智能可穿戴设备	62	9 787513 049429 >
9787513049153	产业专利分析报告（第 56 册）	高端医疗影像设备	60	9 787513 049153 >
9787513049436	产业专利分析报告（第 57 册）	特种工程塑料	56	9 787513 049436 >
9787513049467	产业专利分析报告（第 58 册）	自动驾驶	52	9 787513 049467 >

书　号	书　名	产业领域	定价	条　码
9787513054775	产业专利分析报告（第 59 册）	食品安全检测	40	9 787513 054775
9787513056977	产业专利分析报告（第 60 册）	关节机器人	60	9 787513 056977
9787513054768	产业专利分析报告（第 61 册）	先进储能材料	60	9 787513 054768
9787513056632	产业专利分析报告（第 62 册）	全息技术	75	9 787513 056632
9787513056694	产业专利分析报告（第 63 册）	智能制造	60	9 787513 056694
9787513058261	产业专利分析报告（第 64 册）	波浪发电	80	9 787513 058261
9787513063463	产业专利分析报告（第 65 册）	新一代人工智能	110	9 787513 063463
9787513063272	产业专利分析报告（第 66 册）	区块链	80	9 787513 063272
9787513063302	产业专利分析报告（第 67 册）	第三代半导体	60	9 787513 063302
9787513063470	产业专利分析报告（第 68 册）	人工智能关键技术	110	9 787513 063470
9787513063425	产业专利分析报告（第 69 册）	高技术船舶	110	9 787513 063425
9787513062381	产业专利分析报告（第 70 册）	空间机器人	80	9 787513 062381
9787513069816	产业专利分析报告（第 71 册）	混合增强智能	138	9 787513 069816
9787513069427	产业专利分析报告（第 72 册）	自主式水下 滑翔机技术	88	9 787513 069427
9787513069182	产业专利分析报告（第 73 册）	新型抗丙肝药物	98	9 787513 069182
9787513069335	产业专利分析报告（第 74 册）	中药制药装备	60	9 787513 069335
9787513069748	产业专利分析报告（第 75 册）	高性能碳化物 先进陶瓷材料	88	9 787513 069748
9787513069502	产业专利分析报告（第 76 册）	体外诊断技术	68	9 787513 069502
9787513069229	产业专利分析报告（第 77 册）	智能网联汽车 关键技术	78	9 787513 069229
9787513069298	产业专利分析报告（第 78 册）	低轨卫星通信技术	70	9 787513 069298